業務に役立つ
建設関連法の解説
119

小久保 優 著

FIRST AID KIT

技報堂出版

書籍のコピー，スキャン，デジタル化等による複製は，
著作権法上での例外を除き禁じられています。

はじめに

本書は建設関連法について、できるだけわかりやすく解説したものです。「入札・契約担当者」「営業所・現場の専任技術者」「監督員」、そして業務全体を指導する「検査室」を対象とし、Q&A形式で構成されています。著者が公共工事の技術監査で足と手と目で経験した問題点や行政や建設関連企業の方から寄せられた相談・質問などにお答えしたものをまとめました。

公益性を確保する技術者倫理の視点から、主に建設業法と公共工事標準請負契約約款を、関連する労働安全衛生法、廃棄物の処理及び清掃に関する法律も踏まえて解説しています。そして発注者、請負者が、法に基づいた適切な契約のもと、建設工事の適正な維持管理と施工体制を確保できるよう意図しています。請負者が法令などの解釈を誤ると、建設業法違反となり、罰金や許可の取消しの処分が科せられますし、発注者にも迷惑をかけることになります。

本書は発注者、請負者が、業務に関連する法令を簡単に判断でき、現場での誤りをなくし、工事の品質確保に専念できるようにしています。

各項目には、入札・契約担当者、営業所・現場の専任技術者、監督員、検査室といった担当者を入れました。やゝこしい建設業法などの内容は、119の【キーポイント】としてまとめ、表や図で具体的に解説しました。また、その根拠となる法令の条文を後ろに配置しました。そしてキーポイントや法令で特に重要な箇所を太字で示しました。法令は煩雑なので太字のみをお読みいただいても結構です。

監査とは公共工事を検査し指摘を行うことではありません。監査とは公共工事をよりよいものにするよう指導を行うことです。「監査」を英訳すると、指導を意味する「audit」となり、検査を意味する「inspect」ではありません。発注者、請負者双方が、本書を活用すれば、法令を遵守した透明性が高く効果的な事業を推進できます。本書が皆様に活用され、建設事業の発展に少しでもお役に立てれば幸甚です。

技術士（建設／環境／総合技術監理部門）

労働安全コンサルタント

小久保　優

本書の使い方

本書を活用し、建設事業を実施するときに、罰則に至らないようにリスク管理を行いましょう。

本書は、「Ⅰ 建設業法などの解説」と「Ⅱ 監督員業務の解説」に分けて建設関連法を解説しています。

「Ⅰ 建設業法などの解説」は、発注者・請負者を対象とし、入札・契約担当者、営業所・現場の専任技術者、監督員、検査室の疑問点を、業務の流れに沿って解説しています。

一方、「Ⅱ 監督員業務の解説」は、監督員を対象とし、発注者の入札・契約担当者や請負者の現場の専任技術者の疑問点をわかりやすく解説しています。

しかし、どちらも対象を限定していません。入札・契約担当者、営業所・現場の専任技術者、監督員の誰もが担当以外の解説に関係があります。

それは入札・契約担当者、営業所・現場の専任技術者、監督員の業務に関係する建設関連法が、ほかの業務にも関係するからです。すなわち、本書の建設関連法の【キーポイント】がさまざまな業務の中で使われます。この【キーポイント】は、著者の経験をもとに建設関連法をわかりやすく説明したものです。難解な法律用語を使用しないで、できるだけやさしく解説しました。

「建設業法など」とは、基本である「建設業法」と詳細な「建設業法施行令」、「通達」などです。

「労働安全衛生法（略称、安衛法）」は、法的な考え方を基本に説明し、解釈については「建設業法施行規則」の内容を読めば理解できるようにしました。

「廃棄物の処理及び清掃に関する法律（通称、廃棄物処理法）」は、細かな「令」や「規則」を省いて解説しています。

なお、本書は建設関連の担当者を対象としているので、建設に関係しない条文は筆者の独断で削除しました。これは建設関連法をできるだけわかりやすく説明し、実際の業務に役立てていただけるよう配慮したものです。

また、各項目の最後に関係する条文を参照するには巻末の**法令一覧**をご覧ください。

本書に収録した法令の条文を検索できます。

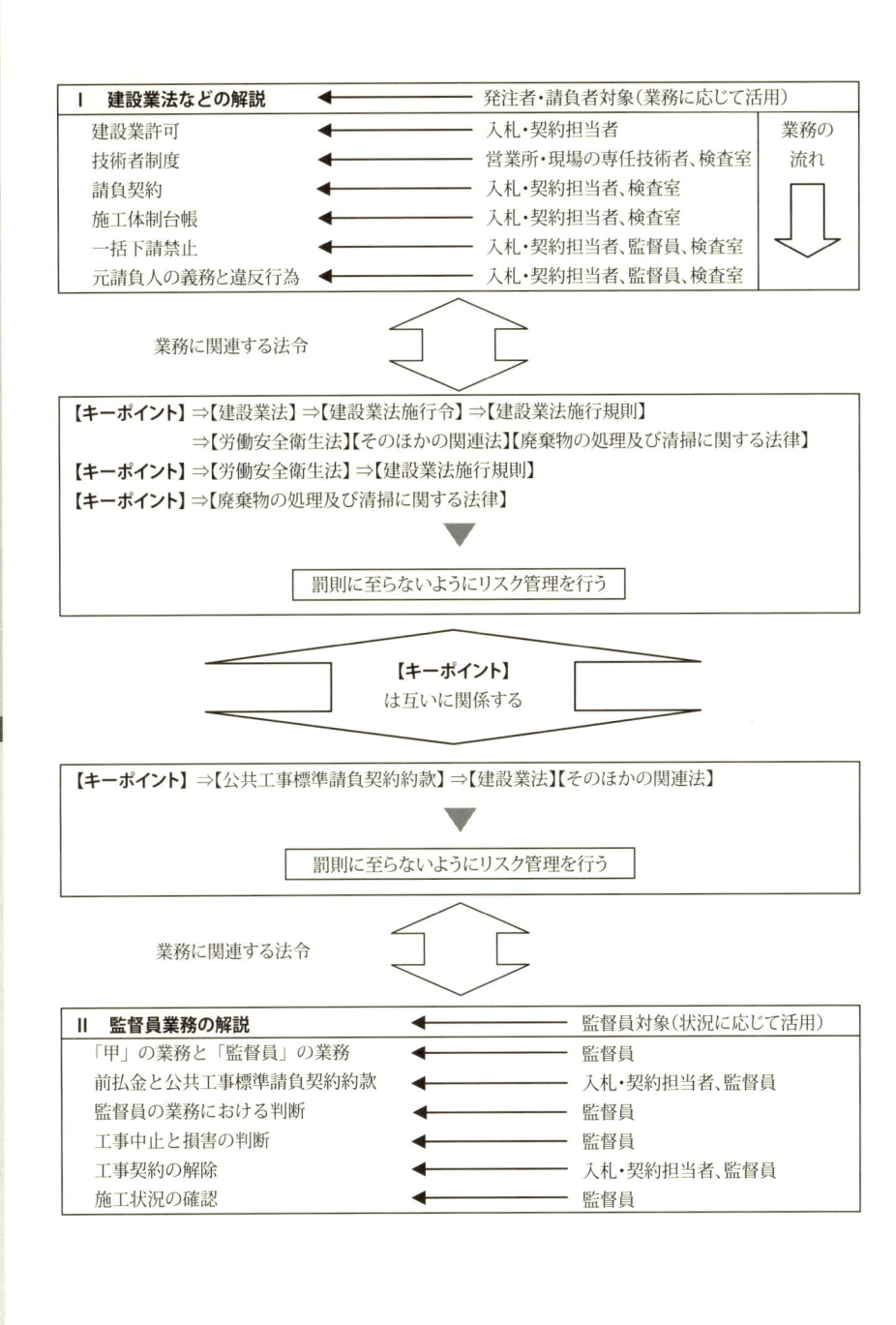

本書の使い方

I 建設業法などの解説	←	発注者・請負者対象（業務に応じて活用）	業務の流れ ↓
建設業許可	←	入札・契約担当者	
技術者制度	←	営業所・現場の専任技術者、検査室	
請負契約	←	入札・契約担当者、検査室	
施工体制台帳	←	入札・契約担当者、検査室	
一括下請禁止	←	入札・契約担当者、監督員、検査室	
元請負人の義務と違反行為	←	入札・契約担当者、監督員、検査室	

⇧ 業務に関連する法令

【キーポイント】⇒【建設業法】⇒【建設業法施行令】⇒【建設業法施行規則】
　　　　　　　⇒【労働安全衛生法】【そのほかの関連法】【廃棄物の処理及び清掃に関する法律】
【キーポイント】⇒【労働安全衛生法】⇒【建設業法施行規則】
【キーポイント】⇒【廃棄物の処理及び清掃に関する法律】

▼

罰則に至らないようにリスク管理を行う

【キーポイント】
は互いに関係する

【キーポイント】⇒【公共工事標準請負契約約款】⇒【建設業法】【そのほかの関連法】

▼

罰則に至らないようにリスク管理を行う

⇩ 業務に関連する法令

II 監督員業務の解説	←	監督員対象（状況に応じて活用）
「甲」の業務と「監督員」の業務	←	監督員
前払金と公共工事標準請負契約約款	←	入札・契約担当者、監督員
監督員の業務における判断	←	監督員
工事中止と損害の判断	←	監督員
工事契約の解除	←	入札・契約担当者、監督員
施工状況の確認	←	監督員

目次

はじめに
本書の使い方

Ⅰ 建設業法などの解説

1 建設業の許可の考え方（入札・契約担当者） ……… 2

❶ 建設業許可がなくても請け負うことができる軽微な工事 ……… 2

> **Q1**
> 「軽微な建設工事」は、建設業許可がなくても請け負うことができます。この「軽微な建設工事」について説明してください。

【キーポイント1】
（建設工事の発注者、元請負は注文者、請負代金の意味） ……… 2

【キーポイント2】
（分割で請け負った軽微な建設工事の総額が五百万円を超えた場合） ……… 3

【キーポイント3】
（軽微な建設工事と請け負っても支給材料を加算すると五百万円を超える工事） ……… 4

【キーポイント4】
（許可を受けないで建設業を営む者に適用される建設業法の違反規定） ……… 5

【建設業法】
（定義）第二条 ……… 6
（建設業の許可）第三条（一部） ……… 6

【建設業法施行令】
（軽微な建設工事）第一条の二 ……… 6

【労働安全衛生法】
（定義）第二条 ……… 7

❷ 建設業の許可

Q2 建設業の許可で「一般建設業」と「特定建設業」の違いを教えてください。また、建設工事の種類・業種にはどのようなものがありますか。 …… 8

キーポイント5
（建設業許可に必要な営業所の判断）…… 9

キーポイント6
（注文者と請負代金についての注意事項）…… 9

キーポイント7
（別表第一　建設工事の種類・業種別による許可内容と例示内容）…… 11

【建設業法】
（建設業の許可）第三条 …… 15
（許可の条件）第三条の二 …… 16
（許可の基準）第八条 …… 16

【建設業法施行令】
（法第三条第1項第二号の金額）第二条 …… 18

❷ 施工技術の確保を図る技術者制度
（営業所・現場の専任技術者、検査室）…… 19

❶ 専任の技術者制度 …… 19

Q3 「営業所の専任技術者」の職務と「現場専任制度」について説明してください。またそれぞれに必要な資格はありますか。 …… 19

キーポイント8
（一般建設業の専任技術者の資格要件）…… 19

キーポイント9
（特定建設業の専任技術者の資格要件）…… 20

キーポイント10
（現場専任技術者の要件）…… 21

Q4 「営業所の専任技術者」と「現場専任制度」における工事の種類と主任技術者または監理技術者に必要な資格を説明してください。

【キーポイント11】
（建設業法第七条第二号ハの主任技術者として業務が可能な技能検定） ………………………………… 23

【キーポイント12】
（建設業法第七条第二号ハの主任技術者として業務が可能な技能検定） ………………………………… 24

【キーポイント13】
（建設業法第十五条第二号イの監理技術者として業務が可能な技術検定） ………………………………… 25

【建設業法】
（一般建設業の許可）第七条 …………………………… 26
（特定建設業の許可）第十五条 ………………………… 27
【建設業法施行令】
（建設業法第十五条第二号のただし書の建設業）第五条の二 …………………………………………… 28
（法第十五条第二号ロの金額）第五条の三 …………… 28
（法第十五条第三号の金額）第五条の四 ……………… 28

❷ 現場専任制度

Q5 現場専任制度での「主任技術者」、「監理技術者」の役割はどのようなものですか。 ……………… 29

【キーポイント14】
（主任技術者と監理技術者の役割） …………………… 30

【キーポイント15】
（主任技術者・監理技術者と統括安全衛生責任者・元方安全衛生管理者の違い） …………………… 31

【キーポイント16】
（現場代理人の資格と職長） …………………………… 35

【キーポイント17】
（安全衛生管理体制とは） ……………………………… 35

【キーポイント18】
（作業主任の選任義務） ………………………………… 37

【キーポイント19】
（雇入れ時教育） ………………………………………… 38

【キーポイント20】
（危険予知活動） ………………………………………… 40

【キーポイント21】
（専任の主任技術者の必要期間） ……………… 41

【キーポイント22】
（公共性のある工作物とは） ……………… 42

【キーポイント23】
（主任技術者の兼任について） ……………… 42

【キーポイント24】
（監理技術者資格者証の交付と配置での対応） ……………… 45

【キーポイント25】
（大規模工事を受注した際の監理技術者または主任技術者の配置の判断） ……………… 45

【キーポイント26】
（専任の監理技術者などの三か月の雇用関係とは） ……………… 47

【キーポイント27】
（専任の監理技術者を現場の主任技術者として配置する特例要件） ……………… 48

【キーポイント28】
（現場代理人の兼務を認めるときの判断） ……………… 49

【建設業法】
（主任技術者及び監理技術者の設置等）第二十六条 ……………… 50
（主任技術者及び監理技術者の職務等）第二十六条の二 ……………… 52
第二十六条の三 ……………… 52

【建設業法施行令】
（公共性のある施設又は工作物）第十五条 ……………… 52

【公共工事標準請負契約約款】
（専任の主任技術者又は監理技術者を必要とする建設工事）第二十七条 ……………… 54
（現場代理人及び主任技術者等）第十条 ……………… 54
（履行報告）第十一条 ……………… 55
（工事関係者に関する措置請求）第十二条 ……………… 55

【労働安全衛生法】
（総括安全衛生管理者）第十条 ……………… 56
（安全管理者）第十一条 ……………… 56
（衛生管理者）第十二条 ……………… 57
（安全衛生推進者等）第十二条の二 ……………… 57
（産業医等）第十三条 ……………… 57
（作業主任者）第十四条 ……………… 58

（統括安全衛生責任者）第十五条 58
（元方安全衛生管理者）第十五条の二 59
（店社安全衛生管理者）第十五条の三 60
（安全衛生責任者）第十六条 61
（安全委員会）第十七条 61
（衛生委員会）第十八条 62
（安全衛生委員会）第十九条 63

3 建設工事の請負契約（入札・契約担当者、検査室） 64

Q6 「建設工事」の請負契約で必要な事項と、判断と対応はどのようなことですか。

【キーポイント29】（請負契約の内容判断と落札後の対応） 65
【キーポイント30】（契約保証金の納付の判断） 66

【建設業法】
（建設工事の請負契約の原則）第十八条 67
（建設工事の請負契約の内容）第十九条 67
【キーポイント33】（契約書の提出） 67
【キーポイント32】（契約締結） 69
【キーポイント34】（前払金の請求） 71
（現場代理人の選任等に関する通知）第十九条の二 71
（不当に低い請負代金の禁止）第十九条の三 73
（不当な使用資材等の購入強制の禁止）第十九条の四 73
（建設工事の見積り等）第二十条 74
（発注者に対する勧告）第十九条の五 74
（契約の保証）第二十一条 74
（下請負人の変更請求）第二十三条 75
（請負契約とみなす場合）第二十四条 75
（建設リサイクル法第十二条に基づく発注者への説明）

【建設業法施行令】

（建設工事の見積期間） 第六条 …… 76

【公共工事標準請負契約約款】

（契約の保証） 第四条 …… 76
（権利義務の譲渡等） 第五条 …… 77
（下請負人の通知） 第七条 …… 78
（対象建設工事の届出等） 第十条 …… 78

【建設工事に係る資材の再資源化等に関する法律】

（対象建設工事の届出に係る事項の説明等） 第十二条 …… 79

4 施工体制台帳・施工体系図
（入札・契約担当者、検査室） …… 80

Q7 施工体制台帳の意義と施工体制台帳作成にあたっての留意事項を説明してください。 …… 81

【キーポイント35】
（施工体制台帳等の作成義務）

【キーポイント36】
（元請負人の施工体制台帳等の記載義務とその記載内容） …… 83

【キーポイント37】
（施工体制台帳等の注意事項） …… 85

【キーポイント38】
（施工体制台帳に必要な添付資料） …… 91

【建設業法】
（施工体制台帳及び施工体系図の作成等）
第二十四条の七 …… 95

【建設業法施行令】
（法第二十四条の七第1項の金額） 第七条の四 …… 95

【建設業法施行規則】
（施工体制台帳の記載事項等） 第十四条の二 …… 96

【労働者派遣法】
（労働者派遣事業の適正な運営の確保に関する措置業務の範囲） 第四条 …… 98

5 一括下請（丸投げ）の禁止
（入札・契約担当者、監督員、検査室） …… 99

Q8 一括下請負が行われたかの判断は、どのようにすればよいのですか。 …… 99

【キーポイント39】（「主たる業務」の意味） …… 100

【キーポイント40】（一括下請禁止はすべての下請契約を精査） …… 102

【キーポイント41】（一括下請負は請負契約単位で判断した具体的事例） …… 103

【キーポイント42】（一括下請負に関する点検要領） …… 104

【キーポイント43】（一括下請禁止違反は監督処分） …… 105

【建設業法】
（一括下請負の禁止）第二十二条 …… 106
（下請負人の変更請求）第二十三条 …… 106
（工事監理に関する報告）第二十三条の二 …… 106

【建設業法施行令】
第六条の三 …… 106

【公共工事標準請負契約約款】
（一括委任又は一括下請負の禁止）第六条 …… 107

6 元請負人の義務と違反行為
（入札・契約担当者、監督員、検査室） …… 108

❶ 元請人の義務 …… 108

Q9 元請人の義務として、下請業者などに対し、法令遵守などについて指導することとされていますが、具体的にどのような指導ですか。説明してください。

【キーポイント44】（元請負人の義務とは） …… 109

【キーポイント45】（元請負人による下請人への指導事項） …… 111

【キーポイント46】
（元請負人の廃棄物処理責任）……………………………………………112

【キーポイント47】
（廃棄物処理法の元請業者の役割）………………………………………113

【キーポイント48】
（廃棄物処理法の下請業者の責任と役割）………………………………116

【キーポイント49】
（廃棄物処理法の社内管理体制と役割）…………………………………118

【キーポイント50】
（建設廃棄物処理計画の作成）……………………………………………118

【キーポイント51】
（産業廃棄物処理計画の届出）……………………………………………119

【キーポイント52】
（建設廃棄物処理の記録と保存）…………………………………………120

【キーポイント53】
（労働安全衛生法での特定元方事業者の責任）…………………………121

【建設業法】
（元請負人の義務　下請代金の支払）第二十四条の三 ……………122

（特定建設業者の下請代金の支払期日等）第二十四条の五 …………122

（下請負人に対する特定建設業者の指導等）第二十四条の六 ………123

【建設業法施行令】
（法第二十四条の五第1項の金額）第七条の二 ………………………123

（法第二十四条の六第1項の法令の規定）第七条の三 ………………123

【廃棄物の処理及び清掃に関する法律】
（事業者の処理）第十二条 ………………………………………………124

（事業者の特別管理産業廃棄物に係る処理）第十二条の二 …………126

（産業廃棄物管理票）第十二条の三 ……………………………………127

（産業廃棄物処理業）第十四条 …………………………………………128

（特別管理産業廃棄物処理業）第十四条の四 …………………………128

（建設工事に伴い生ずる廃棄物の処理に関する例外）第二十一条の三 …128

【労働安全衛生法】
（事業者等の責務）第三条　第四条 ……………………………………130

（事業者の講ずべき措置等） 第二十条　第二十一条
（事業者の行うべき調査等） 第二十八条の二 …… 130
第二十二条　第二十三条　第二十四条　第二十五条
第二十五条の二　第二十六条　第二十七条 …… 132
（元方事業者の講ずべき措置等）
第二十九条の二 …… 132
（特定元方事業者等の講ずべき措置） 第三十条 …… 133
第三十条の二
（注文者の講ずべき措置） 第三十一条　第三十一条の二
（違法な指示の禁止） 第三十一条の四
（請負人の講ずべき措置等） 第三十二条 …… 135
（計画の届出等） 第八十八条 …… 136
（法令等の周知） 第百一条 …… 136
（書類の保存等） 第百三条 …… 137
（計画の届出等） 第八十八条 …… 138
（計画の届出を要しない仮設の建設物等）
第八十四条の二 …… 138
（機械等の設置等の届出等） 第八十五条　第八十六条 …… 139

【労働安全衛生規則】

（計画の届出をすべき機械等） 第八十八条 …… 140
（仕事の範囲） 第八十九条　第八十九条の二 …… 141
（建設業に係る計画の届出） 第九十条 …… 141
（資格を有する者の参画に係る工事又は仕事の範囲）
第九十二条の二 …… 142
（計画の作成） 第九十二条の三 …… 143
（計画の作成に参画する者の資格） …… 143
（計画の範囲） 第九十四条の二 …… 143
（審査の対象除外） 第九十四条の三 …… 144
（事故報告） 第九十六条 …… 145
（法第二十九条の二の厚生労働省令で定める場所）
第六百三十四条の二 …… 146
（協議組織の設置及び運営） 第六百三十五条 …… 146
（作業間の連絡及び調整） 第六百三十六条 …… 147
（作業場所の巡視） 第六百三十七条 …… 147
（教育に対する指導及び援助） 第六百三十八条 …… 147
（法第三十条第1項第五号の厚生労働省令で定める業種） 第六百三十八条の二 …… 147
（計画の作成） 第六百三十八条の三 ……

（関係請負人の講ずべき措置についての指導） …… 147
（クレーン等の運転についての合図の統一）第六百三十八条の四 …… 147
（事故現場等の標識の統一等）第六百三十九条 …… 148
（有機溶剤等の容器の集積箇所の統一）第六百四十条 …… 148
（警報の統一等）第六百四十一条 …… 149
（避難等の訓練の実施方法等の統一等）第六百四十二条 …… 149
（周知のための資料の提供等）第六百四十二条の二 …… 150
（クレーン等の運転についての合図の統一）第六百四十二条の二の二 …… 151
（作業間の連絡及び調整）第六百四十三条 …… 151
（特定元方事業者の指名）第六百四十三条の二 …… 152
（事故現場の標識の統一等）第六百四十三条の三 …… 152
（有機溶剤等の容器の集積箇所の統一）第六百四十三条の四 …… 153
第六百四十三条の五 …… 153

（警報の統一等）第六百四十三条の六 …… 153
（法第三十条の二第1項の元方事業者の指名）第六百四十三条の七 …… 153
（法第三十条の三第1項の元方事業者の指名）第六百四十三条の八 …… 154
（くい打機及びくい抜機についての措置）第六百四十四条 …… 154
（型わく支保工についての措置）第六百四十五条 …… 154
（軌道装置についての措置）第六百四十六条 …… 155
（アセチレン溶接装置についての措置）第六百四十七条 …… 155
（交流アーク溶接機についての措置）第六百四十八条 …… 155
（電動機械器具についての措置）第六百四十九条 …… 156
（ずい道等についての措置）第六百五十条 …… 156
（潜函等についての措置）第六百五十一条 …… 157
（ずい道型わく支保工についての措置）第六百五十二条 …… 157

（物品揚卸口等についての措置）第六百五十三条 …………157
（架設通路についての措置）第六百五十四条 …………157
（足場についての措置）第六百五十五条 …………158
（作業構台についての措置）第六百五十五条の二 …………159
（クレーン等についての措置）第六百五十六条 …………160
（ゴンドラについての措置）第六百五十七条 …………160
（局所排気装置についての措置）第六百五十八条 …………160
（全体換気装置についての措置）第六百五十九条 …………160
（圧気工法に用いる設備についての措置）第六百六十条 …………160
（エックス線装置についての措置）第六百六十一条 …………161
（ガンマ線照射装置についての措置）第六百六十二条 …………161
（令第九条の三第二号の厚生労働省令で定める第二類物質）第六百六十二条の二 …………161

（法第三十一条の二の厚生労働省令で定める作業）第六百六十二条の三 …………161
（文書の交付等）第六百六十二条の四 …………161
（法第三十一条の三第1項の厚生労働省令で定める機械）第六百六十二条の五 …………162
（パワー・ショベル等についての措置）第六百六十二条の六 …………162
（くい打機等についての措置）第六百六十二条の七 …………163
（移動式クレーンについての措置）第六百六十二条の八 …………163
（法第三十二条第3項の請負人の義務）第六百六十二条の九 …………163
（法第三十二条第4項の請負人の義務）第六百六十三条 …………163
（法第三十二条第5項の請負人の義務）第六百六十三条の二 …………164
（報告）第六百六十四条 …………164
（別表第七） …………165
（別表第九） …………166

❷ 標識の留意点

Q10 建設業者が建設工事の現場ごとに掲げる一定の標識についての留意点と判断について説明してください。……168

【キーポイント54】
（建設業許可票の留意点）……168

【キーポイント55】
（労災保険関係成立票、建設業退職金共済制度加入現場ステッカー、作業主任者の掲示の留意点）……170

【キーポイント56】
（施工体系図の留意点）……170

【キーポイント57】
（作業主任者の掲示の留意点）……172

【建設業法】
（標識の掲示）第四十条……173
（表示の制限）第四十条の二……173

❸ 建設業法などの違反

Q11 建設業法などの違反にはどのような処分が科せられるのですか。具体的に説明してください。……174

【キーポイント58】
（法人の違反処分の内容）……174

【キーポイント59】
（法人の代表者、代理人、使用人、その他従業者の違反処分の内容）……175

【キーポイント60】
（建設業法違反の責任義務の構成）……176

【キーポイント61】
（不正事実の申告）……176

【キーポイント62】
（指示および営業の停止の具体的な内容）……177

【キーポイント63】
（法人の役員に対しては営業の禁止）……178

【キーポイント64】
（必要な指示の範囲と監督処分）……178

【キーポイント65】
（許可の取消しと情状が重い場合） 179
【キーポイント66】
（営業の禁止の具体的な内容） 180
【キーポイント67】
（廃棄物処理法の罰則規定） 180
【キーポイント68】
（労働災害の四責任） 182

【建設業法】
（技術検定）第二十七条 185
（指示及び営業の停止）第二十八条 185
（許可の取消し）第二十九条　第二十九条の二 187
（許可の取消し等の場合における建設工事の措置）
第二十九条の三 188
（営業の禁止）第二十九条の四 189
（監督処分の公告等）第二十九条の五 190
（不正事実の申告）第三十条 190
（報告及び検査）第三十一条 191
（参考人の意見聴取）第三十二条 191

（建設業を営む者及び建設業者団体に対する指導、
助言及び勧告）第四十一条 191
（罰則）第四十五条　第四十六条　第四十七条
第四十八条 192

【廃棄物の処理及び清掃に関する法律】
（罰則）第二十五条　第二十六条　第二十九条
第三十条　第三十二条　第三十三条 193

【労働安全衛生法】
（罰則）第百十九条　第百二十条　第百二十二条
第百二十三条 196

Ⅱ　監督員業務の解説

1　公共工事標準請負契約約款における「甲」の業務と
「監督員」の業務（監督員） 200

Q12

公共工事標準請負契約約款での「監督員」の業務の内容を説明し、「甲」（発注者）の業務との違いを明らかにしてください。

【キーポイント69】
（監督員の業務用語の定義） ……………………………… 201

【キーポイント70】
（監督員の業務） …………………………………………… 202

【キーポイント71】
（監督員が受注者に提出させる書類） …………………… 211

【キーポイント72】
（複数監督員制と単数監督員制の違い） ………………… 213

【キーポイント73】
（複数監督員制の業務分担表） …………………………… 214

【公共工事標準請負契約約款】
（関連工事の調整）第二条 ………………………………… 216
（監督員）第九条 …………………………………………… 216

2 前払金と公共工事標準請負契約約款
（入札・契約担当者、監督員）

Q13

前払金の適正使用についての確認方法と前払金と保証会社の前払金に対する取り扱い、前払金の分割、部分払について説明してください。

【キーポイント74】
（前払金の適正使用の確認方法） ………………………… 218

【キーポイント75】
（保証会社による前払金の扱い方法） …………………… 218

【キーポイント76】
（支払先を確認できる書類） ……………………………… 219

【キーポイント77】
（前払金の分割と分割ができない場合の判断） ………… 219

【キーポイント78】
（中間前払金制度とは） …………………………………… 220

【キーポイント79】
（部分払請求） ……………………………………………… 221
………………………………………………………………… 223

【公共工事標準請負契約款】

（前金払）第三十四条 ………………………………………… 224
（保証契約の変更）第三十五条 ………………………………… 225
（前払金の使用等）第三十六条 ………………………………… 225
（部分払）第三十七条 …………………………………………… 226

【公共工事の前金払の分割に関する取扱要領（長野県）】 …… 227

3 監督員の業務における判断（監督員） …………………… 231

Q14 監督員による施工計画書のチェック事項と施工時の設計変更の考え方を説明してください。

【キーポイント80】
（施工計画書の注意事項） ………………………………………… 231

【キーポイント81】
（施工計画書のチェック内容） …………………………………… 232

【キーポイント82】
（共通仮設費の積算は工事名ではなく工種区分） ……………… 242

【キーポイント83】
（公共工事における現場事務所の設置についての判断） ……… 243

【キーポイント84】
（設計変更要領） …………………………………………………… 244

【キーポイント85】
（指定仮設での積算と実際の供用日数の差異は設計変更） …… 246

【公共工事標準請負契約款】

（設計図書不適合の場合の改造義務及び破壊検査等）
第十七条 …………………………………………………………… 247
（条件変更等）第十八条 ………………………………………… 247
（設計図書の変更）第十九条 …………………………………… 249

【労働安全衛生法】

（事業者の講ずる措置）第七十一条の二 ……………………… 249

4 工事中止と損害の判断（監督員） ………………………… 250

❶ 工事中止 ………………………………………………………… 250

Q15 工事の中止や工期の延長の検討および報告を受けた場合、その後の対応についての判断を説明してください。

【キーポイント86】
（工事中止命令は専任の主任技術者などの賃金補償問題） ……………… 250

【公共工事標準請負契約約款】
（工事の中止）第二十条 …………… 252
（乙の請求による工期の延長）第二十一条 …………… 252
（甲の請求による工期の短縮等）第二十二条 …………… 252
（工期の変更方法）第二十三条 …………… 253

❷ 損害補償 …………… 254

Q16 請負者が第三者に及ぼした損害や不可抗力損害を受けた場合について、監督員としての報告や臨機の措置について説明してください。

【キーポイント87】
（工事の施工に伴う第三者損害と不可抗力損害に係わる補償） …………… 254

【キーポイント88】
（第三者損害に係わる調査） …………… 256

【キーポイント89】
（発注者の責任と臨機の措置） …………… 257

【公共工事標準請負契約約款】
（臨機の措置）第二十六条 …………… 258
（一般的損害）第二十七条 …………… 258
（第三者に及ぼした損害）第二十八条 …………… 258
（不可抗力による損害）第二十九条 …………… 259
（火災保険等）第五十一条 …………… 260

5 工事契約の解除（入札・契約担当者、監督員） …………… 262

Q17 契約解除に関する必要書類の作成および措置請求または報告について説明してください。

【キーポイント90】
（発注者側から工事契約を解除した場合の補償額の算定方法） ……262

【公共工事標準請負契約約款】
（甲の解除権）第四十七条 ……263
（乙の解除権）第四十八条 ……263
（解除に伴う措置）第四十九条 第五十条 ……264

6 施工状況の確認（監督員） ……267

❶ 検査 ……267

Q18 使用材料と材料承諾、工場検査、段階確認の注意事項を具体的に説明してください。 ……267

【キーポイント91】
（使用材料と材料承諾の注意事項） ……267

【キーポイント92】
（工場検査の考え方） ……268

【キーポイント93】
（段階確認の考え方） ……269

【キーポイント94】
（段階確認の注意事項） ……270

❷ 建設副産物・廃棄物の処理 ……272

Q19 建設副産物の適正処理状況などの把握とは、どのようなことをいうのですか。具体的に説明してください。 ……272

【キーポイント95】
（建設副産物とは） ……272

【キーポイント96】
（特定建設資材、指定副産物とは） ……273

【キーポイント97】
（廃棄物処理責任としての発注者の役割） ……274

【キーポイント98】
（現場で分別できる建設廃棄物） ……274

【キーポイント99】
（現場での建設廃棄物減量化の考え方） ……………………………… 275

【キーポイント100】
（建設廃棄物の処分委託前の確認事項） ………………………………… 276

【キーポイント101】
（建設廃棄物の処分委託の注意事項） …………………………………… 277

【キーポイント102】
（建設廃棄物の収集運搬委託の注意事項） ……………………………… 277

【キーポイント103】
（マニフェストシステムとは） …………………………………………… 278

【キーポイント104】
（仮設で使用した改良土や発生土の処分について） …………………… 281

【キーポイント105】
（下水道処理場の沈砂や下水道管の浚渫物の処分について） ………………………………………………… 282

【キーポイント106】
（建設発生土再利用の判断基準） ………………………………………… 283

【キーポイント107】
（現場でできる中間処理） ………………………………………………… 284

【キーポイント108】
（現場での廃棄物保管） …………………………………………………… 285

【キーポイント109】
（廃品回収業者に回収させるときの注意事項） ………………………… 286

【キーポイント110】
（塗装材・シール材の空き缶の処理） …………………………………… 287

【キーポイント111】
（木くずの再利用とは） …………………………………………………… 287

【キーポイント112】
（建築物の解体から発生する有害廃棄物） ……………………………… 288

【キーポイント113】
（特別管理産業廃棄物の処理の注意事項） ……………………………… 289

【廃棄物の処理及び清掃に関する法律】
（事業者の処理）　第十二条 ………………………………………………… 290
（事業者の特別管理産業廃棄物に係る処分） ………………………… 290
　第十二条の二
（虚偽の管理票の交付等の禁止）　第十二条の四 …………………… 290
（産業廃棄物処理業）　第十四条 ………………………………………… 291
（特別管理産業廃棄物処理業）　第十四条の四 ………………………… 291

【建設副産物適正処理推進要綱】
（受入地での埋め立て及び盛り土）第四章 第19 ………292
（建設汚泥）第六章 第29 ………292

❸ 騒音、振動、排ガス対策

Q 20 地元住民からの工事に関する苦情、要望の対策はどのように判断しますか。 ………293

【キーポイント114】
（騒音、振動防止対策が必要な区域） ………293

【キーポイント115】
（騒音、振動防止対策の発注者の考え方） ………294

【キーポイント116】
（騒音、振動防止対策の受注者の考え方） ………294

【キーポイント117】
（特定建設作業とは） ………295

【キーポイント118】
（特定建設作業の規制基準） ………297

【キーポイント119】
（排ガス対策の受注者の考え方） ………298

【公共工事標準請負契約款】
（工事材料の品質及び検査等）第十三条 ………298
（監督員の立会い及び工事記録の整備等） ………299
（支給材料及び貸与品）第十五条 ………300
（工事用地の確保等）第十六条 ………301

法令一覧 ………303

I 建設業法などの解説

1 建設業の許可の考え方（入札・契約担当者）

❶ 建設業許可がなくても請け負うことができる軽微な工事

Q1
「軽微な建設工事」は、建設業許可がなくても請け負うことができます。この「軽微な建設工事」について説明してください。

A1
軽微な建設工事とは、工事一件の請負代金の額が建築一式工事では千五百万円に満たない工事、または延べ面積が百五十平方メートルに満たない木造住宅工事、建築一式工事以外の建設工事では五百万円に満たない工事をいいます。（建設業法施行令第一条の二第1項）

しかし、請負代金の意味を理解していないことがあります。請負代金の意味を理解していないで契約し、提出書類や現場の技術者の配置などを間違えることがよくあります。

【キーポイント1】
（建設工事の発注者、元請負代金の意味）

① **発注者**とは、建設工事の注文者をいいます。注文者とは、工事を請け負わせる者をいい、下位の請負人から見た場合、上位の請負人（元請を含む）すべてが注文者に該当します。労働安全衛生法では、元方事業者は事業の一部を請け負わせる者をいい、特定元方事業者は建設工事を営む元方事業者をいいます。（労働安全衛生法第十五条）

② **元請負人**とは、下請契約における注文者で建設業者である者をいいます。下請からみれば元請も注文者です。

③ **請負代金の額**とは、各契約の請負代金の合計額とします。

🔑 キーポイント1

④ 注文者が材料を提供する場合、請負代金の額（法律で判断する実質の建設工事を実施する金額）とは、その**市場価格または市場価格および運送賃を請負代金**（契約額）**に加えた額**です。

になっています。個々の請負代金だけで判断せず、合計金額で判断してください。合計金額が五百万円以上となる場合は、軽微な工事に該当しないため、建設業許可が必要となります。（建設業法施行令第一条の二第2項）

【キーポイント2】
（分割で請け負った軽微な建設工事の総額が五百万円を超えた場合）
・下請工事四百万円＋下請工事二百万円＝六百万円 ＞五百万円

【キーポイント1】（建設工事の発注者、元請負は注文者、請負代金の意味）③**請負代金の額**とは、各契約の請負代金の合計額となるので、**五百万円以上となる場合は、軽微な工事には該当しません。**よって建設業許可が必要となります。

具体的に説明するには、五百万円未満の工事を「①独立した工種ごとに受注したケース」と「②複数受注したケース」で、ともに合計すると五百万円以上となるケースを想定してみます。

なお、詳細は後述しますが、軽微な工事のみの請負を除き、**無許可で建設工事を請け負った場合**は、三年以下の懲役または三百万円以下の罰金刑になります。【キーポイント58】（法人の違反処分の内容）

① 独立した工種で、個々の請負代金は五百万円未満だが、合計すると五百万円以上になる場合。

一つの工事を二つ以上の契約に分割して請け負うときは、各契約の請負代金の合計金額を工事の請負代金とすること

② 解体、補修工事などで断続的な小口契約をしたが、工期が長期間で、五百万円未満の工事を請け負った後に、下請に五百万円未満の工事を請け負わせ、合計すると五百万円以上になる場合。

前問と同様に請負代金の合計額で判断するので、軽微な工事には該当しません。例えば、単価契約による工事を行った場合も、総額（単価×数量）が五百万円以上になる場合は、軽微な工事には該当しません。

また、無許可業者に下請工事を四百万円で発注し、工事で必要な材料（二百万円相当）は元請が支給した場合も、公共工事では問題となります。下請業者に支給される材料はすべて請負代金に加算され、軽微な工事の範囲を超えてしまうため、無許可業者への下請工事の発注はできません（建設業法施行令第一条の二第3項参照）。元請がその実態を知ったうえで、工事を行わせた場合は処分の対象となります。【キーポイント61】（不正事実の申告）、【キーポイント62】（指示および営業の停止の具体的な内容）、【キーポイント65】（許可の取消しと情状が重い場合）

【キーポイント3】
（軽微な建設工事と請け負っても支給材料を加算すると五百万円を超える工事）

下請工事四百万円＋支給材料二百万円＝六百万円＞五百万円

【キーポイント1】（建設工事の発注者、元請は注文者、請負代金の意味）④ 支給される材料はすべて請負代金の額に加算されるため、五百万円以上となる場合は、軽微な工事には該当しません。よって建設業許可が必要となります。

ちなみに建設業許可の更新申請書を提出した後に、現在の建設業許可の期限が切れた場合は、更新の通知が来なくても、許可の更新申請に対する処分（更新または更新拒否）がされるまでの間は、現在受けている建設業許可が有効とされます（建設業法第三条4項）。建設業許可が切れていても、従来どおり営業でき、五百万円を超える工事も請け負うことができます。

A2

軽微な建設工事（五百万円未満）のみを請け負い営業する者でも、建設業の許可（建設業法第三条）を受ける必要がないだけで、原則として建設業法の対象となります。

したがって、軽微な建設工事のみを請け負い営業する者によって、建設業法に違反するような建設工事が行われた場合には、その工事区域を管轄する知事は、その業者に対して、指示処分や営業停止処分を科すことができると建設業法に規定されています。

また、建設業の許可を受けている者にあっては、建設業法違反による罰金刑と許可の取消しの処分が科せられることもあります。この内容については、【キーポイント58】（法人の違反処分の内容）、【キーポイント59】（法人の代表者、代理人、使用人、その他従業者の違反処分の内容）、【キーポイント60】（建設業法違反の責任義務の構成）で具体的に説明します。

【キーポイント4】
（許可を受けないで建設業を営む者に適用される建設業法の違反規定）

許可を受けないで建設業を営む者にも適用されるので、違反すれば**法人と個人に処分が科せられます**。

建設業法の主な規定は次のとおりで、違反すれば法人と個人に処分が科せられます。

① 公正な請負契約の締結義務・請負契約の書面締結義務など（建設業法第十八条・第十九条）

② 建設工事紛争審査会による紛争解決（建設業法第二十五条）

③ 都道府県知事による指示処分および営業停止処分（建設業法第二十八条第2項・第3項）

④ 利害関係人による都道府県知事に対する措置要求（建設業法第三十条第2項）

⑤ 都道府県知事による報告徴収・立入検査（建設業法第三十一条）

1 建設業の許可の考え方

❶ 建設業許可がなくても請け負うことができる軽微な工事

▼建設業法▲

（定　義）

第二条　この法律において「建設工事」とは、土木建築に関する工事で別表第一の上欄に掲げるものをいう。

2　この法律において「建設業」とは、元請、下請その他いかなる名義をもってするかを問わず、建設工事の完成を請け負う営業をいう。

3　この法律において「建設業者」とは、第三条第1項の許可を受けて建設業を営む者をいう。

4　この法律において「下請契約」とは、建設工事を他の者から請け負った建設業を営む者と他の者から請け負つたものを除く。）の注文者をいう。

5　この法律において「発注者」とは、建設工事（他の者から請け負つたものを除く。）の注文者をいい、「元請負人」とは、下請契約で建設業者であるものをいい、「下請負人」とは、下請契約における請負人をいう。

（建設業の許可）

第三条　建設業を営もうとする者は、次に掲げる区分により、この章で定めるところにより、二以上の都道府県の区域内に営業所（本店又は支店若しくは政令で定めるこれに準ずるものをいう。以下同じ。）を設けて営業をしようとする場合にあつては国土交通大臣の、一の都道府県の区域内にのみ営業所を設けて営業をしようとする場合にあつては当該営業所の所在地を管轄する都道府県知事の許可を受けなければならない。ただし、**政令で定める軽微な建設工事のみを請け負うことを営業とする者は、この限りでない。**

▼建設業法施行令▲

（軽微な建設工事）

第一条の二　法第三条第1項ただし書の政令で定める**軽微な建設工事**は、工事一件の請負代金の額が建築一式工事にあつては千五百万円に満たない工事又は延べ面積が百五十平方メートルに満た

満たない木造住宅工事、建築一式工事以外の建設工事にあっては五百万円に満たない工事とする。

2　前項の**請負代金の額**は、同一の建設業を営む者が工事の完成を二以上の契約に分割して請け負うときは、**各契約の請負代金の額の合計額**とする。ただし、正当な理由に基づいて契約を分割したときは、この限りでない。

3　注文者が材料を提供する場合においては、その市場価格又は市場価格及び運送賃を当該請負契約の請負代金の額に加えたものを第1項の請負代金の額とする。

▼労働安全衛生法▲

（定　義）

第二条　この法律において、次の各号に掲げる用語の意義は、それぞれ当該各号に定めるところによる。

一　労働災害　労働者の就業に係る建設物、設備、原材料、ガス、蒸気、粉じん等により、又は作業行動その他業務に起因して、労働者が負傷し、疾病にかかり、又は死亡することをいう。

二　労働者　労働基準法第九条に規定する労働者（同居の親族のみを使用する事業又は事務所に使用される者及び家事使用人を除く。）をいう。

三　事業者　事業を行う者で、労働者を使用するものをいう。

三の二　化学物質　元素及び化合物をいう。

四　作業環境測定　作業環境の実態をは握するため空気環境その他の作業環境について行うデザイン、サンプリング及び分析（解析を含む。）をいう。

❷ 建設業の許可

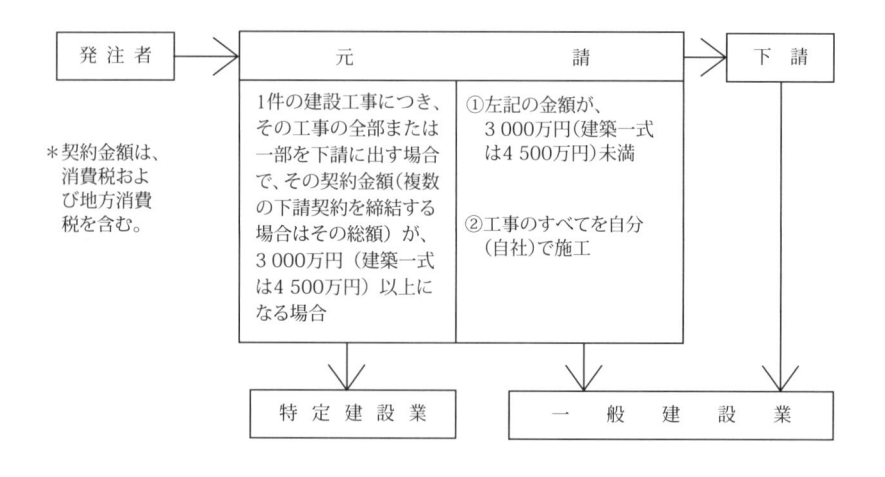

Q2 建設業の許可で「一般建設業」と「特定建設業」の違いを教えてください。また、建設工事の種類・業種にはどのようなものがありますか。

A1 建設業を営もうとする者は、建設業法第三条第1項により許可を受けなければならないとされています。一方、建設業法第八条第1項では、都道府県知事は許可申請書やその添付書類の重要な事項に虚偽の記載があったり、重要な事実の記載が欠けているときは、許可してはならないとされています。

建設業は、**一つの都道府県の区域内のみに営業所を設けて営業をしようとするその営業所の所在地を管轄する都道府県知事の許可**を受けた「**一般建設業**」と、**二つ以上の都道府県の区域内に営業所を設けて営業をしようとする国土交通大臣の許可**を受けた「**特定建設業**」に区別されています。同一の建設業者が、同一業種について一般建設業と特定建設業の両方の許可を受けることはできません。具体的には下図のようになります。

発注者 → 元請 → 下請

元請：
1件の建設工事につき、その工事の全部または一部を下請に出す場合で、その契約金額（複数の下請契約を締結する場合はその総額）が、3 000万円（建築一式は4 500万円）以上になる場合
→ 特定建設業

①左記の金額が、3 000万円（建築一式は4 500万円）未満
②工事のすべてを自分（自社）で施工
→ 一般建設業

＊契約金額は、消費税および地方消費税を含む。

【キーポイント5】
（建設業許可に必要な営業所の判断）

建設業許可の営業所とは、**本店、支店、もしくは常時、建設工事の請負契約を締結できる事務所**をいい、少なくとも次の要件を備えているものをいいます。

① 請負契約の見積り、入札、契約締結などの**実体的な業務**を行っていること。
② 事務所など建設業の**営業を行うべき場所**があり、電話、机などの**付器備品を備えている**こと。
③ ①に関する**権限を付与された者が常勤している**こと。
④ **技術者が常勤している**こと。

したがって、建設業にはまったく無関係の事務所、単に登記上の本店、単なる事務連絡所、工事事務所、作業所などは建設業許可の営業所に該当しません。

特定建設業、一般建設業の建設業許可に必要な「請負金額」の判断を誤っていることが多いので注意しましょう。建設業法第二条第5項の定義では、「**元請（元請負人）**」とは、**下請契約における注文者で建設業者であるもの**をいいます。

【キーポイント6】
（注文者と請負代金についての注意事項）

特定建設業、一般建設業における**元請が下請の注文者**となります。【キーポイント1】（建設工事の発注者、元請は注文者、請負代金の意味）で説明しましたが、許可条件でも材料を提供する場合においては、その**市場価格および運送賃を請負代金の額に加えたものを請負代金の額とする**とされていることを再確認してください。**下請業者に対して支給される材料はすべて請負代金の額に加算されるので、請負代金の額が工事の範囲を超えてしまう場合がありますから注意しましょう。**

現場の専任技術者の専任要件も同じで請負代金の額が工事の範囲を超えてしまう場合があります。

A2

建設業の許可における**建設工事の種類**については、**建設業法の別表第一**に示されています。別表第一の建設工事の種類、業種、建設工事の内容、建設工事の例示は**【キーポイント7】**のとおりです。

建設工事の発注は別表第一に基づいて行わなければなりません。

著者が工事監査で指摘したことですが、この別表第一を確認しないで、配水施設工事の配水タンク内部の防水塗装工事の入札を、塗装工事業と防水工事業で行った事例がありました。本当は水道施設工事業が入札の参加業者となります。

【キーポイント7】

(別表第一　建設工事の種類・業種別による許可内容と例示内容)

第1欄	第2欄	第3欄	第4欄
建設工事の種類（法律別表）	業種（法律別表）	建設工事の内容 昭和47年3月8日（建設省告示第350号）最終改正 平成15年7月25日（国土交通省告示第1128号）	建設工事の例示 昭和47年3月18日（建設省計建発第46号）最終改正 平成15年7月25日（国総建第109号）
土木一式工事	土木工事業	総合的な企画、指導、調整のもとに土木工作物を建設する工事（補修、改造または解体する工事を含む。以下同じ）	
建築一式工事	建築工事業	総合的な企画、指導、調整のもとに建築物を建設する工事	
大工工事	大工工事業	木材の加工または取付けにより工作物を築造し、または工作物に木製設備を取付ける工事	大工工事、型枠工事、造作工事
左官工事	左官工事業	工作物に壁土、モルタル、漆くい、プラスター、繊維などをこて塗り、吹付け、またははり付ける工事	左官工事、モルタル工事、モルタル防水工事、吹付け工事、とぎ出し工事、洗い出し工事
とび・土工・コンクリート工事	とび・土工工事業	イ）足場の組立て、機械器具・建設資材などの重量物の運搬配置、鉄骨などの組立て、工作物の解体などを行う工事 ロ）くい打ち、くい抜きおよび場所打ぐいを行う工事 ハ）土砂などの掘削、盛上げ、締固めなどを行う工事 ニ）コンクリートによる工作物を築造する工事 ホ）その他基礎的ないしは準備的工事	イ）とび工事、ひき工事、足場など仮設工事、重量物の揚重運搬配置工事、鉄骨組立て工事、コンクリートブロック据付け工事、工作物解体工事 ロ）くい工事、くい打ち工事、くい抜き工事、場所打ぐい工事 ハ）土工事、掘削工事、根切り工事、発破工事、盛土工事 ニ）コンクリート工事、コンクリート打設工事、コンクリート圧送工事、プレストレストコンクリート工事 ホ）地すべり防止工事、地盤改良工事、ボーリンググラウト工事、土留め工事、仮締切り工事、吹付け工事、道路付属物設置工事、捨石工事、外構工事、はつり工事

第1欄	第2欄	第3欄	第4欄
建設工事の種類	業　種	建設工事の内容	建設工事の例示
石工工事	石工工事業	石材（石材の類似のコンクリートブロックおよび擬石を含む）の加工または積方により工作物を築造し、または工作物に石材を取付ける工事	石積み（張り）工事、コンクリートブロック積み（張り）工事
屋根工事	屋根工事業	瓦、スレート、金属薄板などにより屋根をふき工事	屋根ふき工事
電気工事	電気工事業	発電設備、変電設備、送配電設備、構内電気設備などを設置する工事	発電設備工事、送配電線工事、引込線工事、変電設備工事、構内電気設備（非常用電気設備を含む）工事、照明設備工事、電車線工事、信号設備工事、ネオン装置工事
管工事	管工事業	冷暖房、空気調和、給排水、衛生などのための設備を設置し、または金属製などの管を使用して水、油、ガス、水蒸気などを送配するための設備を設置する工事	冷暖房設備工事、冷凍冷蔵設備工事、空気調和設備工事、給排水・給湯設備工事、厨房設備工事、衛生設備工事、浄化槽工事、水洗便所設備工事、ガス管配管工事、ダクト工事、管内更正工事
タイル・れんが・ブロック工事	タイル・れんが・ブロック工事業	れんが、コンクリートブロックなどにより工作物を築造し、または工作物にれんが、コンクリートブロック、タイルなどを取付け、またははり付ける工事	コンクリートブロック積み（張り）工事、レンガ積み（張り）工事、タイル張り工事、築炉工事、石綿スレート張り工事
鋼構造物工事	鋼構造物工事業	形鋼、鋼板などの鋼材の加工または組立てにより工作物を築造する工事	鉄骨工事、橋梁工事、鉄塔工事、石油・ガスなどの貯蔵用タンク設置工事、屋外広告工事、閘門、水門などの門扉設置工事
鉄筋工事	鉄筋工事業	棒鋼などの鋼材を加工し、接合し、または組立てる工事	鉄筋加工組立て工事、ガス圧接工事
ほ装工事	ほ装工事業	道路などの地盤面をアスファルト、コンクリート、砂、砂利、砕石などによりほ装する工事	アスファルトほ装工事、コンクリートほ装工事、ブロックほ装工事、路盤築造工事
しゅんせつ工事	しゅんせつ工事業	川、港湾などの水底をしゅんせつする工事	しゅんせつ工事
板金工事	板金工事業	金属薄板などを加工して工作物に取付け、または工作物に金属製などの付属物を取付ける工事	板金加工取付け工事、建築板金工事

第1欄	第2欄	第3欄	第4欄
建設工事の種類	業種	建設工事の内容	建設工事の例示
ガラス工事	ガラス工事業	工作物にガラスを加工して取付ける工事	ガラス加工取付け工事
塗装工事	塗装工事業	塗料、塗材などを工作物に吹付け、塗付け、またははり付ける工事	塗装工事、溶射工事、ライニング工事、布張り仕上げ工事、鋼構造物塗装工事、路面標示工事
防水工事	防水工事業	アスファルト、モルタル、シーリング材などによって防水を行う工事	アスファルト防水工事、モルタル防水工事、シーリング工事、塗膜防水工事、シート防水工事、注入防水工事
内装仕上工事	内装仕上工事業	木材、石膏ボード、吸音板、壁紙、たたみ、ビニール床タイル、カーペット、ふすまなどを用いて建築物の内装仕上げを行う工事	インテリア工事、天井仕上工事、壁張り工事、内装間仕切り工事、床仕上工事、たたみ工事、ふすま工事、家具工事、防音工事
機械器具設置工事	機械器具設置工事業	機械器具の組立てなどにより工作物を建設し、または工作物に機械器具を取付ける工事	プラント設備工事、運搬機器設置工事、内燃力発電設備工事、集塵機器設置工事、給排気機器設置工事、揚排水機器設置工事、ダム用仮設備設置工事、遊技施設設置工事、舞台装置設置工事、サイロ設置工事、立体駐車設備工事
熱絶縁工事	熱絶縁工事業	工作物または工作物の設備を熱絶縁する工事	冷暖房設備、冷凍冷蔵設備、動力設備または燃料工業、化学工業などの設備の熱絶縁工事
電気通信工事	電気通信工事業	有線電気通信設備、無線電気通信設備、放送機械設備、データ通信設備などの電気通信設備を設置する工事	電気通信線路設備工事、電気通信機械設備工事、放送機械設備工事、空中線設備工事、データ通信設備工事、情報制御設備工事、ＴＶ電波障害防除設備工事
造園工事	造園工事業	整地、植木の植栽、景石のすえ付けなどにより庭園、公園、緑地などの苑地を築造し、道路、建築物などの屋上などを緑化し、または植生をする工事	植栽工事、地被工事、景石工事、地ごしらえ工事、公園設備工事、広場工事、園路工事、水景工事、屋上等緑化工事

第1欄	第2欄	第3欄	第4欄
建設工事の種類	業　種	建設工事の内容	建設工事の例示
さく井工事	さく井工事業	さく井機械などを用いてさく孔、さく井を行う工事またはこれらの工事に伴う揚水設備設置などを行う工事	さく井工事、観測井工事、還元井工事、温泉掘削工事、井戸築造工事、さく孔工事、石油掘削工事、天然ガス掘削工事、揚水設備工事
建具工事	建具工事業	工作物に木製または金属製の建具などを取付ける	金属製建具取付け工事、サッシ付け工事、金属製カーテンウォー取付け工事、シャッター取付け工事、自動ドアー取付け工事、木製建具取付け工事、ふすま工事
水道施設工事	水道施設工事業	上水道、工業用水道などのための取水、浄水、配水などの施設を築造する工事または公共下水道もしくは流域下水道の処理設備を設置する工事	取水施設工事、浄水施設工事、配水施設工事、下水処理設備工事
消防施設工事	消防施設工事業	火災警報設備、消火設備、避難設備もしくは消火活動に必要な設備を設置し、または工作物に取付ける工事	屋内消火栓設置工事、スプリンクラー設置工事、水噴霧、泡、不燃性ガス、蒸発性液体または粉末による消火設備工事、屋外消火栓設置工事、動力消防ポンプ設置工事、火災報知設備工事、漏電火災警報器設置工事、非常警報設備工事、金属製避難はしご、救助袋、緩降機、避難橋または排煙設備の設置工事
清掃施設工事	清掃施設工事業	し尿処理施設またはごみ処理施設を設置する工事	ごみ処理施設工事、し尿処理施設工事

▼建設業法▼

（建設業の許可）

第三条　建設業を営もうとする者は、次に掲げる区分により、この章で定めるところにより、二以上の都道府県の区域内に営業所（本店又は支店若しくは政令で定めるこれに準ずるものをいう。以下同じ。）を設けて営業をしようとする場合にあつては国土交通大臣の、一の都道府県の区域内にのみ営業所を設けて営業をしようとする場合にあつては当該営業所の所在地を管轄する都道府県知事の許可を受けなければならない。ただし、政令で定める軽微な建設工事のみを請け負うことを営業とする者は、この限りでない。

一　建設業を営もうとする者であつて、次号に掲げる者以外のもの

二　建設業を営もうとする者であつて、その営業にあたつて、その者が発注者から直接請け負う一件の建設工事につき、その工事の全部又は一部を、下請代金の額（その工事に係る下請契約が二以上あるときは、下請代金の額

の総額）が政令で定める金額以上となる下請契約を締結して施工しようとするもの

2　前項の許可は、別表第一の上欄に掲げる建設工事の種類ごとに、それぞれ同表の下欄に掲げる建設業に分けて与えるものとする。

3　第1項の許可は、五年ごとにその更新を受けなければ、その期間の経過によつて、その効力を失う。

4　前項の更新の申請があつた場合において、同項の期間（以下「許可の有効期間」という。）の満了の日までにその申請に対する処分がされないときは、従前の許可は、許可の有効期間の満了後もその処分がされるまでの間は、なおその効力を有する。

5　前項の場合において、許可の更新がされたときは、その許可の有効期間は、従前の許可の有効期間の満了の日の翌日から起算するものとする。

6　第1項第一号に掲げる者に係る同項の許可（第3項の許可の更新を含む。以下「一般建設業の許可」という。）を受けた者が、当該許可に係る

建設業について、第3項第二号に掲げる者に係る同項の許可（第3項の許可の更新を含む。以下「特定建設業の許可」という。）を受けたときは、その者に対する当該建設業の許可は、その効力を失う。

（許可の条件）

第三条の二 国土交通大臣又は都道府県知事は、前条第1項の許可に条件を付し、及びこれを変更することができる。

2　前項の条件は、建設工事の適正な施工の確保及び発注者の保護を図るため必要な最小限度のものに限り、かつ、当該許可を受ける者に不当な義務を課することとならないものでなければならない。

（許可の基準）

第八条 国土交通大臣又は都道府県知事は、許可を受けようとする者が**次の各号のいずれか**（許可の更新を受けようとする者にあつては、第一号又は第七号から第十一号までのいずれか）に**該当するとき**、又は許可申請書若しくはその添付書類中に重要な事項について**虚偽の記載**があり、若しくは**重要な事実の記載が欠けている**ときは、**許可をしてはならない**。

一　**成年被後見人若しくは被保佐人又は破産者**で復権を得ないもの

二　第二十九条第1項第五号又は第六号に該当することにより一般建設業の許可又は特定建設業の**許可を取り消され、その取消しの日から五年を経過しない者**

三　第二十九条第1項第五号又は第六号に該当するとして一般建設業の許可又は特定建設業の許可の取消しの処分に係る行政手続法（平成五年法律第八十八号）第十五条の規定による**通知があつた日から当該処分があつた日又は処分をしないことの決定があつた日までの間**に第十二条第五号に該当する旨の同条の規定による届出をした者で当該届出の日から五年を経過しないもの

四　前号に規定する期間内に第十二条第五号に該当する旨の同条の規定による届出があつた

場合において、前号の通知の日前六十日以内に当該届出に係る法人の役員若しくは政令で定める使用人であつた者又は当該届出に係る個人の政令で定める使用人であつた者で、当該届出の日から五年を経過しないもの

五　第二十八条第3項又は第5項の規定により営業の停止を命ぜられ、その停止の期間が経過しない者

六　許可を受けようとする建設業について第二十九条の四の規定により営業を禁止され、その禁止の期間が経過しない者

七　禁錮以上の刑に処せられ、その刑の執行を終わり、又はその刑の執行を受けることがなくなつた日から五年を経過しない者

八　この法律、建設工事の施工若しくは建設工事に従事する労働者の使用に関する法令の規定で政令で定めるもの若しくは暴力団員による不当な行為の防止等に関する法律（平成三年法律第七十七号）の規定（同法第三十二条の二第7項の規定を除く。）に違反したことにより、又は刑法（明治四十年法律第四十五号）第二〇四条、第二〇六条、第二〇八条、第二〇八条の三、第二二二条若しくは第二四七条の罪若しくは暴力行為等処罰に関する法律（大正十五年法律第六十号）の罪を犯したことにより、罰金の刑に処せられ、その刑の執行を終わり、又はその刑の執行を受けることがなくなつた日から五年を経過しない者

九　営業に関し成年者と同一の行為能力を有しない未成年者でその法定代理人が前各号のいずれかに該当するもの

十　法人でその役員又は政令で定める使用人のうちに、第一号から第四号まで又は第六号から第八号までのいずれかに該当する者（第二号に該当する者についてはその者が第二十九条の規定により許可を取り消される以前から、第三号又は第四号に該当する者についてはその者が第十二条第五号に該当する旨の同条の規定による届出がされる以前から、第六号に該当する者についてはその者が第二十九条

四 の規定により営業を禁止される以前から、建設業者である当該法人の役員又は政令で定める使用人であつた者を除く。）のあるもの

十一 個人で政令で定める使用人のうちに、第一号から第四号まで又は第六号から第八号までのいずれかに該当する者（第二号に該当する者についてはその者が第二十九条の規定により許可を取り出される以前から、第三号又は第四号に該当する者についてはその者が第十二条第五号に該当する旨の同条の規定による届出がされる以前から、第六号に該当する者についてはその者が第二十九条の四の規定により営業を禁止される以前から、建設業者である当該個人の政令で定める使用人であつた者を除く。）のあるもの

▼建設業法施行令▲
（法第三条第1項第二号の金額）
第二条 法第三条第1項第二号の政令で定める金額は、三千万円とする。ただし、同項の許可を受けようとする建設業が建築工事業である場合においては、四千五百万円とする。

2 施工技術の確保を図る技術者制度(営業所・現場の専任技術者、検査室)

❶ 専任の技術者制度

Q3 「営業所の専任技術者」の職務と「現場専任制度」について説明してください。またそれぞれに必要な資格はありますか。

A1 「営業所の専任技術者」の主な役割は、建設業の営業の中心である営業所において、建設工事に関する適正な契約の締結とその履行を確保することです。そのため、建設業法では、その営業所ごとに、建設工事の施工に関する一定の資格、または経験を有する専任の技術者を置かなければならない(建設業法第七条第二号、第十五条第二号)と規定しています。「専任の技術者」とは、その営業所に常勤して専ら職務に従事する技術者のことです。したがって、事業主と継続的な雇用関係があり、通常の勤務時間中はその営業所に勤務していなければなりません。

この「営業所の専任技術者」は、【キーポイント7】(別表第一 建設工事の種類・業種別による許可内容と例示内容)と大きく関係しますから注意が必要です。

【キーポイント8】
一般建設業の専任技術者の資格要件を説明します。
(一般建設業の専任技術者の資格要件)
(建設業法第七条第二号)
イは、**学歴(所定学科)＋実務経験(大学卒三年以上、高校卒五年以上)**をいいます。
例:高校の土木学科を卒業して五年以上の土木工事の施工経験があれば、土木工事業の専任技術者になれます。
ロは、**実務経験十年以上**をいいます。
例:建築工事の施工経験が十年以上あれば、建築工事業の専任技術者になれます。

キーポイント8

2 施工技術の確保を図る技術者制度

❶ 専任の技術者制度

ハは、**国家資格保有者**です。
例：二級土木施工管理技士は土木、とび、石、鋼構造物、ほ装、しゅんせつ、塗装、水道施設工事業の専任技術者になれます。

【キーポイント9】
（特定建設業の専任技術者の資格要件）
特定建設業の専任技術者の資格要件を説明します。
（建設業法第十五条第二号）

イは、**一級の国家資格者**です。
例：一級建築士、一級土木施工管理技士、技術士（建設部門）など。

ロは、三つのパターンがあります。
・**学歴**（所定学科）＋**実務経験**（大学卒三年以上、高校卒五年以上、うち二年は指導監督的実務経験）をいいます。
・**実務経験十年以上**（うち二年は指導監督的実務経験）をいいます。

・**資格**（一級国家資格以外）＋指導監督的実務経験二年です。

ハは、**国土交通大臣特別認定**です。
土木工事業、建築工事業などが指定建設業になったときの特例みたいなものです。今は新規での特別認定はありません。

A2

技術者の「**現場専任制度**」では、技術者専任要件があります。公共性のある工作物に関する重要な工事（個人住宅を除くほとんどの工事が該当）で、請負金額が二千五百万円（建築一式工事の場合は五千万円）以上のものについては、当該工事に置く**主任技術者または監理技術者は、工事現場ごとに専任の者でなければならない**（建設業法第二十六条第3項）とされているのです。

この場合の「工事現場ごとの専任」とは、現場に常駐し、ほかの工事の主任技術者や監理技術者、「営業所の専任技術者」との兼務を認めないことを意味しています。建設業の許可の要件として営業所に専任の技術者を置く

ことが求められています。「営業所の専任技術者」は、適切な営業活動のためのものですが、「現場専任制度」で求められる主任技術者や監理技術者は、建設工事の適正な施工のために必要なもので、実際の工事現場に一定の資格や経験を持った技術者を配置しなくてはなりません。建設業法第七条第二号、建設業法第十五条第二号のイ～ハの内容を理解していない現場代理人及び主任（監理）技術者選任届が契約書に添付されていることが、よくあります。**発注者も請負者も建設業法の第七条、十五条第二号のイ～ハの内容を理解する必要があります。**

「現場専任制度」も、【キーポイント7】（別表第一 建設工事の種類・業種別による許可内容と例示内容）と大きく関係します。工事監査では誤りがよく見られます。例えば、「現場専任制度」で道路工事に求められる主任技術者や監理技術者に一級建築士が配置されていたり、河川工事で一級管施工管理技士が配置されていることがありました。これらは実務経験で処理したことを覚えています。

なお、建設業法第七条第二号、建設業法第十五条第二号における専任技術者の資格要件の内容についてはQ4でより詳しく説明します。

2　施工技術の確保を図る技術者制度

21

❶ 専任の技術者制度

【キーポイント10】
（現場専任技術者の要件）

建設工事現場には、施工の技術上の管理を行う主任技術者や監理技術者を置かなければなりません（建設業法第二十六条第3項）。請負金額によっては、「営業所のほかの工事の主任技術者や監理技術者」との兼務は認められません。

① 二千五百万円（建築一式工事の場合は五千万円）以上の工事は専任の主任技術者や監理技術者

② 二千五百万円（建築一式工事の場合は五千万円）未満の工事は主任技術者

ここでも【キーポイント6】（注文者と請負代金についての注意事項）【建設業法施行令】第一条第三項により、下請負業者に対して支給される材料はすべて請負代金の額に加算されるので、注意しましょう。

キーポイント10

2 施工技術の確保を図る技術者制度

❶ 専任の技術者制度

Q4 「営業所の専任技術者」と「現場専任制度」における工事の種類と主任技術者または監理技術者に必要な資格を説明してください。

A 「現場専任制度」で求められる**主任技術者や監理技術者**は、建設工事の適正な施工のため必要なもので、実際の工事現場に一定の資格経験を持った技術者を配置しなければならないことはすでに述べました。ここでは具体的に**建設業法第七条第二号ハの主任技術者と第十五条第二号イにおける専任技術者の資格要件**の内容について説明します。ただし、技術士法による第二次試験の合格者については省略しました。

なお、前出のQ2で指摘した配水施設工事の「**現場専任制度**」で求められる**主任技術者や監理技術者**は、塗装工事の一・二級建築施工管理技士ではなく、水道施設工事に必要な一・二級土木施工管理技士の資格が必要となります。

法令については、1 ❷ **建設業の許可の【建設業法】**（許可の基準）**第八条、【建設業法施行令】**（法第三条第1項第二号の金額）**第二条**と同じですから、参照してください。

一般建設業の専任技術者の資格要件ハの主任技術者として業務が可能な職種は、技術検定と技能検定があります。
（建設業法第七条第二号）

具体的に**【キーポイント11】**と**【キーポイント12】**のように整理しました。

また、**特定建設業の専任技術者の資格要件イの監理技術者として業務が可能な職種に必要な試験は技術検定のみです。**（建設業法第十五条第二号）

具体的に**【キーポイント13】**のように整理されます。

【キーポイント11】

（建設業法第七条第二号ハの主任技術者として業務が可能な技術検定）

昭和47年3月8日（建設省告示第352号）最終改正 平成15年2月20日（国土交通省告示第134号）

資格名称（試験または免許） 工事名（許可を受けようとする建設業）	一・二級建設機械施工	一・二級土木施工管理	一・二級建築施工管理	一・二級管施工管理	一・二級建築士	一・二級造園施工管理
土木工事業	○	○				
建築工事業			○		○	
大工工事業			○		○	
左官工事業			○			
とび・土工工事業	○	○				
石工工事業		○				
屋根工事業			○		○	
管工事業				○		
タイル・れんが・ブロック工事業			○		○	
鋼構造物工事業		○			○	
鉄筋工事業			○			
舗装工事業	○	○				
しゅんせつ工事業		○				
板金工事業			○			
ガラス工事業			○			
塗装工事業		○	○			
防水工事業			○			
内装仕上工事業			○		○	
熱絶縁工事業			○			
造園工事業						○
建具工事業			○			
水道施設工事業		○				

【キーポイント 12】
（建設業法第七条第二号ハの主任技術者として業務が可能な技能検定）

職業能力開発促進法（昭和四十四年法律第六十四号）による技能検定の職種1級に合格した者または検定職種2級に合格した者は、当該工事に関し1年以上実務の経験を有する者をいいます。

工事名	資格名称
大工工事業	建築大工
左官工事業	左官
とび・土工工事業	とび、とび工、型枠施工、コンクリート圧送施工
石工工事業	ブロック建築、ブロック建築工、石材施工、石積みもしくは石工
屋根工事業	建築板金、板金（建築板金に限る）、かわらぶきもしくはスレート施工
電気工事業	電工事士法第1種または第2種電気工事士交付後3年の実務経験
	電工事業法第1種、2種、3種電気主任技術者免状交付後5年の実務経験
管工事業	空気調整設備配管、給排水衛生設備配管
タイル・れんが・ブロック工事業	タイル張り、タイル張り工、築炉、築炉工、ブロック建築、ブロック建築工（れんが積み、コンクリート積みブロック施工に限る）
鋼構造物工事業	鉄工（製罐作業、構造物鉄工作業に限る）、製罐
鉄筋工事業	鉄筋組立て、鉄筋施工（鉄筋施工図作成作業、鉄筋組立て作業）
板金工事業	板金、工場板金、建築板金、打出し板金、板金工
ガラス工事業	ガラス施工
塗装工事業	塗装、木工塗装、木工塗装工、建築塗装、建築塗装工、金属塗装、金属塗装工、噴霧塗装
防水工事業	防水施工
内装仕上工事業	畳製作、畳工、内装仕上げ施工、カーテン施工、天井仕上げ施工、表装、表具、表具工
熱絶縁工事業	熱絶縁施工
造園工事業	造園
さく井工事業	さく井
建具工事業	木工、建具製作、建具工、カーテンウォール施工、サッシ施工

＊電気工事士法（昭和35年法律第139号）、電気事業法（昭和39年法律第170号）

【キーポイント13】

（建設業法第十五条第二号イの監理技術者として業務が可能な技術検定）

昭和63年6月6日（建設省告示第1317号）最終改正 平成14年3月29日（国土交通省告示第268号）

工事名（許可を受けようとする建設業） ＼ 資格名称（試験または免許）	一級建設機械施工	一級土木施工管理	一級建築施工管理	一級電気施工管理	一級管施工管理	一級建築士	一級造園施工管理
土木工事業	○	○					
建築工事業			○			○	
大工工事業			○			○	
左官工事業			○				
とび・土工工事業	○	○	○				
石工事業		○	○				
屋根工事業			○			○	
電気工事業				○			
管工事業					○		
タイル・れんが・ブロック工事業			○			○	
鋼構造物工事業		○	○			○	
鉄筋工事業			○				
舗装工事業	○	○					
しゅんせつ工事業		○					
板金工事業			○				
ガラス工事業			○				
塗装工事業		○	○				
防水工事業			○				
内装仕上工事業			○			○	
熱絶縁工事業			○				
造園工事業							○
建具工事業			○				
水道施設工事業		○					

▼建設業法▲

(一般建設業の許可)

第七条　国土交通大臣又は都道府県知事は、許可を受けようとする者が次に掲げる基準に適合していると認めるときでなければ、許可をしてはならない。

一　許可を受けようとする建設業に関し五年以上経営業務の管理責任者としての経験を有する者

　イ　許可を受けようとする建設業に関し五年以上経営業務の管理責任者としての経験を有する者

　ロ　国土交通大臣がイに掲げる者と同等以上の能力を有するものと認定した者

二　その営業所ごとに、次のいずれかに該当する者で専任のものを置く者であること。

　イ　許可を受けようとする建設業に係る建設工事に関し学校教育法(昭和二十二年法律第二十六号)による高等学校(旧中等学校令(昭和十八年勅令第三十六号)による実業学校を含む。以下同じ。)若しくは中等教育学校を卒業した後五年以上又は同法による大学(旧大学令(大正七年勅令第三百八十八号)による大学を含む。以下同じ。)若しくは高等専門学校(旧専門学校令(明治三十六年勅令第六十一号)による専門学校を含む。以下同じ。)を卒業した後三年以上実務の経験を有する者で在学中に国土交通省令で定める学科を修めたもの

　ロ　許可を受けようとする建設業に係る建設工事に関し十年以上実務の経験を有する者

　ハ　国土交通大臣がイ又はロに掲げる者と同等以上の知識及び技術又は技能を有するものと認定した者

三　法人である場合においては当該法人又はその役員若しくは政令で定める使用人が、個人である場合においてはその者又は政令で定め

る使用人が、請負契約に関して不正又は不誠実な行為をするおそれが明らかなこと。

四　請負契約（第三条第1項ただし書の政令で定める軽微な建設工事に係るものを除く。）を履行するに足りる財産的基礎又は金銭的信用を有しない者でないことが明らかな者でないこと。

（特定建設業の許可）

第十五条　国土交通大臣又は都道府県知事は、特定建設業の許可を受けようとする者が次に掲げる基準に適合していると認めるときでなければ、許可をしてはならない。

一　第七条第一号及び第三号に該当する者であること。

二　その営業所ごとに次のいずれかに該当する者で専任のものを置く者であること。ただし、施工技術（設計図書に従つて建設工事を適正に実施するために必要な専門の知識及びその応用能力をいう。以下同じ。）の総合性、施工技術の普及状況その他の事情を考慮して政令

で定める建設業（以下「指定建設業」という。）の許可を受けようとする者にあつては、その営業所ごとに置くべき専任の者は、イに該当する者又はハの規定により国土交通大臣がイに掲げる者と同等以上の能力を有するものと認定した者でなければならない。

イ　第二十七条第1項の規定による技術検定その他の法令の規定による試験で許可を受けようとする建設業の種類に応じ国土交通大臣が定めるものに合格した者又は他の法令の規定による免許で許可を受けようとする建設業の種類に応じ国土交通大臣が定めるものを受けた者

ロ　第七条第二号イ、ロ又はハに該当する者のうち、許可を受けようとする建設業に係る建設工事で、発注者から直接請け負い、その請負代金の額が政令で定める金額以上であるものに関し二年以上指導監督的な実務の経験を有する者

ハ　国土交通大臣がイ又はロに掲げる者と同

三　発注者との間の請負契約で、その請負代金の額が政令で定める金額以上であるものを履行するに足りる財産的基礎を有すること。

等以上の能力を有するものと認定した者

▼建設業法施行令▲

第五条の二　法第十五条第二号ただし書の政令で定める建設業は、次に掲げるものとする。
（建設業法第十五条第二号ただし書の建設業）
一　土木工事業
二　建築工事業
三　電気工事業
四　管工事業
五　鋼構造物工事業
六　舗装工事業
七　造園工事業

第五条の三　法第十五条第二号ロの政令で定める金額は、四千五百万円とする。
（法第十五条第二号ロの金額）

第五条の四　法第十五条第三号の政令で定める金額は、八千万円とする。
（法第十五条第三号の金額）

❷ 現場専任制度

Q5 現場専任制度での「主任技術者」、「監理技術者」の役割はどのようなものですか。

A1 建設業法第二十六条により、建設業者は請け負った建設工事を施工するときは、建設工事の施工技術上の管理をつかさどる者を置かなければならないとされています。ここでは建設工事の施工技術上の管理をつかさどる「主任技術者」と「監理技術者」の役割について説明します。

主任技術者は工事の施工にあたって技術管理を行う者をいいます。主任技術者は施工計画を作成し、具体的な工事の工程管理や工事目的物、工事仮設物、工事用資機材の品質管理および技術管理を行います。また、工事の施工に伴う公衆災害、労働災害の発生防止のために安全管理、労務管理を行います。**主任技術者は条件によりほかの工事との兼務が可能です。**

A2 監理技術者は、発注者から直接工事を請け負い、その下請契約の合計額が三千万円（建築一式工事の場合、四千五百万円）以上となる場合に、主任技術者に代えて置かれるものです。

監理技術者は、**主任技術者の職務に加えて、下請人の指導・監督、複雑化する工程管理など総合的な役割を果たす**ことが求められます。

「公共性のある工作物に関する重要な工事」（個人住宅を除くほとんどの工事が該当し、請負金額が二千五百万以上〔建築一式工事の場合、五千万円以上〕の工事）は監理技術者や主任技術者を現場に専任で配置する必要があります。監理技術者などは、ほかの現場の監理技術者などを兼務することが禁止されています。公共性のある工作物は、品質確保を徹底する必要があるからです。

そして決算の変更届に添付する工事経歴書（様式第二号の二）の「配置技術者氏名」には、その工事に主任技術者または監理技術者として配置された技術者の氏名を記入する必要があります。

2 施工技術の確保を図る技術者制度

❷ 現場専任制度

【キーポイント14】
（主任技術者と監理技術者の役割）

主任技術者は工事の施工にあたって技術管理を行う者をいいます。**主任技術者は条件によりほかの工事との兼務が可能です。**

監理技術者は、以下の条件のときに置かれます。

① 発注者から直接工事を請け負う。

② 下請契約の合計額が三千万円（建築一式工事の場合、四千五百万円）以上となる。

監理技術者の役割は主任技術者の職務＋下請人の指導・監督、複雑化する工程管理などの総合的な役割です。

また、「公共性のある工作物に関する重要な工事」については、工事目的物の品質確保を徹底する必要から、**監理技術者などが、ほかの現場の監理技術者などを兼務することを禁止しています。**

なお、【キーポイント6】【建設業法施行令】（注文者と請負代金についての注意事項）第一条の二第2項第三号により、**下請業者に対して支給される材**料はすべて請負代金の額に加算されます。請負金額が主任技術者を配置する下請契約の合計額を超えてしまう場合がありますので注意しましょう。

A3

【キーポイント52】（労働安全衛生法）

主任技術者・監理技術者と統括安全衛生責任者・元方安全衛生管理者の関係について説明します。

元方事業者の責任）を見てもらえれば、理解しやすいと思いますが、労働安全衛生法での特定元方事業者（元請業者。建設業のように仕事を行う場所で仕事ごとに異なることを常態とする業種で、厚生労働省令で定めるものに属する事業を行う事業者）は、**統括安全衛生責任者・元方安全衛生管理者を選任し、作業場を管轄する労働基準監督署に報告**しなければなりません。また、① **ずい道などの建設**、② **圧気工法による作業**、③ **一定の橋梁の建設**においては**常時三十人以上で選任・報告義務**があります。

統括安全衛生責任者（労働者が常時五十以上百人未満の現場）の要件は「事業場においてその事業の実施を統括管

2 施工技術の確保を図る技術者制度

❷ 現場専任制度

理する者」であり、施工管理技士の有資格者でなくてもかまいませんが、施工管理技士の資格を有さない者が「常時五十人以上の労働者を従事させる事業場（建設現場）においてその事業の実施を統括管理」することは困難で、現場代理人、主任技術者、監理技術者に選任された「現場事務所長」が、統括安全衛生責任者となるのが一般的です。

統括安全衛生責任者を技術面で支援するとされるのが元方安全衛生管理者です。この元方安全衛生管理者は「現場事務所長」や「現場副所長」が兼任するのが一般的です。なお、本社および支店や直営の労務者による建設現場においては、その人数規模によって衛生管理者、安全管理者（労働者が常時五十以上の現場）、安全衛生推進者（労働者が常時十人以上五十人未満の現場）を選任しますが、下請工事の主任技術者は安全衛生責任者に選任されます。

上記以外の工種で五十人未満の場合、統括安全衛生責任者の選任・報告義務はありませんが、現場の安全衛生を統括する必要があり、中規模建設工事現場における安全衛生管理指針で「統括安全衛生責任者に準ずる者」の選任が求められています。この指針により、こちらも特に労働基準監督署に報告する義務はありません。しかし、報告義務がなくても統括安全衛生責任者として、届出を行う場合がありま
す。また、店社安全衛生管理者の選任に代えて、統括安全衛生責任者や元方安全衛生管理者の選任を行う場合もあります。

【キーポイント15】
（主任技術者・監理技術者と
元方安全衛生管理者の違い）

事業者は、総括安全衛生管理者（労働者が百人以上の現場）、統括安全衛生責任者が旅行、疾病、事故その他やむをえない事由によって職務を行うことができないときは、代理者を選任しなければならないとされています（労働安全衛生規則第三条。以下、安衛則）。統括安全衛生責任者などの代理者の選任は、第三条の規定では、統括安全衛生責任者、元方安全衛生管理者、店社安全衛生管理者および安全衛生責任者について準用されています。安衛則第二十条から現場代理人、主任技術者・監理技術者と判断

キーポイント 15

してもよいでしょう。

労働安全衛生法（以下、安衛法）第十五条の二第1項の規定により、その事業場の元請から専属の者が元方安全衛生管理者に選任されなければならないとされています。（安衛則第十八条の三）

特定元方事業者にあって、**統括安全衛生責任者・元方安全衛生管理者は**、工程に関する計画や作業場所における機械、設備などの配置に関する計画を作成するとともに、機械、設備などを使用する作業に関し、関係請負人が安衛法またはこれに基づく命令に基づき、講ずべき措置の指導を行います。**主任技術者・監理技術者と判断してもよいでしょう。**

監督員が元方安全衛生管理者の資格条件を確認していないことがよくあります。安衛法第十五条の二第1項の厚生労働省令で定められている資格を有する者ですから、その内容を覚えておいてください。**現場安全管理組織の例**と具体的な業務内容や資格をまとめた**現場安全管理者**などの一覧表を示します。

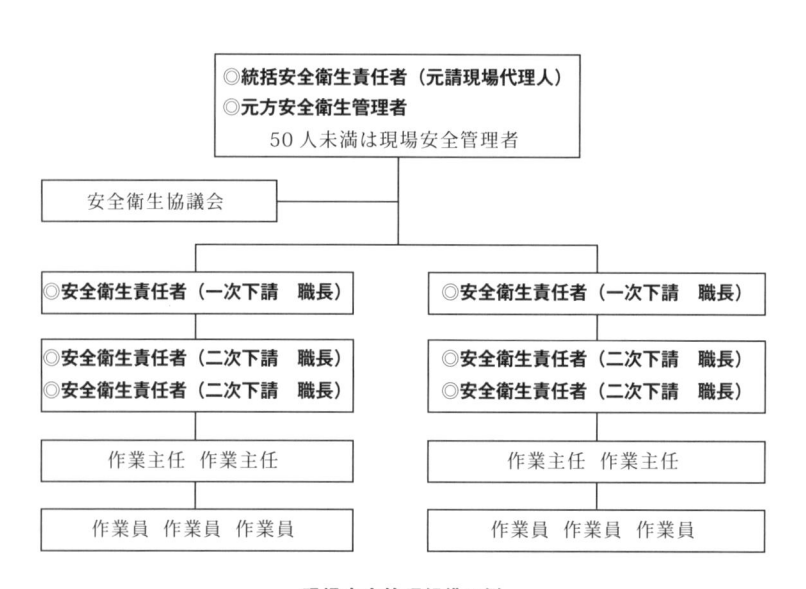

```
┌─────────────────────────────────────────┐
│ ◎統括安全衛生責任者（元請現場代理人）      │
│ ◎元方安全衛生管理者                       │
│   50人未満は現場安全管理者                │
└─────────────────────────────────────────┘
              │
    ┌─────────┴─────────┐
    │ 安全衛生協議会      │
    └─────────┬─────────┘
      ┌───────┴───────┐
      │               │
┌──────────────┐  ┌──────────────┐
│◎安全衛生責任者│  │◎安全衛生責任者│
│（一次下請 職長）│  │（一次下請 職長）│
└──────┬───────┘  └──────┬───────┘
┌──────┴───────┐  ┌──────┴───────┐
│◎安全衛生責任者│  │◎安全衛生責任者│
│（二次下請 職長）│  │（二次下請 職長）│
│◎安全衛生責任者│  │◎安全衛生責任者│
│（二次下請 職長）│  │（二次下請 職長）│
└──────┬───────┘  └──────┬───────┘
┌──────┴───────┐  ┌──────┴───────┐
│作業主任 作業主任│  │作業主任 作業主任│
└──────┬───────┘  └──────┬───────┘
┌──────┴───────┐  ┌──────┴───────┐
│作業員 作業員   │  │作業員 作業員   │
│     作業員    │  │     作業員    │
└──────────────┘  └──────────────┘
```

現場安全管理組織の例
◎印は元方事業者が選任

安全管理者などの一覧表

総括安全衛生管理者	事業の実施を統括管理するもの（事業所長、工事事務所長など）。 常時100人以上の労働者を使用する事業所において労働災害を防止するため、特定元方事業者（元請業者）として、統括管理するとともに以下の必要な措置を講じなければならないとされています。以下の事項を下請から専任された安全衛生責任者へ連絡します。 ① **協議組織の設置および運営を行うこと** ② **作業間の連絡および調整を行うこと** ③ **作業場所を巡視すること** ④ **関係請負人が行う労働者の安全または衛生のための教育に対する指導および援助を行うこと** ⑤ **このほか、労働災害を防止するため必要な事項**
安全衛生推進者	事業の実施を統括管理するもの（事業所長、工事事務所長など）。 常時10人以上50人未満の労働者を使用する事業所において労働災害を防止するため、特定元方事業者（元請業者）として、統括管理する。
統括安全衛生責任者	事業の実施を統括管理するもの（事業所長、工事事務所長など）。 **同一場所（施工現場）で元請・下請併わせて50人以上の労働者が混在する事業**の特定元方事業者は、元請の業務となる各事項を統括管理するとともに、**下請から専任された安全衛生責任者へ連絡**します。必要な措置は総括安全衛生管理者と同じです。
元方安全衛生管理者	統括安全衛生責任者の行う職務のうち、**技術的事項の職務を担当します**（事業所長・副所長、工事事務所長・副所長など）。 資格が必要です。 ① **大学または高等専門学校における理科系統の正規の課程を修めて卒業したもので、その後3年以上建設工事の施工における安全衛生の実務に従事した経験を有するもの** ② **高等学校または中等教育学校において理科系統の正規の学科を修めて卒業したもので、その後5年以上建設工事の施工における安全衛生の実務に従事した経験を有するもの** ③ **このほか、厚生労働大臣が定めるもの。建設工事の施工における安全衛生の実務経験を10年以上有するもの**（安衛則第18条の4）
安全衛生責任者	下請の事業実施を統括管理するもの（下請の工事事務所長など）。 ① 統括安全衛生責任者との連絡 ② 統括安全衛生責任者から連絡を受けた事項の関係者への連絡および実施 ③ 自らの事業所の作業計画と元方事業者の計画との調整 ④ 自らの事業所および関係請負人の混在作業による労働災害の危険の有無の確認 ⑤ 下請の安全衛生責任者との連絡調整

店社安全衛生管理者	ずい道などの建設、圧気工法、一定規模の橋梁の建設仕事における同一場所で元請・下請併せて常時 20 人以上 30 人未満（鉄骨造、鉄骨鉄筋コンクリート造の建築物は 20 人以上 50 人未満）の労働者が従事する現場を有する店社です。 ① 作業現場の巡視（毎月 1 回以上） ② 現場の作業の種類および作業の実施状況の把握 ③ 現場の協議組織への参加 ④ 現場の作業計画作成の確認 **資格が必要**です。 ① **大学または高等専門学校を卒業**した後、**3 年以上工事現場で安全衛生の実務経験**を有するもの ② **高等学校を卒業**した後、**5 年以上工事現場で安全衛生の実務経験**を有するもの ③ **建設工事現場で 8 年以上安全衛生の実務経験**を有するもの
安全管理者	常時 50 人以上の労働者を使用する事業所において、安全に関する技術的事項を管理します（常時 300 人以上の場合は専任とします）。 **資格が必要**です。 ① **大学または高等専門学校を卒業**した後、**3 年以上工事現場で安全衛生の実務経験**を有するもの ② **高等学校を卒業**した後、**5 年以上工事現場で安全衛生の実務経験**を有するもの ③ **建設工事現場で 8 年以上安全衛生の実務経験**を有するもの
衛生管理者	常時 50 人以上の労働者を使用する事業所において、衛生に関する技術的事項を管理します（常時 200 人以上の場合は規模に応じて 2 人以上を専任とします）。 医師、衛生管理者免許を受けたもの

【キーポイント16】
（現場代理人の資格と職長）

現場代理人は職長教育を受講しなければなりません。これは工事現場で職長クラス以上の者は安全ミーティング・危険予知活動を行うよう、労働安全衛生法（以下、安衛法）で定められているからです。この安全ミーティング・危険予知活動を行う責務を担うのが現場代理人なのです。

職長の資格を有さない者は、安衛法で定める現場代理人にはなれません。建設業においては事実上、職長教育は下請が担う安全衛生責任者教育と同時に講習することになっています。**職長教育修了者は、安全衛生責任者（下請の現場代理人）としての教育だけを受ければよいとされています。**

職長とは労働安全衛生法施行令第十九条にて定められており、講習は安衛法六十条に基づく講習で、監督業務、作業者の適正配置、作業手順、異常・緊急時の処置など、現場の監督者が習得すべき事項を講習するものとされています。職長教育は技能講習でも特別教育でもなく「通達による教育」の区分となっています。ただし、平成十八年の安衛法の改正により、教育内容に「危険性または有害性の調査などに関すること」に係る講習が追加されました。ほかの製造業などでも職長が配置されると職長教育を受講する必要があります。

工事現場で事故などがあれば刑事罰（業務上過失致死傷害罪など）が科せられます【キーポイント68】（労働災害の四責任）。その法的な根拠から、職長の資格を取得した者が現場代理人といえるでしょう。

【キーポイント17】
（安全衛生管理体制とは）

現場の安全衛生管理体制とは、快適な施工現場環境の形成を促進するため、労働者の安全と健康の確保を図ることです。次の事項を行います。また、**危険・有害な業務は作業主任者の選任義務があり、一方で、**

●キーポイント17　●キーポイント16

現場の安全管理体制を確保するため、雇入れ時の教育を実施します。

① 法令に定められた事項の実施

労働安全衛生法（以下、安衛法）などの法令に定められた事項で、事業場で実施されていないものがあれば、それをまず実施します。

② 設計や計画の段階における措置

危険な作業の廃止や変更、危険性や有害性の低い材料への代替、より安全な施行方法への変更などを行います。

③ 工学的対策

ガード、インターロック、安全装置、局所排気装置などの対策を講じます。

④ 管理的対策

マニュアルの整備、立入禁止措置、曝露管理、教育訓練などを行います。

⑤ 個人用保護具の使用

②から④の措置を講じた場合でも、除去・低減しきれなかったリスクに対して実施します。

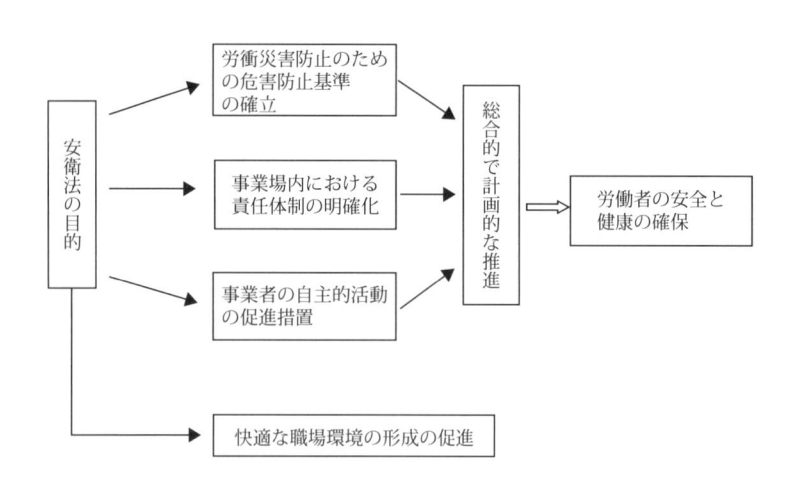

労働安全衛生法の目的と安全衛生管理体制（出典：『チャート安衛法』を一部改変）

```
安衛法の目的 ──→ 労働災害防止のための危害防止基準の確立 ──→ 総合的で計画的な推進 ──→ 労働者の安全と健康の確保
           ──→ 事業場内における責任体制の明確化 ──→
           ──→ 事業者の自主的活動の促進措置 ──→
           ──→ 快適な職場環境の形成の促進
```

【キーポイント18】
(作業主任者の選任義務)

一定の危険・有害な業務に対して、危害防止のため、職務と資格を有する作業主任者を選任する義務があります。

【一定の危険・有害な業務】

労働安全衛生法施行令第六条に三十一種類の作業が規定されています。以下にその中の建設関連の作業を示します。

① 地山の掘削・岩石の採石・はい付けまたははいくずし（高さ二メートル以上）の作業
② 足場・建築物（金属製部材の骨組または塔、木造は軒高）（高さ五メートル以上の構造）の組立て、解体などの作業
③ 一定の有機溶剤を（屋内作業場で）取り扱う業務などのうち一定の作業など
④ アセチレンガス溶接・溶断または加熱
⑤ コンクリート破砕作業
⑥ 土止め支保工の切りばりまたは腹おこしの取付けまたは取りはずし
⑦ ずい道などの覆工作業
⑧ 型枠支保工の組立てまたは解体
⑨ 橋梁の上部構造（金属・コンクリートともに高さ五メートル以上、支間三十メートル以上）

作業主任者の選任

一定の危険・有害な作業 → 〔選任義務〕 → 作業主任者
- 職務：危険・有害な設備、作業について、従事労働者の指揮など危害防止のために必要な事項を担当
- 資格：作業の種類により、都道府県労働局長の免許を受けた者または指定教習機関の技能講習を修了した者

キーポイント18

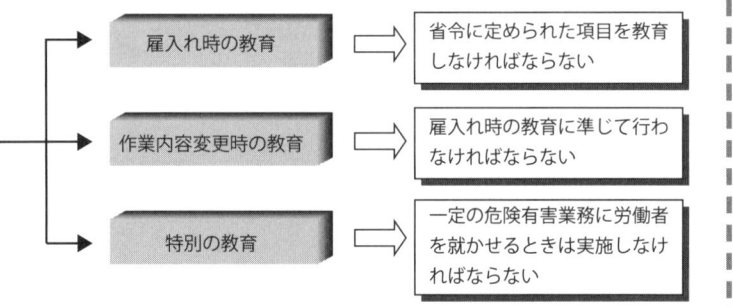

【キーポイント19】
（雇入れ時教育）

労働安全衛生規則第三十五条第1項に定められた雇入れ時の教育項目は以下のとおりです。事務労働が主体の業種では、⑤〜⑧で足ります。現在は、**現場の状況を把握するため、現場代理人が行う新規入場時教育の実施報告書を作成しています。**

① 機械など、原材料などの危険性または有害性およびこれらの取り扱い方法
② 安全装置、有害物抑制装置または保護具の性能およびこれらの取り扱い方法
③ 作業手順
④ 作業開始時の点検
⑤ その業務に関して発生するおそれのある疾病の原因および予防
⑥ 整理、整頓および清潔の保持
⑦ 事故時などにおける応急措置および退避
⑧ その他、その業務に関する安全衛生のために必要な事項

事業者が行うべき安全衛生教育		
雇入れ時の教育	→	省令に定められた項目を教育しなければならない
作業内容変更時の教育	→	雇入れ時の教育に準じて行わなければならない
特別の教育	→	一定の危険有害業務に労働者を就かせるときは実施しなければならない

事業者が行うべき安全衛生教育

全建統一様式第11号　　　　　　　　　　　　　　　元請確認欄

年　月　日

新規入場時教育実施報告書

事業所の名称 _____　　会　社　名 _____
所　長　名 _____ 殿　　現場代理人（現場責任者）_____ 印

項　目	摘　要
教育の種類	
実施日時	
実施場所	
教育方法	
教育内容	
講　師	

受講者氏名 （受講者に氏名を自筆させること）			

資　料	

（注）個人表が作成される場合は本様式の提出は不要

【キーポイント20】
（危険予知活動）

工事現場の危険予知活動は職長が実施しますが、運営に必要な司会者、記録者は実際に作業を行う者が順番に行います。

危険予知ミーティングは作業に携わる者全員で行います。 記録の保管期間もさまざまであり法的縛りはありません。作業を行ううえでの危険予知をミーティング形式で行います。**危険要素の見極めと対策を中心になって行うのは作業全体の危険を理解した職長以上の者** が一般的です。

活動内容は**安全ミーティング・危険予知活動報告書**で会社に報告します。

全建様式第13号

安全ミーティング・危険予知活動報告書

平成　年　月　日（　）曜日　天候（　）

会　社　名　＿＿＿＿＿＿＿＿

現場代理人
（現場責任者）＿＿＿＿＿＿＿＿印

作業内容	作業のポイント	危険のポイント	特記事項
今日の行動目標			

キーポイント20

【キーポイント21】
（専任の主任技術者の必要期間）

下請工事においても請負代金が二千五百万円を超える工事を請け負ったときは、主任技術者を現場に専任で配置する必要があります。しかし、下請工事については、施工が断続的に行われることが多いために、契約工期内で現場作業のない期間は専任の主任技術者は不要です。

① 下請工事の専任の主任技術者の配置が必要な期間とは、当該下請工事（再下請負した工事があるときは、当該工事を含む）が施工期間とされていますから、契約工期内で現場作業のない期間は専任の主任技術者は不要です。

② 専任の主任技術者は不要でも注意しなければならないのは、工事が三次下請業者まで下請けされている場合で、三次下請業者が現場作業を行っている期間については、一次下請業者（専任を要することとなっている二次下請業者を含む）は自らが直接施工する

③ 専任の不要は、元請建設業者と下請建設業者の間で「専任を要しない期間」が設計図書もしくは打合せ記録などの書面により明確になっていることが必要です。

工事のないときでもその主任技術者を現場に専任する必要があります。

全体の工期

下請負工事施工期間　　　下請負工事施工期間

下請工事における専任の主任技術者が必要な期間

キーポイント21

【キーポイント22】

（公共性のある工作物とは）

公共性のある工作物に関する重要な工事とは次の三項目です。

① 国または地方公共団体が注文者である施設または工作物に関する建設工事

② 鉄道、軌道、索道、道路、橋、護岸、堤防、ダム、河川に関する工作物、砂防用工作物、飛行場、港湾施設、漁港施設、運河、上水道または下水道、消防施設、水防施設、学校または国もしくは地方公共団体が設置する庁舎、工場、研究所もしくは試験所、公共の福祉に著しい障害を及ぼすおそれのある施設または工作物で国土交通大臣が指定するもの

③ 次に掲げる施設または工作物に関する建設工事
石油パイプライン事業法に規定する事業用施設、電気通信事業の用に供する施設、放送の用に供する施設（鉄骨造または鉄筋コンクリート造の塔その他これに類する施設に限る）、学校、図書館、美術館、博物館または展示場、社会福祉事業の用に供する施設、病院または診療所、火葬場と畜場または廃棄物処理施設、熱供給施設、集会場または公会堂、市場または百貨店、事務所、ホテルまたは旅館、共同住宅、寄宿舎または下宿、公衆浴場、興行場またはダンスホール、神社、寺院または教会、工場、ドックまたは倉庫、展望塔

【キーポイント23】

（主任技術者の兼任について）

現在請け負っている工事と近接する工事を請け負った場合に、現在の現場に配置している専任の主任技術者は、以下の条件で近接する工事の主任技術者を兼ねることができます。主任技術者は、**密接な関連のある二つ以上の工事であっても、各々の施工および契約関係事務に関する下請契約、材料の伝票などの管理は区別されていることを確認しておくこ**

とが大切です。

なお、主任技術者が兼務できる条件を満たしているかについては、工事の発注者に確認してください。

① 主任技術者または監理技術者の専任については、「平成十六年十二月二十八日付国交省経建発第三百九十五号」の通達の中で、「公共性のある工作物に関する工事のうち密接な関連のある二以上の工事を同一の建設業者が同一の場所又は近接した場所において施工する場合は、同一の専任の主任技術者がこれらの工事を監理することができる（建設業法施行令第二十七条第2項）が、専任の監理技術者については、この規定は適用されない。」とされており、これらの条件を満たせば主任技術者については兼務が可能です。

② 建設業法上は請負額が二千五百万円未満の工事については、主任技術者が二つ以上の工事を兼務することも可能です。ただし、主任技術者が現場代理人を兼務している場合は二つ以上の工事を兼務することはできなくなります。これは公共工事標準請負契約約款で現場代理人は当該

③ 専任の主任技術者が兼務できる場合については、それぞれの現場が下請代金三千万円未満であれば監理技術者の配置は不要です。

ただし、兼務しているいずれかの現場が三千万円以上になる場合には、下請代金が三千万円以上になった現場に専任の監理技術者の配置が必要となりますので、主任技術者などの兼務はできなくなり、新たな主任技術者または監理技術者の配置が必要となります。

専任の監理技術者については大規模な工事に係る統合的な監理を行う性格上、兼務は認められていませんが、発注者が同一の建設業者と締結する契約工期の重複する複数の請負契約に係る一体性が認められるもので、それぞれの工事の対象となる工作物などに一かつ、それぞれの工事の対象となる工作物などに一体性が認められるもので、当初の請負契約以外の請負契約が随意契約により締結されるものに限っては、

① 監理技術者の兼任が認められるのは、工事の対象となる工作物などに一体性が認められると判断されるもので、**複数の工事を「一つの工事とみなす」**ことによって同一の監理技術者などが複数の工事を管理することができるとしたものです。

② この場合、これら複数の工事の下請代金の合計が三千万円以上であれば**特定建設業の許可および現場専任の監理技術者**の配置が必要です。

ただし、【キーポイント1】（建設工事の発注者、元請負は注文者、請負代金の意味）を参照し、主任技術者の兼任については、**支給される材料がすべて請負代金の額に加算されることを認識して判断する**ことが重要です。

兼務が例外的に認められています。

A4

監理技術者資格者証の交付を受けただけでは、その技術者を受注した公共工事の専任の監理技術者として配置することはできません。**公共工事における専任の監理技術者は、資格者証の交付を受けている者であって、五年以内に受講した監理技術者講習修了証を所持している必要があります。**技術者が監理技術者講習修了証を所持していない場合には、公共工事における監理技術者として配置することはできません。ただし、民間工事における監理技術者としての配置は可能です。

また、**監理技術者は発注者などから請求があったときは資格者証を提示しなければならず、その建設工事に係る職務に従事しているときは常時これを携帯していることが必要**です。監理技術者講習修了証についても、発注者などから提示を求められることがあるため、資格者証と同様に携帯していることが必要です。

2 施工技術の確保を図る技術者制度

❷ 現場専任制度

A5

【キーポイント24】
（監理技術者資格者証の交付と配置での対応）

監理技術者資格者証の交付を受けた技術者は、監理技術者として配置された場合、以下のことが必要です。

① 監理技術者資格者証の交付を受けた技術者は、五年以内に受講した監理技術者講習を受講することが必要です（ただし、民間工事では監理技術者講習修了証の所持は必要ありません）。

② 監理技術者資格者証、監理技術者講習修了証は、常時携帯していることが必要です。

からです。下請契約の予定額が三千万円を超えれば、当初から監理技術者を配置することとなり問題はありません。この時点で下請契約の予定額が三千万円未満であれば主任技術者を配置することとなりますが、監理技術者を配置する工事に該当するかどうか流動的であるものについては、工事途中での主任技術者から監理技術者への途中交代は適切な施工管理の確保が難しく、原則認められませんので、監理技術者の資格を有する技術者を当初から配置しておくことが必要です。業務内容から監理技術者の判断が求められることでしょう。

【キーポイント25】
（大規模工事の配置の判断）

① 大規模工事を受注した際は、監理技術者または主任技術者の配置の判断

大規模工事を受注した際は、監理技術者の資格を有する技術者を当初から配置しておくことが必要です。

主任技術者から監理技術者の途中交代は適切な施工管理の確保が難しく原則認められません。

大規模工事を受注した際、監理技術者と主任技術者のどちらを配置するか判断するときは、監理技術者を配置するようにしてください。それは速やかに、専門工事業者などへの工事外注計画を立案し、下請契約の予定額が三千万円（建築一式工事の場合は四千五百万円）以上となるかを的確に把握する必要がある

👤 キーポイント25　　👤 キーポイント24

② 真にやむをえない場合などについては交代が認められます。

a 受注者の責によらない理由により工事中止または延長された場合は交代が認められる。工事内容の大幅な変更が発生し、工期が延長された場合は交代が認められる。

b 橋梁、ポンプ、ゲートなど工場製作を含む工事であって、工場から現地へ工事の現場が移行する時点で交代が認められる。

c ダム、トンネルなどの大規模な工事で、一つの契約工期が多年に及ぶ場合は交代が認められる。

③ 監理技術者などの死亡、傷病または退職など、真にやむをえない場合については交代が考えられます。

いずれの場合であっても、発注者と直接工事を請け負った建設業者との協議により、交代の時期は工程上一定の区切りと認められる時点とするほか、交代前後における監理技術者などの技術力が同等以上に確保されるとともに、工事の規模、難易度などに応じ一定期間重複して工事現場に配置するなどの措置をとることにより、工事の継続性、品質確保などに支障がないと認められることが必要です。

実際の請負内容を検討することも大切です。特に下請に入った場合、【キーポイント1】（建設工事の発注者、元請負は注文者、請負代金の意味）、【キーポイント6】（注文者と請負代金についての注意事項）を参照してください。【建設業法施行令】第一条第2項第三号から、下請業者に対して支給される材料はすべて請負代金の額に加算され、請負金額が工事の範囲を超える場合もあります。最初から監理技術者の資格を有する技術者を配置したほうがよいでしょう。

A6

公共工事においては、発注者から直接請け負う建設業者の専任の監理技術者などは、三か月以上の雇用関係にあることが求められています。これは、監理技術者などについては、工事を請け負った建設業者と「直接的かつ恒常的な雇用関係」が必要とされているからです。したがって、技術者の資格を持っている個

2 施工技術の確保を図る技術者制度

❷ 現場専任制度

人と元請業者との間で工事期間中のみの短期雇用契約を締結した場合については「恒常的な雇用関係」とはいえず、監理技術者などになることはできません。また、在籍出向者や派遣などについても「直接的な雇用関係」があるとはいえないため、監理技術者などになることはできません。

例えば、公共工事において、発注者から直接請け負う建設業者（元請）の専任の監理技術者などは、建設業者（元請）が入札の申し込みをした日以前から三か月以上の雇用関係にあることが必要です。

【キーポイント26】
①公共工事において、発注者から直接請け負う建設業者（元請）の専任の監理技術者などについては、建設業者（元請）が入札の申し込みをした日（指名競争入札の場合、入札の執行日、随意契約の場合、見積書の提出日）以前に、建設業者（元請）と三か月以上の雇用関係にあるこ

と（健康保険証の写し、住民税特別徴収税額通知書の写しなど）が必要です。

②専任の必要のない技術者などの配置については、三か月以上の雇用関係は必要ありませんが、建設業者との恒常的な雇用関係（健康保険証の写し、住民税特別徴収税額通知書の写しなど）は必要です。

A7

営業所の「専任技術者」が一人だけの場合、その人を「工事現場に専任」の必要な主任技術者または監理技術者として配置することはできません。

したがって、二千五百万円（建築一式工事は五千万円）以上の公共性のある工作物に関する建設工事を受注することはできないことになります。

営業所の「専任技術者」を現場代理人とすることは、その営業所に常勤して専らその職務に従事することができなくなるからです。現場代理人は現場常駐が求められ、営業所の専任技術者としての職務が果たせなくなり、建設業法違反（第七条第二号、第十五条第二号）となります。したがって、

キーポイント26

Q4で説明したように営業所の「専任技術者」は現場代理人になることはできないことは明白です。

また、社長一人だけが技術者資格を有している会社でも、二千五百万円（建築一式工事は五千万円）以上の公共性のある工作物に関する建設一式工事では、主任技術者などの現場の専任配置が義務づけられていることより、会社の業務を指導し実施する社長が業務を行うことができないことから、受注することはできません。

特例として、営業所の専任技術者を工事現場の主任技術者として配置するには、次の要件をすべて満たす必要があります。その場合に限って、営業所の専任技術者を工事の「専任を要しない主任技術者」として配置できます。

【キーポイント27】
（専任技術者を現場の主任技術者として配置する特例要件）
営業所の専任技術者を工事現場の主任技術者として配置する特例の要件

① 当該営業所において契約した建設工事であること
② 工事現場と営業所が近接し、当該営業所との間で常時連絡が取れる体制にあること
③ 当該工事が主任技術者の現場専任を必要としない工事であること
④ 所属建設業者と直接かつ恒常的な雇用関係にあること

A8

主任技術者または監理技術者の建設業法上の資格条件は説明しましたが、現場代理人については特に建設業法上は必要な資格などはありません。ただし、労働安全衛生法については、【キーポイント16】（現場代理人の資格と職長）で説明したとおり資格条件があります。

また、公共工事標準請負契約約款第十条第2項で、現場代理人については請負契約の履行に関し、請負者の代理人として工事現場に常駐し、その運営、取り締まりのほか、工事の施工および契約関係事務に関する一切の事項（請負

代金額の変更、工期の変更、請負代金の請求権限、契約解除権限などを除く）を処理することとされ、業務内容を定めています。これらのことから、請負者の社員が現場代理人になることが合理的であると考え、【キーポイント26】（専任の監理技術者などの三か月の雇用関係から）で説明した直接的かつ恒常的な雇用を確認する書類（健康保険証の写し、住民税特別徴収税額通知書の写しなど）を、工事着手届に添付するよう共通仕様書で求めている自治体もあります。

現場代理人については、公共工事標準請負契約約款第十条第2項で現場への常駐を求めていて、複数工事での兼務はできないと考えます。ただし、例外的に、「公共性のある工作物に関する工事のうち密接な関連のある二以上の工事を同一の建設業者が同一の場所又は近接した場所において施工」する場合には、現場代理人の兼務を認めることができると考えていますが、現場代理人の職務である「工事現場の労務・工程・安全の管理」が一体となって管理することができるかどうかを個々具体に判断する必要があります。

【キーポイント28】
（現場代理人の兼務を認めるときの判断）
現場代理人の兼務を認めることができることを判断するには、現場代理人の役割から検討することです。
請負契約の履行に関し、請負者の代理人として工事の施工および契約関係事務に関する一切の事項を監督員は確認してください。また現場代理人は主任技術者の兼務と同じく、密接な関連のある二以上の工事であっても、各々の施工および契約関係事務に関する下請契約、材料の伝票などの管理は区別されていることも確認しておくことが大切です。【キーポイント23】（主任技術者の兼任について）に具体的に書いておきましたので、目を通しておいてください。

著者が関わった工事監査では、ほとんどの受注者は二つの工事の契約関係の事務経費の内容についても内訳書の内容がふさわしいか確認することが重要です。

2 施工技術の確保を図る技術者制度

❷ 現場専任制度

キーポイント28

なお、請負者もこれらの条件から、現場代理人が密接な関連のある二つ以上の工事を兼務できる条件が満たされているかについては、発注者に確認してから具体的な管理体制の区別を図るようにしてください。

　なお、現場代理人、下請負人、労働者などは公共工事標準請負契約約款第十二条でその職務（主任技術者（監理技術者）または専門技術者と兼任する現場代理人にあってはそれらのものの職務を含む）の執行につき著しく不適当と認められる場合は、理由を明示した書面により必要な措置をとるべきことを請求することができるとされていますので、その職務内容については注意が必要です。

　また、逆に監督員もその職務の執行につき著しく不適当と認められるとき、請負者は発注者に対して、その理由を明示した書面により、必要な措置をとることを請求することができるとされています。

▼建設業法▲
（主任技術者及び監理技術者の設置等）

第二十六条　建設業者は、その請け負った建設工事を施工するときは、当該建設工事に関し第七条第二号イ、ロ又はハに該当する者で当該工事現場における建設工事の施工の技術上の管理をつかさどるもの（以下「主任技術者」という。）を置かなければならない。

2　発注者から直接建設工事を請け負った特定建設業者は、当該建設工事を施工するために締結した下請契約の請負代金の額（当該下請契約が二以上あるときは、それらの請負代金の額の総額）が第三条第1項第二号の政令で定める金額以上になる場合においては、前項の規定にかかわらず、当該建設工事に関し第十五条第二号イ、ロ又はハに該当する者（当該建設工事に係る建設業が指定建設業である場合にあっては、同号イに該当する者又は同号ハの規定により国土交通大臣が同号イに掲げる者と同等以上の能力を有するものと認定した者）で当該工事現場にお

ける建設工事の施工の技術上の管理をつかさどるもの（以下「監理技術者」という。）を置かなければならない。

3　公共性のある施設若しくは工作物又は多数の者が利用する施設若しくは工作物に関する重要な建設工事で政令で定めるものについては、前2項の規定により置かなければならない主任技術者又は監理技術者は、工事現場ごとに、専任の者でなければならない。

4　前項の規定により専任の者でなければならない監理技術者は、第二十七条の十八第1項の規定による監理技術者資格者証の交付を受けている者であって、第二十六条の四から第二十六条の六までの規定により国土交通大臣の登録を受けた講習を受講したもののうちから、これを選任しなければならない。

5　前項の規定により選任された監理技術者は、発注者から請求があつたときは、監理技術者資格者証を提示しなければならない。

第二十六条の二　土木工事業又は建築工事業を営む者は、土木一式工事又は建築一式工事を施工する場合において、土木一式工事又は建築一式工事以外の建設工事（第三条第1項ただし書の政令で定める軽微な建設工事を除く。）を施工するときは、当該建設工事に関し第七条第二号イ、ロ又はハに該当する者で当該工事現場における当該建設工事の施工の技術上の管理をつかさどるものを置いて自ら施工する場合のほか、当該建設工事に係る建設業の許可を受けた建設業者に当該建設工事を施工させなければならない。

2　建設業者は、許可を受けた建設業に係る建設工事に附帯する他の建設工事（第三条第1項ただし書の政令で定める軽微な建設工事を除く。）を施工する場合においては、当該建設工事に関し第七条第二号イ、ロ又はハに該当する者で当該工事現場における当該建設工事の施工の技術上の管理をつかさどるものを置いて自ら施工する場合のほか、当該建設工事に係る建設業の許可を受けた建設業者に当該建設工事を施工させ

（主任技術者及び監理技術者の職務等）

第二十六条の三　主任技術者及び監理技術者は、工事現場における建設工事を適正に実施するため、当該建設工事の施工計画の作成、工程管理、品質管理その他の技術上の管理及び当該建設工事の施工に従事する者の技術上の指導監督の職務を誠実に行わなければならない。

2　工事現場における建設工事の施工に従事する者は、主任技術者又は監理技術者がその職務として行う指導に従わなければならない。

▼建設業法施行令▲

（公共性のある施設又は工作物）

第十五条　法第二十五条の十一第二号の公共性のある施設又は工作物で政令で定めるものは、次の各号に掲げるものとする。

一　鉄道、軌道、索道、道路、橋、護岸、堤防、ダム、河川に関する工作物、砂防用工作物、飛行場、港湾施設、漁港施設、運河、上水道又は下水道

二　消防施設、水防施設、学校又は国若しくは地方公共団体が設置する庁舎、工場、研究所若しくは試験所

三　電気事業用施設（電気事業の用に供する発電、送電、配電又は変電その他の電気施設をいう。）又はガス事業用施設（ガス事業の用に供するガスの製造又は供給のための施設をいう。）

四　前各号に掲げるもののほか、紛争により当該施設又は工作物に関する工事の工期が遅延することやその他適正な施工が妨げられることによって公共の福祉に著しい障害を及ぼすおそれのある施設又は工作物で国土交通大臣が指定するもの

（専任の主任技術者又は監理技術者を必要とする建設工事）

第二十七条　法第二十六条第3項の政令で定める重要な建設工事は、次の各号のいずれかに該当する建設工事で工事一件の請負代金の額が

二千五百万円（当該建設工事が建築一式工事である場合にあつては、五千万円）以上のものとする。

一 国又は地方公共団体が注文者である施設又は工作物に関する建設工事

二 第十五条第一号及び第三号に掲げる施設又は工作物に関する建設工事

三 次に掲げる施設又は工作物に関する建設工事

イ 石油パイプライン事業法（昭和四十七年法律第百五号）第五条第2項第二号に規定する事業用施設

ロ 電気通信事業法（昭和五十九年法律第八十六号）第二条第五号に規定する電気通信事業者（同法第九条に規定する電気通信回線設備を設置するものに限る。）が同条第四号に規定する電気通信事業の用に供する施設

ハ 放送法（昭和二十五年法律第百三十二号）第二条第三号の二に規定する放送事業者が

同条第一号に規定する放送の用に供する施設（鉄骨造又は鉄筋コンクリート造の塔その他これに類する施設に限る。）

ニ 学校

ホ 図書館、美術館、博物館又は展示場

ヘ 社会福祉法（昭和二十六年法律第四十五号）第二条第1項に規定する社会福祉事業の用に供する施設

ト 病院又は診療所

チ 火葬場、と畜場又は廃棄物処理施設

リ 熱供給事業法（昭和四十七年法律第八十八号）第二条第4項に規定する熱供給施設

ヌ 集会場又は公会堂

ル 市場又は百貨店

ヲ 事務所

ワ ホテル又は旅館

カ 共同住宅、寄宿舎又は下宿

ヨ 公衆浴場

タ 興行場又はダンスホール

2 施工技術の確保を図る技術者制度

❷ 現場専任制度

レ 神社、寺院又は教会

ソ 工場、ドック又は倉庫

ツ 展望塔

2 前項に規定する建設工事のうち密接な関係のある二以上の建設工事を同一の建設業者が同一の場所又は近接した場所において施工するものについては、同一の専任の主任技術者がこれらの建設工事を管理することができる。

三 専門技術者（建設業法第二十六条の二に規定する技術者をいう。以下同じ。）注

（B）は、建設業法第二十六条第2項の規定に該当する場合に、（A）は、それ以外の場合に適用する。

［　］の部分には、同法第二十六条第3項の工事の場合に「専任の」の字句を記入する。ただし、当該工事が同法第二十六条第4項の工事にも該当する場合には、［　］の部分に、「監理技術者資格者証の交付を受けた専任の」の字句を記入する。

▼公共工事標準請負契約款▼
（現場代理人及び主任技術者等）
第十条 乙は、次の各号に掲げる者を定めて工事現場に設置し、設計図書に定めるところにより、その氏名その他必要な事項を甲に通知しなければならない。これらの者を変更したときも同様とする。

一 現場代理人
二（A）［　］主任技術者
（B）［　］監理技術者

2 現場代理人は、この契約の履行に関し、工事現場に常駐し、その運営、取締りを行うほか、請負代金額の変更、請負代金の請求及び受領、第十二条第1項の請求の受理、同条第3項の決定及び通知並びにこの契約の解除に係る権限を除き、この契約に基づく乙の一切の権限を行使することができる。

3 乙は、前項の規定にかかわらず、自己の有する権限のうち現場代理人に委任せず自ら行使し

（履行報告）
第十一条　乙は、設計図書に定めるところにより、契約の履行について甲に報告しなければならない。

（工事関係者に関する措置請求）
第十二条　甲は、現場代理人又はその職務（主任技術者（監理技術者）又は専門技術者と兼任する現場代理人にあってはそれらの者の職務を含む。）の執行につき著しく不適当と認められるときは、乙に対して、その理由を明示した書面により、必要な措置をとるべきことを請求することができる。

2　甲又は監督員は、主任技術者（監理技術者）、専門技術者（これらの者と現場代理人を兼任する者を除く。）その他乙が工事を施工するために使用している下請負人、労働者等で工事の施工

4　現場代理人、主任技術者（監理技術者）及び専門技術者は、これを兼ねることができる。

ようとするものがあるときは、あらかじめ、当該権限の内容を甲に通知しなければならない。

につき著しく不適当と認められるものがあるときは、乙に対して、その理由を明示した書面により、必要な措置をとるべきことを請求することができる。

3　乙は、前2項の規定による請求があったときは、当該請求に係る事項について決定し、その結果を請求を受けた日から十日以内に甲に通知しなければならない。

4　乙は、監督員がその職務の執行につき著しく不適当と認められるときは、甲に対して、その理由を明示した書面により、必要な措置をとるべきことを請求することができる。

5　甲は、前項の規定による請求があったときは、当該請求に係る事項について決定し、その結果を請求を受けた日から十日以内に乙に通知しなければならない。

▼労働安全衛生法▲

（総括安全衛生管理者）

第十条　事業者は、政令で定める規模の事業場ごとに、厚生労働省令で定めるところにより、総括安全衛生管理者を選任し、その者に安全管理者、衛生管理者又は第二十五条の二第2項の規定により技術的事項を管理する者の指揮をさせるとともに、次の業務を統括管理させなければならない。

一　労働者の危険又は健康障害を防止するための措置に関すること。

二　労働者の安全又は衛生のための教育の実施に関すること。

三　健康診断の実施その他健康の保持増進のための措置に関すること。

四　労働災害の原因の調査及び再発防止対策に関すること。

五　前各号に掲げるもののほか、労働災害を防止するため必要な業務で、厚生労働省令で定めるもの

2　総括安全衛生管理者は、当該事業場においてその事業の実施を統括管理する者をもつて充てなければならない。

3　都道府県労働局長は、労働災害を防止するため必要があると認めるときは、総括安全衛生管理者の業務の執行について事業者に勧告することができる。

（安全管理者）

第十一条　事業者は、政令で定める業種及び規模の事業場ごとに、厚生労働省令で定める資格を有する者のうちから、厚生労働省令で定めるところにより、安全管理者を選任し、その者に前条第1項各号の業務（第二十五条の二第2項の規定により技術的事項を管理する者を選任した場合においては、同条第1項各号の措置に該当するものを除く。）のうち安全に係る技術的事項を管理させなければならない。

2　労働基準監督署長は、労働災害を防止するため必要があると認めるときは、事業者に対し、安全管理者の増員又は解任を命ずることができ

(衛生管理者)

第十二条　事業者は、政令で定める規模の事業場ごとに、都道府県労働局長の免許を受けた者その他厚生労働省令で定める資格を有する者のうちから、厚生労働省令で定めるところにより、当該事業場の業務の区分に応じて、衛生管理者を選任し、その者に第十条第1項各号の業務（第二十五条の二第2項の規定により技術的事項を管理する者を選任した場合においては、同条第1項各号の措置に係る技術的事項を管理するものを除く。）のうち衛生に係る技術的事項を管理させなければならない。

2　前条第2項の規定は、衛生管理者について準用する。

(安全衛生推進者等)

第十二条の二　事業者は、第十一条第1項の事業場及び前条第1項の事業場以外の事業場で、厚生労働省令で定める規模のものごとに、厚生労働省令で定めるところにより、安全衛生推進者

(第十一条第1項の政令で定める業種以外の業種の事業場にあつては、衛生推進者）を選任し、その者に第十条第1項各号の業務（第二十五条の二第2項の規定により技術的事項を管理する者を選任した場合においては、同条第1項各号の措置に係るものを除くものとし、第十一条第1項の政令で定める業種以外の業種の事業場にあつては、衛生に係る業務に限る。）を担当させなければならない。

(産業医等)

第十三条　事業者は、政令で定める規模の事業場ごとに、厚生労働省令で定めるところにより、医師のうちから産業医を選任し、その者に労働者の健康管理その他の厚生労働省令で定める事項（以下「労働者の健康管理等」という。）を行わせなければならない。

2　産業医は、労働者の健康管理等を行うのに必要な医学に関する知識について厚生労働省令で定める要件を備えた者でなければならない。

3　産業医は、労働者の健康を確保するため必要

があると認めるときは、事業者に対し、労働者の健康管理等について必要な勧告をすることができる。

4　事業者は、前項の勧告を受けたときは、これを尊重しなければならない。

第十三条の二　事業者は、前条第1項の事業場以外の事業場については、労働者の健康管理等を行うのに必要な医学に関する知識を有する医師その他厚生労働省令で定める者に労働者の健康管理等の全部又は一部を行わせるように努めなければならない。

（作業主任者）

第十四条　事業者は、高圧室内作業その他の労働災害を防止するための管理を必要とする作業で、政令で定めるものについては、都道府県労働局長の免許を受けた者又は都道府県労働局長の登録を受けた者が行う技能講習を修了した者のうちから、厚生労働省令で定めるところにより、当該作業の区分に応じて、作業主任者を選任し、その者に当該作業に従事する労働者の指揮その

他の厚生労働省令で定める事項を行わせなければならない。

（統括安全衛生責任者）

第十五条　事業者で、一の場所において行う事業の仕事の一部を請負人に請け負わせているもの（当該事業の仕事の一部を請け負わせる契約が二以上あるため、その者が二以上あることとなるときは、当該請負契約のうちの最も先次の請負契約における注文者とする。以下「元方事業者」という。）のうち、建設業その他政令で定める業種に属する事業（以下「特定事業」という。）を行う者（以下「特定元方事業者」という。）は、その労働者及びその請負人（元方事業者の当該事業の仕事が数次の請負契約によって行われるときは、当該請負人の請負契約の後次のすべての請負契約の当事者である請負人を含む。以下「関係請負人」という。）の労働者が当該場所において作業を行うときは、これらの労働者の作業が同一の場所において行われることによって生ずる労働災害を防止するため、統括安全衛生

責任者を選任し、その者に元方安全衛生管理者の指揮をさせるとともに、第三十条第１項各号の事項を統括管理させなければならない。ただし、これらの労働者の数が政令で定める数未満であるときは、この限りでない。

2　統括安全衛生責任者は、当該場所においてその事業の実施を統括管理する者をもつて充てなければならない。

3　第三十条第４項の場合において、同項のすべての労働者の数が政令で定める数以上であるときは、当該指名された事業者は、これらの労働者に関し、これらの労働者の作業が同一の場所において行われることによつて生ずる労働災害を防止するため、統括安全衛生責任者を選任し、その者に元方安全衛生管理者の指揮をさせるとともに、同条第１項各号の事項を統括管理させなければならない。この場合においては、当該指名された事業者及び当該指名された事業者以外の事業者については、第１項の規定は、適用しない。

4　第１項又は前項に定めるもののほか、第二十五条の二第１項に規定する仕事が数次の請負契約によつて行われる場合においては、第１項の規定により統括安全衛生責任者を選任した事業者は、統括安全衛生責任者に第三十条の三第５項において準用する第二十五条の二第２項の規定により技術的事項を管理する者の指揮をさせるとともに、同条第１項各号の措置を統括管理させなければならない。

5　第十条第３項の規定は、統括安全衛生責任者の業務の執行について準用する。この場合において、同項中「事業者」とあるのは、「当該統括安全衛生責任者を選任した事業者」と読み替えるものとする。

（元方安全衛生管理者）

第十五条の二　前条第１項又は第３項の規定により統括安全衛生責任者を選任した事業者で、建設業その他政令で定める業種に属する事業を行うものは、厚生労働省令で定める資格を有する者のうちから、厚生労働省令で定めるところに

より、**元方安全衛生管理者を選任し**、その者に第三十条第１項各号の事項のうち**技術的事項を管理**させなければならない。

2　第十一条第２項の規定は、元方安全衛生管理者について準用する。この場合において、同項中「事業者」とあるのは、「当該元方安全衛生管理者を選任した事業者」と読み替えるものとする。

（店社安全衛生管理者）
第十五条の三　建設業に属する事業の元方事業者は、その労働者及び関係請負人の労働者が一の場所（これらの労働者の数が厚生労働省令で定める数未満である場所及び第十五条第１項又は第３項の規定により統括安全衛生責任者を選任しなければならない場所を除く。）において作業を行うときは、当該場所において行われる**仕事に係る請負契約を締結している事業場**ごとに、これらの**労働者の作業が同一の場所で行われることによって生ずる労働災害を防止するため**、厚生労働省令で定める資格を有する者のうちから、厚生労働省令で定めるところにより、**店社安全衛生管理者を選任し**、その者に、当該事業場で締結している当該請負契約に係る仕事を行う場所における第三十条第１項各号の事項を担当する者に対する指導その他厚生労働省令で定める事項を行わせなければならない。

2　第三十条第４項の場合において、同項のすべての労働者の数が厚生労働省令で定める数以上であるとき（第十五条第１項又は第３項の規定により統括安全衛生責任者を選任しなければならないときを除く。）は、当該指名された事業者で建設業に属する事業の仕事を行うものは、当該場所において行われる仕事に係る請負契約を締結している事業場ごとに、これらの労働者に関し、これらの労働者の作業が同一の場所で行われることによって生ずる労働災害を防止するため、厚生労働省令で定める資格を有する者のうちから、厚生労働省令で定めるところにより、その者に、当該店社安全衛生管理者を選任し、その者に、当該事業場で締結している当該請負契約に係る仕事を行う場所における第三十条第１項各号の事項

2 施工技術の確保を図る技術者制度

❷ 現場専任制度

を担当する者に対する指導その他厚生労働省令で定める事項を行わせなければならない。この場合においては、当該指名された事業者及び当該指名された事業者以外の事業者については、前項の規定は適用しない。

（安全衛生責任者）

第十六条　第十五条第1項又は第3項の場合において、これらの規定により統括安全衛生責任者を選任すべき事業者以外の請負人で、当該仕事を自ら行うものは、安全衛生責任者を選任し、その者に統括安全衛生責任者との連絡その他の厚生労働省令で定める事項を行わせなければならない。

2　前項の規定により安全衛生責任者を選任した請負人は、同項の事業者に対し、遅滞なく、その旨を通報しなければならない。

（安全委員会）

第十七条　事業者は、政令で定める業種及び規模の事業場ごとに、次の事項を調査審議させ、事業者に対し意見を述べさせるため、安全委員会

を設けなければならない。

一　労働者の危険を防止するための基本となるべき対策に関すること。

二　労働災害の原因及び再発防止対策で、安全に係るものに関すること。

三　前二号に掲げるもののほか、労働者の危険の防止に関する重要事項

2　安全委員会の委員は、次の者をもって構成する。ただし、第一号の者である委員（以下「第一号の委員」という。）は、一人とする。

一　総括安全衛生管理者又は総括安全衛生管理者以外の者で当該事業場においてその事業の実施を統括管理するもの若しくはこれに準ずる者のうちから事業者が指名した者

二　安全管理者のうちから事業者が指名した者

三　当該事業場の労働者で、安全に関し経験を有するもののうちから事業者が指名した者

3　安全委員会の議長は、第一号の委員がなるものとする。

4　事業者は、第一号の委員以外の委員の半数に

ついては、当該事業場に労働者の過半数で組織する**労働組合**があるときはその労働組合、労働者の過半数で組織する労働組合がないときにおいては**労働者の過半数を代表する者の推薦に基づき指名**しなければならない。

5　前2項の規定は、当該事業場の労働者の過半数で組織する労働組合との間における労働協約に別段の定めがあるときは、その限度において適用しない。

（衛生委員会）

第十八条　事業者は、**政令で定める規模の事業場**ごとに、次の事項を**調査審議**させ、**事業者に対し意見を述べさせるため、衛生委員会を設けな**ければならない。

一　労働者の健康障害を防止するための基本となるべき対策に関すること。
二　労働者の健康の保持増進を図るための基本となるべき対策に関すること。
三　労働災害の原因及び再発防止対策で、衛生に係るものに関すること。

四　前三号に掲げるもののほか、労働者の健康障害の防止及び健康の保持増進に関する重要事項

2　衛生委員会の委員は、次の者をもって構成する。ただし、第一号の者である委員は、一人とする。

一　総括安全衛生管理者又は総括安全衛生管理者以外の者で当該事業場においてその事業の実施を統括管理するもの若しくはこれに準ずる者のうちから事業者が指名した者
二　衛生管理者のうちから事業者が指名した者
三　産業医のうちから事業者が指名した者
四　当該事業場の労働者で、衛生に関し経験を有するもののうちから事業者が指名した者

3　事業者は、当該事業場の労働者で、作業環境測定を実施している作業環境測定士であるものを衛生委員会の委員として指名することができる。

4　前条第3項から第5項までの規定は、衛生委員会について準用する。この場合において、同

（安全衛生委員会）

第十九条　事業者は、第十七条及び前条の規定により安全委員会及び衛生委員会を設けなければならないときは、それぞれの委員会の設置に代えて、安全衛生委員会を設置することができる。

2　安全衛生委員会の委員は、次の者をもつて構成する。ただし、第一号の者である委員は、一人とする。

一　総括安全衛生管理者又は総括安全衛生管理者以外の者で当該事業場においてその事業の実施を統括管理するもの若しくはこれに準ずる者のうちから事業者が指名した者

二　安全管理者及び衛生管理者のうちから事業者が指名した者

三　産業医のうちから事業者が指名した者

四　当該事業場の労働者で、安全に関し経験を有するもののうちから事業者が指名した者

五　当該事業場の労働者で、衛生に関し経験を有するもののうちから事業者が指名した者

3　事業者は、当該事業場の労働者で、作業環境測定を実施している作業環境測定士であるものを安全衛生委員会の委員として指名することができる。

4　第十七条第3項から第5項までの規定は、安全衛生委員会について準用する。この場合において、同条第3項及び第4項中「第一号の委員」とあるのは、「第十九条第2項第一号の者である委員」と読み替えるものとする。

条第3項及び第4項中「第一号の委員」とあるのは、「第十八条第2項第一号の者である委員」と読み替えるものとする。

3 建設工事の請負契約（入札・契約担当者、検査室）

Q6 「建設工事」の請負契約で必要な事項と、判断と対応はどのようなことですか。

A1 「請負契約」とは、注文者の注文により、請負業者が自らの裁量と責任において、自己の雇用する労働者を指揮命令下において業務に従事させ、仕事の完成に伴う責務を負う契約をいいます。

また、建設業法第二十四条では、「委託その他いかなる名義をもってするかを問わず、報酬を得て建設工事の完成を目的として締結する契約は、建設工事の請負契約とみなして、この法律の規定を適用する。」と規定されています。

国においては、会計法の規定により、一定金額未満の請負工事契約について、契約書の作成を請書の作成に換え、またはその作成を省略しています。また、市町の発注する少額の修繕工事などについて、地方公共団体の会計（財務）条例・規則で契約書の作成を省略できることとされています。

しかし、県および市町村の発注する建設工事について、建設業法の適用される工事請負契約は、契約書を作成する必要があります。

これは上位法である建設業法第十九条の規定が優先されるので、**建設工事の請負契約（注文書・請け書）の交付**ついては、金額の大小を問わず、すべての建設工事において請負契約書を取り交わす必要があります。

A2 工事の発注にあたって同時に指名を受けた業者（いわゆる相指名業者）が下請業者になることは、自治体によっては特に禁止していないと思いますが、発注者によっては禁止している場合がありますので、各発注者に確認してください。また、**相指名業者への下請**については、談合や丸投げなどの疑惑を招かぬよう慎重に対応することが望まれます。

【キーポイント29】
（請負契約の内容判断と落札後の対応）

建設工事では、金額の大小を問わず、すべての建設工事において、必ず書面に一定の事項を記載したうえで、当事者が署名または記名押印し、相互に交付しなければなりません。つまり、**建設工事の請負契約では、法律上、必ず契約書を作成しなければなりません。**

著者が関わった工事監査では、**施工体制台帳の写しが提出されてなかったり、現場代理人や主任技術者の資格要件に誤りがある書類が見受けられました。**

落札後の対応は次のとおりです。

① 契約保証金の納付

② 建設リサイクル法第十二条に基づく発注者への説明（該当工事のみ）

③ 契約書の提出（提出期限：平成○年○月○日）

④ 契約締結（契約日：平成○年○月○日）

⑤ 請負代金内訳書、着手届および工事工程表、施工体制台帳の写しの提出

⑥ 建設業退職金共済組合掛金証紙の提出

⑦ 現場代理人および主任技術者などの通知（提出期限：着手日前まで）

⑧ 前払金の請求

⑨ その他、提出書類

【キーポイント30】
（契約保証金の納付の判断）

落札者は契約締結までに請負金額の百分の十以上の額の契約保証金を納付することになっています。契約保証金は、次のいずれかの方法で納付するか、納付を免除してもらいます。工事監査では**保証事業会社の保証担保の提供**が多く見られます。契約保証金の納付、金融機関などの保証もたまに見ることがあります。

① 契約保証金の納付
　契約を担当する課が発行する納入通知書により、金融機関などで現金を納付します（完成検査後、還付請求手続きが必要となります）。

② 金融機関などの保証
　金融機関などが保証する保証書（工事完成後は保証金をお返しします）で納付に代える。

③ **保証事業会社の保証担保の提供**
　保証事業会社の前払保証とセットで利用できます。

④ 公共工事履行保証証券（履行ボンド）による保証
　発注者が、請負者から委託を受けた保険会社と履行保証保険契約を結び納付が免除されます。

⑤ 履行保証保険契約の締結
　受注者（請負者）が、発注者を被保険者とする履行保証保険契約を結びます。

⑥ 国債などの債券
　事前に契約担当まで連絡します（完成検査後、還付請求手続きが必要となります）。

＊ ①、②を選択した場合は、速やかに契約保証金を納付し、その受領書の写しを「契約保証金納付届」に添付して、契約書と同時に発注者に提出します。

＊ ②～⑤を選択した場合は、保証証書などの原本を契約書と同時に発注者に提出します。

【キーポイント31】
（建設リサイクル法第十二条に基づく発注者への説明）

発注工事が**建設リサイクル法の対象となる場合**は、請負契約締結に先立ち当該工事の担当者が**施工方法に関する説明を書面により発注者に提出**します。

新築工事では、**使用する特定建設資材の種類、工事着手の時期および工程の概要**をいいます。特定建設資材は**【キーポイント96】**（特定建設資材、指定副産物とは）参照。

① 建設発生木材（木質ボード、木材チップなど）
② コンクリート塊（路盤材、骨材、プレキャスト板など）
③ アスファルト・コンクリート塊（再生加熱アスファルト混合物、路盤材など）
④ コンクリートおよび鉄から成る建設資材

【キーポイント32】
（契約書の提出）

工事請負の契約締結は、落札後○日以内（発注者により指定）に行わなければなりません。

発注者の「工事請負契約書」を下記の要領で契約書を作成し、添付書類を整えて担当課まで提出してください。なお、特段の理由もなく契約書を持参しないなど、○日以内に契約が締結できない場合は、落札者として権利を放棄したものとみなされ、指名停止などの措置がとられることがありますので提出期限は厳守しましょう。

■ 契約書作成上の注意点

① **作成部数は二部作成**します。ただし、請書を提出するよう指示があった場合は、請書一部も作成します。
② 工事番号、工事名、工事場所は指名通知書または**入札公告のとおり記入**します。工事場所に誤りが見受けられます。**収入印紙は一部だけに添付**します。

③ 工期は契約締結日の翌日か、指名通知または入札公告記載のとおり記入します。

④ 請負代金額は、取引に係る消費税および地方消費税の額は課税事業者のみ記入し、非課税事業者は記入しません。

⑤ 契約保証金は、請負契約金額の百分の十の金額（指示があった場合は、その金額）を記入します。

⑥ 前払金額、中間前払金を記入します。【キーポイント74】（前払金の適正使用の確認方法）、【キーポイント75】（保証会社による前払金の扱い方法）、【キーポイント76】（支払先を確認できる書類）、【キーポイント77】（前払金の分割と分割ができない場合の判断）参照

⑦ 建設リサイクル法該当工事の場合は、工事に要する費用などを記入します。【キーポイント31】（建設リサイクル法第十二条に基づく発注者への説明）参照

⑧ 契約書の設計図書は別冊とし、契約書は袋綴じし、表・裏面に割り印を押印し、表紙に契約年月日を記入します。

＊ 建設工事共同企業体（JV）の場合の「請負者」の記入は、建設工事共同企業体の名称、代表者を記載するとともに、すべての構成員が連名して押印します。

＊ 契約保証金納付届または契約保証の保証証書などを添付書類として契約書と同時に提出します。

＊ 建設工事共同企業体（JV）の場合は構成員ごとに添付書類を作成します。その他、建設工事共同企業体編成表、特定および経常建設工事共同企業体の出資の割合に関する協定書も添付書類となります。国土交通省の記載例では建設工事共同企業体の代表者の名称は企業名ですが、個人名が記されている場合があります。

【キーポイント33】

(契約締結)

契約の締結は、建設業法第十九条により、発注者・受注者（請負者）がそれぞれ記名押印して相互に取り交わすことにより成立します。契約書二部のうち、印紙が貼付されていないほうの契約書を受注者が受け取ります。契約後、以下の書類を提出します。

【請負代金内訳書、着手届および工事工程表】

工事請負契約書第三条の規定に基づき、「請負代金内訳書、着手届及び工事工程表」を、契約締結後○日以内（発注者により指定）に提出します。

【建設業退職金共済組合掛金証紙】

受注者と請負契約を締結する工事について、市中銀行（信用金庫を含む）から掛金証紙を購入のうえ、当該金融機関が発行する「掛金収納書」（発注者提出分）を契約書に貼付して契約締結後に提出します。正社員のみによる施工などにより建設業退職金共済の該当がない場合は、その理由を別途書面に記載して提出します。

〈参考〉

建設業退職金共済組合以外に以下の福利厚生などの制度も該当する場合がありますので、発注者に相談してください。①厚生年金基金、②法定外建設労災補償制度、③建災防‥建設業労働災害防止協会。

【現場代理人および主任技術者などの通知】

契約締結後は、工事請負契約書第十条の規定に基づき、現場代理人、主任技術者または監理技術者を選任して工事現場に配置し、その者の氏名などを別紙様式に従い「現場代理人等通知書」および「経歴書」を工事着手日前までに通知します。【キーポイント11】（建設業法第七条第二号八の主任技術者として業務が可能な技術検定）、【キーポイント12】（建設業法第七条第二号八の主任技術者として業務が可能な技能検定）、【キーポイント13】（建設業法第十五条第二号イの監理技術者

として業務が可能な技術検定）参照

【その他、提出書類】

① 工事実績情報サービス（CORINS）の登録についての工事カルテ

請負代金額五百万円以上は、工事実績情報サービス（CORINS）への登録が義務づけられますので、**登録した工事カルテの写しを監督員に提出**します。

② 下請通知書

工事の一部を下請に出す場合は、工事請負契約書第七条の規定により、あらかじめ発注者の承認が必要になります。**「下請通知書」を監督員に提出**します。下請け企業や下請工事内容に変更が生じた場合は、再度提出する必要があります。下請企業との下請契約（請負業者から末端の下請企業までのすべての下請契約）については、**建設業法第二十四条を遵守して下請企業の指導・監督**に努めます。**下請契約も書面により締結**します。

下請通知書の提出に伴い、**下請企業との契約書と**

注文書の内容を確認してください。建設業法第二十条第3項に規定する見積期間はすでに、契約日と注文日が記載されている場合があります。入札が無効になる場合があります。

③ 施工体制台帳の写し

平成十三年四月から「公共工事の入札及び契約の適正化の促進に関する法律」が施行されたことに伴い、施工体制台帳作成後、速やかに**施工体制台帳の写しを監督員に提出**することになりました。

3 建設工事の請負契約

【キーポイント34】
（前払金の請求）

契約後、前払金を請求する場合は工事着手の状況に応じて監督員に書類を提出します。監督員の確認を受けた後に、公共工事の前払金保証事業に関する法律第五条に基づき登録された保証事業会社が発行する保証証券および請求書を提出します。前払金は受注者（請負者）の普通預金口座に振り込まれることになります。建設工事共同企業体（JV）は、建設工事共同企業体名の新たな普通預金口座をつくることになります。

▼建設業法▲
（建設工事の請負契約の原則）
第十八条　建設工事の請負契約の当事者は、各々の対等な立場における合意に基いて公正な契約を締結し、信義に従って誠実にこれを履行しなければならない。

（建設工事の請負契約の内容）
第十九条　建設工事の請負契約の当事者は、前条の趣旨に従って、契約の締結に際して次に掲げる事項を書面に記載し、署名又は記名押印をして相互に交付しなければならない。

一　工事内容
二　請負代金の額
三　工事着手の時期及び工事完成の時期
四　請負代金の全部又は一部の**前金払**又は**出来形部分に対する支払**の定めをするときは、その支払の時期及び方法
五　当事者の一方から設計変更又は工事着手の延期若しくは工事の全部若しくは一部の中止の申出があつた場合における**工期の変更、請**

3 建設工事の請負契約

六　負代金の額の変更又は損害の負担及びそれらの額の算定方法に関する定め

七　天災その他不可抗力による工期の変更又は損害の負担及びその額の算定方法に関する定め

八　価格等（物価統制令（昭和二十一年勅令第百十八号）第二条に規定する価格等をいう。）の変動若しくは変更に基づく請負代金の額又は工事内容の変更

九　工事の施工により第三者が損害を受けた場合における賠償金の負担に関する定め

十　注文者が工事に使用する資材を提供し、又は建設機械その他の機械を貸与するときは、その内容及び方法に関する定め

十一　注文者が工事の全部又は一部の完成を確認するための検査の時期及び方法並びに引渡しの時期

十二　工事完成後における請負代金の支払の時期及び方法

十三　工事の目的物の瑕疵を担保すべき責任又は当該責任の履行に関して講ずべき保証保険契約の締結その他の措置に関する定めをするときは、その内容

十四　各当事者の履行の遅滞その他債務の不履行の場合における遅延利息、違約金その他の損害金

十五　契約に関する紛争の解決方法

2　請負契約の当事者は、請負契約の内容で前項に掲げる事項に該当するものを変更するときは、その変更の内容を書面に記載し、署名又は記名押印をして相互に交付しなければならない。

3　建設工事の請負契約の当事者は、前2項の規定による措置に代えて、政令で定めるところにより、当該契約の相手方の承諾を得て、電子情報処理組織を使用する方法その他の情報通信の技術を利用する方法であつて、当該各項の規定による措置に準ずるものとして国土交通省令で定めるものを講ずることができる。この場合において、当該国土交通省令で定める措置を講じた者は、当該各項の規定による措置を講じたも

（現場代理人の選任等に関する通知）

第十九条の二 請負人は、請負契約の履行に関し工事現場に現場代理人を置く場合においては、当該現場代理人の権限に関する事項及び当該現場代理人の行為についての注文者の請負人に対する意見の申出の方法（第3項において「現場代理人に関する事項」という。）を、書面により注文者に通知しなければならない。

2 注文者は、請負契約の履行に関し工事現場に監督員を置く場合においては、当該監督員の権限に関する事項及び当該監督員の行為についての請負人の注文者に対する意見の申出の方法（第4項において「監督員に関する事項」という。）を、書面により請負人に通知しなければならない。

3 請負人は、第1項の規定による書面による通知に代えて、政令で定めるところにより、同項の注文者の承諾を得て、現場代理人に関する事項を、電子情報処理組織を使用する方法その他の情報通信の技術を利用する方法であつて国土交通省令で定めるものにより通知することができる。この場合において、当該請負人は、当該書面による通知をしたものとみなす。

4 注文者は、第2項の規定による書面による通知に代えて、政令で定めるところにより、同項の請負人の承諾を得て、監督員に関する事項を、電子情報処理組織を使用する方法その他の情報通信の技術を利用する方法であつて国土交通省令で定めるものにより通知することができる。この場合において、当該注文者は、当該書面による通知をしたものとみなす。

（不当に低い請負代金の禁止）

第十九条の三 注文者は、自己の取引上の地位を不当に利用して、その注文した建設工事を施工するために通常必要と認められる原価に満たない金額を請負代金の額とする請負契約を締結してはならない。

（不当な使用資材等の購入強制の禁止）

第十九条の四 注文者は、請負契約の締結後、自己の取引上の地位を不当に利用して、その注文

した建設工事に使用する資材若しくは機械器具又はこれらの**購入先を指定し**、これらを**請負人に購入させて、その利益を害してはならない**。

(発注者に対する勧告)

第十九条の五 建設業者と請負契約を締結した発注者(私的独占の禁止及び公正取引の確保に関する法律(昭和二十二年法律第五十四号)第二条第1項に規定する事業者に該当するものを除く。)が前二条の規定に違反した場合において、特に必要があると認めるときは、当該建設業者の許可をした国土交通大臣又は都道府県知事は、当該発注者に対して必要な勧告をすることができる。

(建設工事の見積り等)

第二十条 建設業者は、**建設工事の請負契約を締結する**に際して、工事内容に応じ、工事の種別ごとに、**材料費、労務費その他の経費の内訳を明**らかにして、建設工事の見積りを行うよう努めなければならない。

2 建設業者は、建設工事の注文者から請求があつたときは、請負契約が成立するまでの間に、建設工事の見積書を提示しなければならない。

3 建設工事の注文者は、請負契約の方法が随意契約による場合にあつては契約を締結する以前に、入札の方法により競争に付する場合にあつては入札を行う以前に、第十九条第1項第一号及び第三号から第十四号までに掲げる事項について、できる限り具体的な内容を提示し、かつ、当該提示から当該契約の締結又は入札までに、建設業者が当該建設工事の見積りをするために必要な政令で定める一定の期間を設けなければならない。

(契約の保証)

第二十一条 建設工事の請負契約において**請負代金の全部又は一部の前金払をする定めがなされたとき**は、**注文者は**、建設業者に対して前金払をする前に、**保証人を立てることを請求することができる**。但し、公共工事の前払金保証事業に関する法律(昭和二十七年法律第百八十四号)第二条第4項に規定する**保証事業会社の保証**に

係る工事又は政令で定める軽微な工事については、この限りでない。

2　前項の請求を受けた建設業者は、左の各号の一に規定する保証人を立てなければならない。

一　建設業者の債務不履行の場合の遅延利息、違約金その他の損害金の支払の保証人

二　建設業者に代つて自らその工事を完成することを保証する他の建設業者

3　建設業者が第1項の規定により保証人を立てることを請求された場合において、これを立てないときは、注文者は、契約の定にかかわらず、前金払をしないことができる。

（下請負人の変更請求）

第二十三条　注文者は、請負人に対して、建設工事の施工につき著しく不適当と認められる下請負人があるときは、その変更を請求することができる。ただし、あらかじめ注文者の書面による承諾を得て選定した下請負人については、この限りでない。

2　注文者は、前項ただし書の規定による書面に代えて、同項ただし書の規定により政令で定めるところにより下請負人を選定する者の承諾を得て、電子情報処理組織を使用する方法その他の情報通信の技術を利用する方法であつて国土交通省令で定めるものにより、同項ただし書の承諾をする旨の通知をすることができる。この場合において、当該注文者は、当該書面による承諾をしたものとみなす。

（請負契約とみなす場合）

第二十四条　委託その他いかなる名義をもつてするかを問わず、報酬を得て建設工事の完成を目的として締結する契約は、建設工事の請負契約とみなして、この法律の規定を適用する。

▼建設業法施行令▼
(建設工事の見積期間)

第六条　法第二十条第3項に規定する見積期間は、次に掲げるとおりとする。ただし、やむを得ない事情があるときは、第二号及び第三号の期間は、五日以内に限り短縮することができる。

一　工事一件の予定価格が五百万円に満たない工事については、一日以上

二　工事一件の予定価格が五百万円以上五千万円に満たない工事については、十日以上

三　工事一件の予定価格が五千万円以上の工事については、十五日以上

2　国が入札の方法により競争に付する場合においては、予算決算及び会計令（昭和二十二年勅令第一六五号）第七十四条の規定による期間を前項の見積期間とみなす。

▼公共工事標準請負契約約款▼
(契約の保証)

第四条（A）　乙は、この契約の締結と同時に、次の各号の一に掲げる保証を付さなければならない。ただし、第五号の場合においては、履行保証保険契約の締結後、直ちにその保険証券を甲に寄託しなければならない。

一　契約保証金の納付

二　契約保証金に代わる担保となる有価証券等の提供

三　この契約による債務の不履行により生ずる損害金の支払を保証する銀行又は甲が確実と認める金融機関等の保証

四　この契約による債務の履行を保証する公共工事履行保証証券による保証

五　この契約による債務の不履行により生ずる損害をてん補する履行保証保険契約の締結

2　前項の保証に係る契約保証金の額、保証金額又は保険金額（第4項において「保証の額」という。）は、請負代金額の十分の○以上としな

3　第1項の規定により、乙が同項第二号又は第三号に掲げる保証を付したときは、当該保証は契約保証金に代わる担保の提供として行われたものとし、同項第四号又は第五号に掲げる保証を付したときは、契約保証金の納付を免除する。

4　請負代金額の変更があった場合には、保証の額が変更後の請負代金額の一〇分の〇に達するまで、甲は、保証の額の増額を請求することができ、乙は、保証の額の減額を請求することができる。

注　（A）は、金銭的保証を必要とする場合に使用することとし、〇の部分には、たとえば、一と記入する。

第四条（B）　乙は、この契約の締結と同時に、この契約による債務の履行を保証する公共工事履行保証証券による保証（かし担保特約を付したものに限る。）を付さなければならない。

2　前項の場合において、保証金額は、請負代金額の一〇分の〇以上としなければならない。

ければならない。

3　請負代金額の変更があった場合には、保証金額が変更後の請負代金額の一〇分の〇に達するまで、甲は、保証金額の増額を請求することができ、乙は、保証金額の減額を請求することができる。

注　（B）は、役務的保証を必要とする場合に使用することとし、〇の部分には、たとえば、三と記入する。

（権利義務の譲渡等）

第五条　乙は、この契約により生ずる権利又は義務を第三者に譲渡し、又は承継させてはならない。ただし、あらかじめ、甲の承諾を得た場合は、この限りでない。

注　ただし書の適用については、たとえば、乙が工事に係る請負代金債権を担保として資金を借り入れようとする場合（乙が、「下請セーフティネット債務保証事業」（平成十一年一月二十八日建設省経振発第八号）により資金を借り入れようとする等の場合）が該当する。

2　乙は、工事目的物並びに工事材料（工場製品

を含む。以下同じ。）のうち第十三条第2項の規定による検査に合格したもの及び第三十七条第3項の規定による部分払のための確認を受けたものを第三者に譲渡し、貸与し、又は抵当権その他の担保の目的に供してはならない。ただし、あらかじめ、甲の承諾を得た場合は、この限りでない。

（下請負人の通知）

第七条　甲は、乙に対して、下請負人の商号又は名称その他必要な事項の通知を請求することができる。

▼建設工事に係る資材の再資源化等に関する法律▼

（対象建設工事の届出等）

第十条　対象建設工事の発注者又は自主施工者は、工事に着手する日の七日前までに、主務省令で定めるところにより、次に掲げる事項を都道府県知事に届け出なければならない。

（1）解体工事である場合においては、解体する建築物等の構造

（2）新築工事等である場合においては、使用する特定建設資材の種類

（3）工事着手の時期及び工程の概要

（4）分別解体等の計画

（5）解体工事である場合においては、解体する建築物等に用いられた建設資材の量の見込み

（6）その他主務省令で定める事項

2　前項の規定による届出をした者は、その届出に係る事項のうち主務省令で定める事項を変更しようとするときは、その変更に係る工事に着手する日の七日前までに、主務省令で定めるところにより、その旨を都道府県知事に届け出な

けばならない。

3　都道府県知事は、第1項又は前項の規定による届出があった場合において、その届出に係る分別解体等の計画が前条第2項の主務省令で定める基準に適合しないと認めるときは、その届出を受理した日から七日以内に限り、その届出をした者に対し、その届出に係る分別解体等の計画の変更その他必要な措置を命ずることができる。

（対象建設工事の届出に係る事項の説明等）

第十二条　対象建設工事（他の者から請け負ったものを除く。）を発注しようとする者から直接当該工事を請け負おうとする建設業を営む者は、当該発注しようとする者に対し、少なくとも第十条第2項第一号から第五号までに掲げる事項について、これらの事項を記載した書面を交付して説明しなければならない。

2　対象建設工事受注者は、その請け負った建設工事の全部又は一部を他の**建設業を営む者に請け負わせようとするとき**は、当該他の建設業を

営む者に対し、当該対象建設工事について第十条第1項の規定により届け出られた事項（同条第2項の規定による変更の届出があった場合には、その変更後のもの）を告げなければならない。

4 施工体制台帳・施工体系図（入札・契約担当者、検査室）

Q7 施工体制台帳の意義と施工体制台帳作成にあたっての留意事項を説明してください。

A1 元請業者が現場の施工体制を把握することが作成の目的としていますから、発注者、請負者に有利に働く仕組みです。

この施工体制台帳等は、発注者から直接工事を請け負った特定建設業者が締結した**下請金額の総額が三千万円以上（建築一式工事の場合は四千五百万円）となった時点で作成の義務が**発生します。

施工体制台帳には、許可を受けている建設業者はもちろん、五百万円未満の小規模な下請工事の**許可を受けていない建設業者も、工事の期間、規模の大小にかかわらず、その建設工事に携わったすべての業者を記載する必要があり**ます。

公共工事における施工体制をより一層適正化するために、平成十三年十月一日より施工体制台帳に二次以下の下請契約の請負代金の額も明示するようになりました。

施工体制台帳等の作成（建設業法第二十四条の七第1項）を義務づけているのは、一括下請を禁止するだけでなく、施工にあたるすべての業者を発注者や元請負人に把握・監督させることによって、建設工事の適正な施工を確保するためです。

これは、施工体制台帳を作成することで、元請業者は現場の施工体制を把握することができるからです。具体的に次の理由に整理されます。

① 品質・工程・安全などの施工上のトラブル防止
② 不良不適格業者の参入、**建設業法違反（一括下請など）の防止**
③ 安易な重層下請による生産効率低下の防止

【キーポイント35】
（施工体制台帳等の作成義務）

施工体制台帳等の作成義務

公共工事、民間工事を問わず、発注者から直接建設工事を請け負った特定建設業者で当該建設工事を施工するために総額3 000万円（建築一式工事の場合は4 500万円）以上の下請負契約を行った場合は、施工体制台帳および施工体系図（以下、「施工体制台帳等」という）を作成しなければなりません。
（建設業法第24条の7第1項）

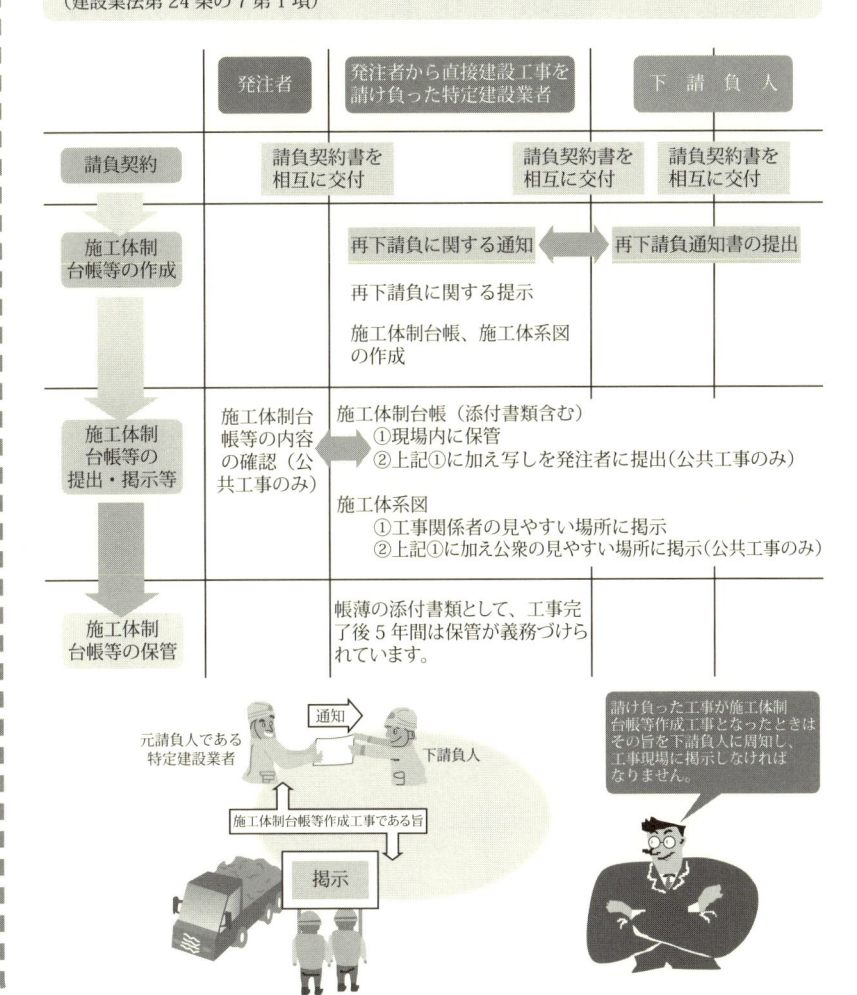

	発注者	発注者から直接建設工事を請け負った特定建設業者	下請負人
請負契約	請負契約書を相互に交付	請負契約書を相互に交付	請負契約書を相互に交付
施工体制台帳等の作成		再下請負に関する通知 ⇔ 再下請負に関する提示 施工体制台帳、施工体系図の作成	再下請負通知書の提出
施工体制台帳等の提出・掲示等	施工体制台帳等の内容の確認（公共工事のみ）	施工体制台帳（添付書類含む） ①現場内に保管 ②上記①に加え写しを発注者に提出（公共工事のみ） 施工体系図 ①工事関係者の見やすい場所に掲示 ②上記①に加え公衆の見やすい場所に掲示（公共工事のみ）	
施工体制台帳等の保管		帳簿の添付書類として、工事完了後5年間は保管が義務づけられています。	

元請負人である特定建設業者 → 通知 → 下請負人
施工体制台帳等作成工事である旨
掲示

請け負った工事が施工体制台帳等作成工事となったときはその旨を下請負人に周知し、工事現場に掲示しなければなりません。

A2

著者が工事監査で指摘したことですが、工事の発注にあたって共同企業体（JV）で落札した構成員の企業が下請業者になっていたことがありました。地域の中小企業の技術を向上させるという行為です。共同企業体（JV）の主旨から考えてもおかしな行為です。下請通知書や施工体制台帳などが提出された段階で、建設業法第二十三条「下請人の変更請求」で著しく不適当ととられますので、請負者が変更請求すべき事項と判断しました。

具体的には二社で共同企業体（JV）を構成した「JVの構成員」である建設業者に対し、共同企業体（JV）からその構成員である建設業者へ下請工事を発注することはできません。共同企業体ではそれぞれの出資比率に応じて施工することとなっており、構成員の施工比率が変動することが明らかであれば、出資比率を変更したうえで施工する必要があります。

共同企業体（JV）の構成員からほかの構成員への下請工事の発注は、実質的に一構成員が出資比率以上の施工を行うことになります。構成員に対して下請を発注したほかの構成員は、実質的な施工を行わずに出資比率に応じた利益を得ることになるため、いわゆる「ペーパーJV」に該当する場合が多いと考えます。

共同企業体（JV）の施工は契約から前払金の支払い、労務費、材料費、保険などの流れを明確に把握することが重要です。

したがって、共同企業体（JV）における各構成員の完成工事高は、共同施工方式（甲型）の場合、工事の請負代金に各構成員の出資比率を乗じて得た額となります。分担施工方式（乙型）の場合、運営委員会で定めた各構成員の分担工事の額となります。

【キーポイント36】
（元請負人の施工体制台帳等の記載義務とその記載内容）

施工体制台帳の下請契約の記載は、小額の契約、施工期間が短いもの、建設業の許可を受けてないものであっても、**すべての下請負人を記載する必要があります**。施工体制台帳等の記載の省略は認められません。

建設業を営む者はすべて、施工体制台帳の記載、契約書などの添付が義務づけられています。

下請人に関する「建設業許可書の写し」「主任技術者の資格を証する書面」などの添付資料が用意できず、施工体制台帳に記載できないなど、**不良建設業者の参入を防ぐことや施工の質を確保することがその意図**と理解してください。

次のような下請負契約も、施工体制台帳に記載が見られますが、具体的にその良否を説明します。

① ガードマンなどの派遣については、建設工事の下請負契約にはあたりませんから、施工体制台帳に記載

② オペレーター付きで契約する場合、オペレーターが行う行為は建設工事の完成を目的とした行為と考えられ、基本的には下請負契約にあたるので、施工体制台帳への記載が必要です。リース会社から派遣されるオペレーターを建設業務に就かせることは、建設作業員の派遣を禁止している労働者派遣法（昭和六十年七月五日法律八十八号）第四条に違反するおそれがあります（正式名称は、労働派遣事業の適正な運営の確保及び派遣労働者の就業条件の整備等に関する法律）。

③ 運搬を主たる目的としているダンプトラック業者などは、建設工事に該当しないので、施工体制台帳、施工体系図への記載は不要になります。これは土砂の搬出のみの場合は、建設工事の下請負契約にはあ

たらないからです。ただし、発注者が記載を求める場合は、この限りではありません。一方、積み込み作業（土砂の掘削を含む）など建設業法の請負工事に該当するものを含む場合には、下請負契約となり施工体制台帳への記載が必要です。

④ 資材・機材のみのリースで、オペレーターには受注者の自社の技術者を配置する場合には、建設工事への請負契約に該当せず、単なる労務提供であると解釈し、**施工体制台帳への記載は不要**です。

⑤ 納入した資材運送業者が資材の輸送にとどまらず、例えばU字溝などの**搬送した資材の据付作業まで契約範囲に含まれている場合**については、**施工体制台帳への記載が必要**です。しかし、資材の搬送のみの場合については、施工体制台帳への記載は不要です。

⑥ クレーン業者（オペレータ付き）、コンクリートポンプ車業者（オペレータ付き）など、**クレーン業者**に対しオペレーター付きでリース契約する場合、当該契約の内容が重量物の揚重物の揚重運搬配置などを行う工事で、工事の完成を目的としている場合には、施工体制台帳への記載が必要です。

⑦ 生コン輸送業者の契約の範囲がコンクリート型枠への**コンクリート圧送や打設まで含むものとなっている**場合には、**施工体制台帳への記載が必要**です。契約範囲が工事現場へのコンクリートの輸送にとどまるものであれば、記載は不要です。

【キーポイント37】

（施工体制台帳等の様式等）

以下に、施工体制台帳等の様式を添付しておきます。施工体制台帳等の作成の確認に役立ててください。

施工体系図（【キーポイント56】（施工体系図の留意点）参照）、工事担当技術者台帳、外注費総括表、施工体制台帳（元請負人）、施工体制台帳（下請負人）、下請負人一覧表、施工体制台帳作成建設工事の通知、下請業者編成表、再下請通知書、作業員名簿

【施工体制台帳などのチェックポイント】

① 公共工事において、受注者（請負者）が施工体制台帳を作成し、発注者に提出した後、発注者はチェックリストに基づき、施工体制、一括下請、配置技術者などについて、定期的にチェックします。地方公共団体により多少違うかもしれませんが、施工体制、配置技術者、一括下請の有無などについて、自分でチェックすることが大切です。

② 施工体制台帳・施工体系図は、施工体制の変更があった場合には、速やかに変更しなければなりません。なお、終了した下請工事については、終了した下請工事に関係する者を施工体系図から削除することとなります。

③ 設計変更などに伴う変更で発注者は、新工種や大幅な変更があった場合は、速やかに変更契約を結ぶべきです。しかし、実際は工事が全部完了してからまとめて変更契約を結ぶ場合も少なくありません。その場合、実際に工事現場で業務を担った下請業者は特定されるはずですので、その者について、わかる範囲の事項について、施工体制台帳等に記載することが適切です。

キーポイント37

《下請負人に関する事項》

会 社 名					代表者名			
住　　所 電話番号								
工事名称 及　　び 工事内容								
工　期	自		平成　　年　月　日		契約日		平成　年　月　日	
	至		平成　　年　月　日					

建設業の 許　　可	施工に必要な許可業種	許可番号			許可（更新）年月日
		大臣 知事	特定 一般	第　　　　号	平成　　年　月　日
		大臣 知事	特定 一般	第　　　　号	平成　　年　月　日

下請負会社 現場代理人名	
権限及び 意見申出方法	別紙契約書による
※主任技術者名	専任 非専任
資格内容	

安全衛生責任者名	
安全衛生推進者名	
雇用管理責任者名	
※専門技術者名	
資格内容	
担当工事内容	

※［主任技術者、専門技術者の記入要領］
1　主任技術者の配属状態について［専任・非専任］のいずれかに○印を付すこと
2　専門技術者には、土木・建築一式工事を施工する場合等でその工事に含まれる専門工事を施工するために必要な主任技術者を記載する。（一式工事の主任技術者が専門工事の主任技術者としての資格を有する場合は、専門技術者を兼ねることができる。）複数の専門工事を施工するために複数の専門技術者を要する場合は適宜欄を設けて全員を記載する

3　主任技術者の資格内容（該当するものを選んで記入する）
①経験年数による場合
　1）大学卒［指定学科］3年以上の実務経験
　2）高校卒［指定学科］5年以上の実務経験
　3）その他　　　　10年以上の実務経験
②資格等による場
　1）建築業法「技術検定」
　2）建築士法「建築士試験」
　3）技術士法「技術士試験」
　4）電気工事士法「電気工事士試験」
　5）電気事業法「電気主任技術者国家試験等」
　6）消防法「消防設備士試験」
　7）職業能力開発促進法「技能検定」

全建統一様式第1号-乙
（参考）

平成　年　月　日

施 工 体 制 台 帳

[会社名]
[事業者名]

建設業の許可	施工に必要な許可業種	許可番号			許可（更新）年月日
		大臣 特定 知事 一般	第	号	平成　年　月　日
		大臣 特定 知事 一般	第	号	平成　年　月　日

工事名称 及び工事内容	
発注者名 及び住所	
工　期	自　平成　年　月　日 至　平成　年　月　日　　契約日　平成　年　月　日

契約 営業所	区　分	名　称	住　所

発注者の 監督員名		権限及び 意見申出	

当社監督員名 （現場代理人）		権限及び 意見申出	
現場代理人名		権限及び 意見申出	
監理技術者名	専任 非専任	資格内容	専任 非専任
専門技術者名		専門技術者名	
資　格		資　格	
担当工事内容		担当工事内容	

（記入要領）　1　この様式は元請けが作成し、一次下請業者を通じて報告される再下請通知書（様式第1号-甲）を添付することにより、一次下請け業者別の施工体制台帳として利用する。
　　　　　　　2　上記の記載事項が発注者との請負契約書や下請負契約書に記載のある場合は、その写しを添付することにより記載を省略することができる
　　　　　　　3　監理技術者の配属状況について「専任・非専任」のいずれかに○印を付けること
　　　　　　　4　専門技術者には、土木・建築一式工事を施工する場合等でその工事に含まれる専門工事を施工するために必要な主任技術者を記載する。
　　　　　　　　（監理技術者が専門技術者としての資格を有する場合は専門技術者を兼ねることができる。）
　　　　　　　5　監理技術者及び専門技術者について次のものを添付すること。
　　　　　　　　　①　資格を証するものの写し（注記：資格者証のコピーを添付する。）
　　　　　　　　　②　自社従業員である証明書類の写し（従業員証、健康保険証など）
　　　　　　　　　（注記：資格者証に当社名の記載が無い場合は、当社健康保険証のコピーを添付する。）

全建統一様式第1号-乙
（参考）

年　月　日

下請負業者の皆さんへ

【元請負業者】
　　　　　会　社　名　＿＿＿＿＿＿＿＿＿＿＿＿＿＿＿＿＿

　　　　　事業所名　　＿＿＿＿＿＿＿＿＿＿＿＿＿＿＿＿＿

施工体制台帳作成建設工事の通知

　当工事は、建設業法（昭和24年法律第100号）第24条の7に基づく施工体制台帳の作成を要する建設工事です。
　この建設工事に従事する下請負業者の方は、一次、二次等の層次を問わず、その請け負った建設工事を他の建設業を営む者（建設業の許可を受けていない者を含みます。）に請け負わせたときは、速やかに次の
手続きを実施してください。
　なお、一度提出いただいた事項や書類に変更が生じたときも、延滞なく、変更の年月日を付記して再提出しなければなりません。
①再下請負通知書の提出
　建設業法第24条の7第2項の規定により、遅滞なく、建設業法施行規則（昭和24年建設省令第14号）第14条の4に規定する再下請負通知書により、自社の建設業登録や主任技術者等の選任状況及び再下請負契約がある場合はその状況を、直近上位の注文者を通じて元請負業者に報告されるようお願いします。
　一次下請負の方は、後次の下請負業者から提出される再下請負通知をとりまとめ、下請負業者編成表とともに提出してくだい。。
②再下請負業者に対する通知
　他に下請負を行わせる場合は、この書面を複写し交付して、「もしさらに他の者に工事を請け負わせたときは、『再下請負通知書』を提出するとともに、関係する後次の下請負業者に対してこの書面の写しの交付が必要である」頃を伝えなければなりません。

　なお、当工事の概要は次の通りですが、不明の点は下記の担当者に照会ください。

元　請　名	
発注者名	
工　事　名	
監督員名		権限及び意見申出方法	

提出先及び担当者	

全建様式第1号-乙

平成　年　月　日

下請負業者編成表
（一次下請負業者＝作成下請負業者）

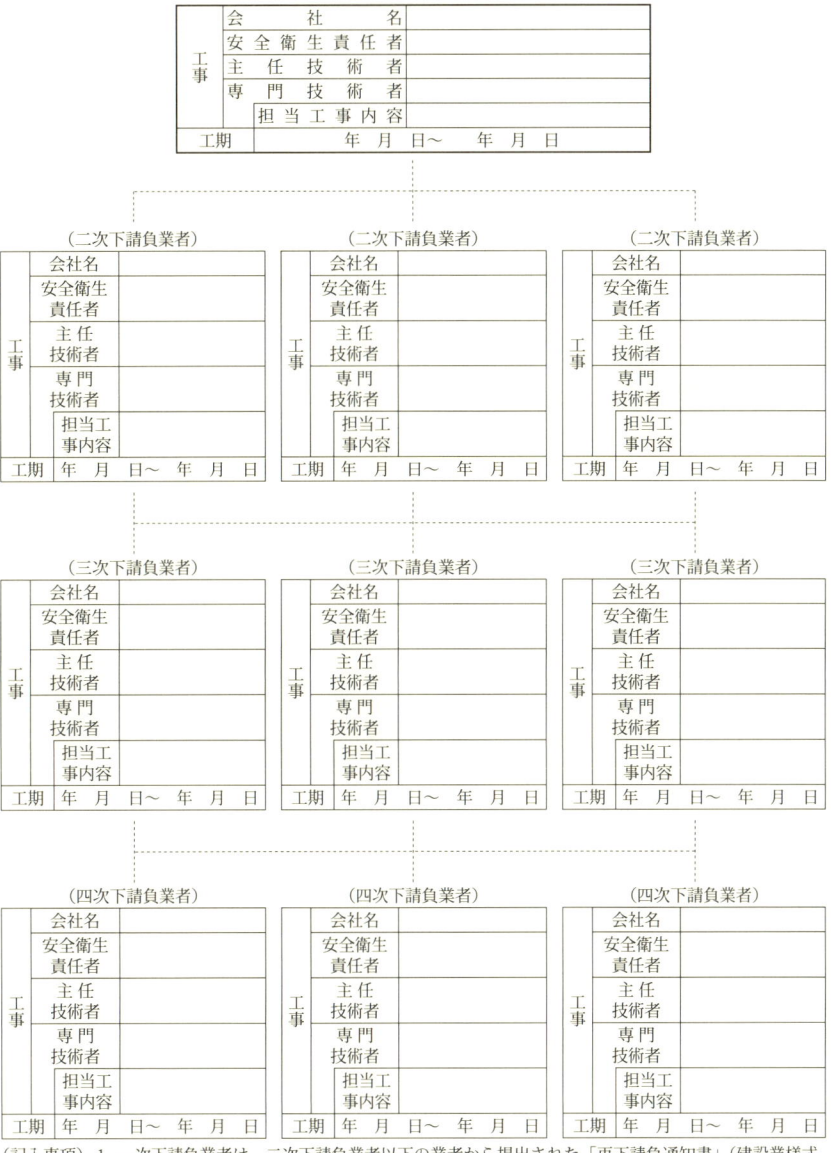

工事	会社名	
	安全衛生責任者	
	主任技術者	
	専門技術者	
	担当工事内容	
工期	年　月　日～　年　月　日	

（二次下請負業者）

工事	会社名
	安全衛生責任者
	主任技術者
	専門技術者
	担当工事内容
工期	年　月　日～　年　月　日

（二次下請負業者）

工事	会社名
	安全衛生責任者
	主任技術者
	専門技術者
	担当工事内容
工期	年　月　日～　年　月　日

（二次下請負業者）

工事	会社名
	安全衛生責任者
	主任技術者
	専門技術者
	担当工事内容
工期	年　月　日～　年　月　日

（三次下請負業者）

工事	会社名
	安全衛生責任者
	主任技術者
	専門技術者
	担当工事内容
工期	年　月　日～　年　月　日

（三次下請負業者）

工事	会社名
	安全衛生責任者
	主任技術者
	専門技術者
	担当工事内容
工期	年　月　日～　年　月　日

（三次下請負業者）

工事	会社名
	安全衛生責任者
	主任技術者
	専門技術者
	担当工事内容
工期	年　月　日～　年　月　日

（四次下請負業者）

工事	会社名
	安全衛生責任者
	主任技術者
	専門技術者
	担当工事内容
工期	年　月　日～　年　月　日

（四次下請負業者）

工事	会社名
	安全衛生責任者
	主任技術者
	専門技術者
	担当工事内容
工期	年　月　日～　年　月　日

（四次下請負業者）

工事	会社名
	安全衛生責任者
	主任技術者
	専門技術者
	担当工事内容
工期	年　月　日～　年　月　日

（記入事項）　1．一次下請負業者は、二次下請負業者以下の業者から提出された「再下請負通知書」（建設業様式4［全建様式第1号-甲］）に基づいて本表を作成の上、元請に提出すること。
　　　　　　2．この下請負業者編成表でまとめきれない場合は、本様式をコピーするなどして適宜使用すること。

4　施工体制台帳・施工体系図

4 施工体制台帳・施工体系図

全建統一様式第2号

作 業 員 名 簿 （　年　月　日（作成））

確認欄
（提出年月日）　　年　月　日

事業所の名称
（現場名）

所長名
（現場代理人）　　　　　　　　　　　　　　　　　　　　　印

一次会社名　　　　　　　　　　　　　　　　　　（次）会社名

番号	ふりがな 氏名	職種	区分	雇用年月日 経験年数	生年月日 年齢	現住所(TEL) 家族連絡先(TEL)	最後の健康診断日 血圧値	血液型 RH±	特殊健康診断日 種類	取得資格 免許 技能講習 特別教育	入場年月日 入場者教育実施年月日
				年 月 日 年	年 月 日 （　）歳	（ー） （ー）	年 月 日 ～	＋・ー	年 月 日	年 月 日	年 月 日 年 月 日
				年 月 日 年	年 月 日 （　）歳	（ー） （ー）	年 月 日 ～	＋・ー	年 月 日	年 月 日	年 月 日 年 月 日
				年 月 日 年	年 月 日 （　）歳	（ー） （ー）	年 月 日 ～	＋・ー	年 月 日	年 月 日	年 月 日 年 月 日
				年 月 日 年	年 月 日 （　）歳	（ー） （ー）	年 月 日 ～	＋・ー	年 月 日	年 月 日	年 月 日 年 月 日
				年 月 日 年	年 月 日 （　）歳	（ー） （ー）	年 月 日 ～	＋・ー	年 月 日	年 月 日	年 月 日 年 月 日
				年 月 日 年	年 月 日 （　）歳	（ー） （ー）	年 月 日 ～	＋・ー	年 月 日	年 月 日	年 月 日 年 月 日
				年 月 日 年	年 月 日 （　）歳	（ー） （ー）	年 月 日 ～	＋・ー	年 月 日	年 月 日	年 月 日 年 月 日
				年 月 日 年	年 月 日 （　）歳	（ー） （ー）	年 月 日 ～	＋・ー	年 月 日	年 月 日	年 月 日 年 月 日

【注】1. 区分欄には該当する次の記号を入れる。
現場代理人…現　職長　…職　主任技術者…技　安全衛生責任者…安
2. 経験年数は現住担当している仕事の経験年数を記入する。
3. 次数を問わず協力会社別に作成し、上位協力会社を経由して提出する（変更があったときは再提出）。
4. 資格（免許証等）の写しを添付する。
※18未満の男子作業員…未

【キーポイント38】
（施工体制台帳に必要な添付資料）
施工体制台帳と添付資料について以下のように整理しました。

確認欄	添付資料	備　考
	施工体系図	工事作業所災害防止協議会兼施工体系図 【キーポイント56】（施工体系図の留意点）
	工事担当技術者台帳	【キーポイント35】（施工体制台帳等の作成義務）
	外注費総括表	【キーポイント1】（建設工事の発注者、元請負は注文者、請負代金の意味） 【キーポイント6】（注文者と請負代金についての注意事項）
作成する特定建設業者（元請負人）に係る資料		
	施工体制台帳 （左側の元請記入欄）	建設業法施行規則第14条の2第1項による。 【キーポイント36】（元請負人の施工体制台帳等の記載義務とその記載内容）
	発注者の監督員通知書 （写し）	権限：公共工事標準請負契約約款第9条による。 意見申出方法：書面による。 【キーポイント70】（監督員の業務） 【キーポイント73】（複数監督員制の業務分担表）
	建設業許可書の写し	【キーポイント5】（建設業許可に必要な営業所の判断） 【キーポイント6】（注文者と請負代金についての注意事項） 【キーポイント7】（別表第一　建設工事の種類・業種別による許可内容と例示内容） 【キーポイント11】（建設業法第7条第2号ハの主任技術者として業務が可能な技術検定） 【キーポイント12】（建設業法第7条第2号ハの主任技術者として業務が可能な技能検定） 【キーポイント13】（建設業法第15条第2号イの監理技術者として業務が可能な技術検定）
	特定建設業者が発注者から請け負った建設工事の契約書の写し	【キーポイント30】（契約保証金の納付の判断） 【キーポイント31】（建設リサイクル法第12条に基づく発注者への説明） 【キーポイント32】（契約書の提出） 【キーポイント33】（契約締結）
	監理技術者の資格を証する書面	① 公共工事については、監理技術者資格証（裏書も）の写し ② 監理技術者の資格を具体的に示す資格証の写し （例：1級土木施工管理技士、1級建築施工管理技士） 【キーポイント10】（現場専任技術者の要件） 【キーポイント11】（建設業法第7条第2号ハの主任技術者として業務が可能な技術検定） 【キーポイント12】（建設業法第7条第2号ハの主任技術者として業務が可能な技能検定）

確認欄	添付資料	備　考
		【キーポイント 13】（建設業法第 15 条第 2 号 イの監理技術者として業務が可能な技術検定） 【キーポイント 14】（主任技術者と監理技術者の役割） 【キーポイント 24】（監理技術者資格者証の交付と配置での対応）
	監理技術者の雇用を証する書面	① 監理技術者資格者証の交付年月日、または変更履歴（裏書）あるいは、健康保険被保険者証の交付年月日。住民税特別徴収税額通知書の写しなど。 【キーポイント 26】（専任の監理技術者などの 3 か月の雇用関係とは） ② JV 工事においては、代表者は、基本的に監理技術者を選任し、各構成員において主任技術者を専任する。これについても監理技術者と同様の確認をする。
	専門技術者の資格および雇用を証する書面	① 専門技術者の資格を具体的に示す資格証の写し 【キーポイント 11】（建設業法第 7 条第 2 号 ハの主任技術者として業務が可能な技術検定） 【キーポイント 12】（建設業法第 7 条第 2 号 ハの主任技術者として業務が可能な技能検定） 【キーポイント 13】（建設業法第 15 条第 2 号 イの監理技術者として業務が可能な技術検定） ② あるいは実務経歴の証明書（専門技術者をおいた場合に限る）
	配置技術者名簿	所属先の確認 【キーポイント 11】（建設業法第 7 条第 2 号 ハの主任技術者として業務が可能な技術検定） 【キーポイント 12】（建設業法第 7 条第 2 号 ハの主任技術者として業務が可能な技能検定） 【キーポイント 13】（建設業法第 15 条第 2 号 イの監理技術者として業務が可能な技術検定） 【キーポイント 14】（主任技術者と監理技術者の役割） 【キーポイント 37】（施工体制台帳等の注意事項）
	作業員名簿	所属先の確認 【キーポイント 37】（施工体制台帳等の注意事項）
下請負人に係る資料		
	下請負人一覧表	【キーポイント 37】（施工体制台帳等の注意事項）
	施工体制台帳 （右側の下請記入欄）	【キーポイント 36】（元請負人の施工体制台帳等の記載義務とその記載内容） 【キーポイント 37】（施工体制台帳等の注意事項）
	下請負人が請け負った建設工事の契約書の写し	注文書および請書と基本契約約款または約款などの写し（請負代金額を明示し、内訳書を添付） 【キーポイント 1】（建設工事の発注者、元請負は注文者、請負代金の意味） 【キーポイント 6】（注文者と請負代金についての注意事項）

確認欄	添付資料	備考
	建設業許可書の写し	【キーポイント5】（建設業許可に必要な営業所の判断） 【キーポイント6】（注文者と請負代金についての注意事項） 【キーポイント7】（別表第一　建設工事の種類・業種別による許可内容と例示内容） 【キーポイント11】（建設業法第7条第2号ハの主任技術者として業務が可能な技術検定） 【キーポイント12】（建設業法第7条第2号ハの主任技術者として業務が可能な技能検定） 【キーポイント13】（建設業法第15条第2号イの監理技術者として業務が可能な技術検定）
	主任技術者の資格を証する書面	① 主任技術者の資格を具体的に示す資格証の写し ② あるいは実務経歴の証明書 【キーポイント10】（現場専任技術者の要件） 【キーポイント11】（建設業法第7条第2号ハの主任技術者として業務が可能な技術検定） 【キーポイント12】（建設業法第7条第2号ハの主任技術者として業務が可能な技能検定） 【キーポイント13】（建設業法第15条第2号イの監理技術者として業務が可能な技術検定） 【キーポイント14】（主任技術者と監理技術者の役割）
	専門技術者の資格を証する書面	① 専門技術者の資格を具体的に示す資格証の写し ② あるいは実務経歴の証明書（専門技術者をおいた場合に限る） 【キーポイント11】（建設業法第7条第2号ハの主任技術者として業務が可能な技術検定） 【キーポイント12】（建設業法第7条第2号ハの主任技術者として業務が可能な技能検定） 【キーポイント13】（建設業法第15条第2号イの監理技術者として業務が可能な技術検定）
	作業員名簿	所属先の確認 【キーポイント37】（施工体制台帳等の注意事項）
二次以下の下請人に係る資料		
	施工体制台帳作成建設工事の通知	二次以下の下請契約を締結する場合 【キーポイント37】（施工体制台帳等の注意事項）
	下請業者編成表（一次下請負業者＝作成下請負業者）	二次以下の下請契約を締結する場合 【キーポイント37】（施工体制台帳等の注意事項）
	再下請通知書	二次以下の下請契約を締結する場合 【キーポイント37】（施工体制台帳等の注意事項）
	再下請負人が請け負った建設工事の契約書の写し	注文書および請書と基本契約約款または約款などの写し（請負代金額を明示し、内訳書を添付） 【キーポイント1】（建設工事の発注者、元請負は注文者、請負代金の意味）

確認欄	添付資料	備考
		【キーポイント6】（注文者と請負代金についての注意事項） ＊平成13年10月1日より2次下請人以下も請負代金の額を明示する
	建設業許可書の写し	【キーポイント5】（建設業許可に必要な営業所の判断） 【キーポイント6】（注文者と請負代金についての注意事項） 【キーポイント7】（別表第一　建設工事の種類・業種別による許可内容と例示内容） 【キーポイント11】（建設業法第7条第2号ハの主任技術者として業務が可能な技術検定） 【キーポイント12】（建設業法第7条第2号ハの主任技術者として業務が可能な技能検定） 【キーポイント13】（建設業法第15条第2号イの監理技術者として業務が可能な技術検定）
	主任技術者の資格を証する書面	① 主任技術者の資格を具体的に示す資格証の写し ② あるいは実務経歴の証明書 【キーポイント10】（現場専任技術者の要件） 【キーポイント11】（建設業法第7条第2号ハの主任技術者として業務が可能な技術検定） 【キーポイント12】（建設業法第7条第2号ハの主任技術者として業務が可能な技能検定） 【キーポイント13】（建設業法第15条第2号イの監理技術者として業務が可能な技術検定）
	専門技術者の資格を証する書面	① 専門技術者の資格を具体的に示す資格証の写し ② あるいは実務経歴の証明書（専門技術者を置いた場合に限る） 【キーポイント11】（建設業法第7条第2号ハの主任技術者として業務が可能な技術検定） 【キーポイント12】（建設業法第7条第2号ハの主任技術者として業務が可能な技能検定） 【キーポイント13】（建設業法第15条第2号イの監理技術者として業務が可能な技術検定）
	作業員名簿	所属の確認 【キーポイント37】（施工体制台帳等の注意事項）

* 公共工事の受注者（請負者）は、発注者から施工体制が施工体制台帳の記載と合致しているかどうかの点検を求められたときは、これを拒んではいけません。（入札契約適正化法第13条第2項）

* 工事の目的物の引渡しを行うまでは、**施工体制台帳を工事現場に備え置かなければなりません**。さらに、**工事目的物の引渡しから5年間は保存してください**。

* 下請負人（1次下請以降）が再下請を行う場合は、**再下請通知書に記載すべき内容を明記のうえ添付すべき書類と併せて元請負人に提出しなければなりません**。

▼建設業法▼
（施工体制台帳及び施工体系図の作成等）

第二十四条の七　特定建設業者は、発注者から直接建設工事を請け負った場合において、当該建設工事を施工するために締結した下請契約の請負代金の額（当該下請契約が二以上あるときは、それらの請負代金の額の総額）が政令で定める金額以上になるときは、建設工事の適正な施工を確保するため、国土交通省令で定めるところにより、当該建設工事について、下請負人の商号又は名称、当該下請負人に係る建設工事の内容及び工期その他の国土交通省令で定める事項を記載した施工体制台帳を作成し、工事現場ごとに備え置かなければならない。

2　前項の建設工事の下請負人は、その請け負った建設工事を他の建設業を営む者に請け負わせたときは、国土交通省令で定めるところにより、同項の特定建設業者に対して、当該他の建設業を営む者の商号又は名称、当該者の請け負った建設工事の内容及び工期その他の国土交通省令

で定める事項を通知しなければならない。

3　第1項の特定建設業者は、同項の発注者から請求があったときは、同項の規定により備え置かれた施工体制台帳を、その発注者の閲覧に供しなければならない。

4　第1項の特定建設業者は、国土交通省令で定めるところにより、当該建設工事における各下請負人の施工の分担関係を表示した施工体系図を作成し、これを当該工事現場の見やすい場所に掲げなければならない。

▼建設業法施行令▼
（法第二十四条の七第1項の金額）

第七条の四　法第二十四条の七第1項の政令で定める金額は、三千万円とする。ただし、特定建設業者が発注者から直接請け負った建設工事が建築一式工事である場合においては、四千五百万円とする。

▼建設業法施行規則▼
（施工体制台帳の記載事項等）
第十四条の二　法第二十四条の七第1項の国土交通省令で定める事項は、次のとおりとする。
一　作成特定建設業者（法第二十四条の七第1項の規定により施工体制台帳を作成する場合における当該特定建設業者をいう。以下同じ。）が許可を受けて営む建設業の種類
二　作成特定建設業者が請け負つた建設工事に関する次に掲げる事項
　イ　建設工事の名称、内容及び工期
　ロ　発注者と請負契約を締結した年月日、当該発注者の商号、名称又は氏名及び住所並びに当該請負契約を締結した営業所の名称及び所在地
　ハ　発注者が監督員を置くときは、当該監督員の氏名及び法第十九条の二第2項に規定する通知事項
　ニ　作成特定建設業者が現場代理人を置くときは、当該現場代理人の氏名及び法第十九

　ホ　監理技術者の氏名、その者が有する監理技術者資格及びその者が専任の監理技術者であるか否かの別
　ヘ　法第二十六条の二第1項又は第2項の規定により建設工事の施工の技術上の管理をつかさどる者でホの監理技術者以外のものを置くときは、その者の氏名、その者が管理をつかさどる建設工事の内容及びその有する主任技術者資格（建設業の種類に応じ、法第七条第二号イ若しくはロに規定する実務の経験若しくは学科の修得又は同号ハの規定による国土交通大臣の認定があることをいう。以下同じ。）
三　前号の建設工事の下請負人に関する次に掲げる事項
　イ　商号又は名称及び住所
　ロ　当該下請負人が建設業者であるときは、その者の許可番号及びその請け負つた建設工事に係る許可を受けた建設業の種類

四　前号の下請負人が請け負つた建設工事に関する次に掲げる事項
　イ　建設工事の名称、内容及び工期
　ロ　当該下請負人が注文者と下請契約を締結した年月日
　ハ　注文者が監督員を置くときは、当該監督員の氏名及び法第十九条の二第２項に規定する通知事項
　ニ　当該下請負人が現場代理人を置くときは、当該現場代理人の氏名及び法第十九条の二第１項に規定する通知事項
　ホ　当該下請負人が建設業者であるときは、その者が置く主任技術者の氏名、当該主任技術者が有する主任技術者資格及び当該主任技術者が専任の者であるか否かの別
　ヘ　当該下請負人が法第二十六条の二第１項又は第２項の規定により建設工事の施工の技術上の管理をつかさどる者でホの主任技術者以外のものを置くときは、当該者の氏名、その者が管理をつかさどる建設工事の

ト　内容及びその有する主任技術者資格
　当該建設工事が作成特定建設業者の請け負わせたものであるときは、当該建設工事について請負契約を締結した作成特定建設業者の営業所の名称及び所在地

２　施工体制台帳には、次に掲げる書類を添付しなければならない。
　一　前項第二号ロの請負契約及び同項第四号ロの下請契約に係る法第十九条第１項及び第２項の規定による書面の写し（作成特定建設業者が注文者となつた下請契約以外の下請契約であつて、公共工事（公共工事の入札及び契約の適正化の促進に関する法律（平成十二年法律第百二十七号）第二条第２項に規定する公共工事をいう。第十四条の四第３項において同じ。）以外の建設工事について締結されるものにあつては、請負代金の額に係る部分を除く。）
　二　前項第二号ホの監理技術者が監理技術者資格を有することを証する書面（当該監理技術

者が法第二十六条第4項の規定により選任しなければならない者であるときは、監理技術者資格者証の写しに限る。）及び当該監理技術者が作成特定建設業者に雇用期間を特に限定することなく雇用されている者であることを証する書面又はこれらの写し

三　前項第二号ヘに規定する者を置くときは、その者が主任技術者資格を有することを証する書面及びその者が作成特定建設業者に雇用期間を特に限定することなく雇用されている者であることを証する書面又はこれらの写し

3　第1項各号に掲げる事項が電子計算機等に備えられたファイル又は磁気ディスク等に記録され、必要に応じ当該工事現場において電子計算機その他の機器を用いて明確に紙面に表示されるときは、当該記録をもって法第二十四条の七第1項に規定する施工体制台帳への記載に代えることができる。

4　法第十九条第3項に規定する措置が講じられた場合にあっては、契約事項等が電子計算機に

備えられたファイル又は磁気ディスク等に記録され、必要に応じ当該工事現場において電子計算機その他の機器を用いて明確に紙面に表示されるときは、当該記録をもって第2項第一号に規定する添付書類に代えることができる。

▼労働者派遣法▲
（労働者派遣事業の適正な運営の確保に関する措置業務の範囲）
第四条　何人も、次の各号のいずれかに該当する業務について、労働者派遣事業を行ってはならない。
一　港湾運送業務
二　**建設業務**
三　警備業法

5　一括下請（丸投げ）の禁止（入札・契約担当者、監督員、検査室）

Q8 一括下請が行われたかの判断は、どのようにすればよいのですか。

A 一括下請（丸投げ）とは、工事を請け負った建設業者が、施工において実質的に関与を行わず、下請人にその工事の全部または実質的に独立した一部を請け負わせることをいいます。

発注者は契約の相手方である建設業者の施工能力などを信頼して契約を締結するものであり、建設工事を実質的に下請負人に施工させることはこの信頼関係を損なうことになります。そのため発注者保護という観点から建設業法で一括下請負を禁止しているのです。中間搾取の有無は一括下請負であるか否かの判断においては考慮されません。

したがって、**請け負った建設工事をそっくりそのまま下請負させれば、元請負人が一切利潤を得ていなくても一括下請負に該当します。**

一括下請を防ぐには、元請の実質的関与が必要です。「実質的な関与」とはどのようなものかを理解しましょう。

「実質的な関与」とは、元請業者が下請工事の施工について、自ら総合的に企画、調整および指導を行っている状況をいい、元請業者の技術者が下請工事などで「主たる業務」を行っていることが必要です。元請が主体的な役割で現場を運営していることが「主たる業務」です。

「主たる業務」を行っていなければ、親会社から子会社への下請工事であっても、一括下請負となりえますし、下請人が複数あっても、一括下請負となりえます。

【キーポイント39】
（「主たる業務」の意味）
元請業者の「実質的な関与」については、技術者が主体的な役割である「主たる業務」を現場で果たしているかを判断します。具体的には次の業務の実施を確認します。

🔑 キーポイント39

① 施工計画の作成
② 工程管理
③ 出来形・品質管理
④ 完成検査
⑤ 安全管理
⑥ 下請業者の施工調整・指導監督

これらの①から⑥の業務については、ほかの業者と分割して行うことはできません。

また、単に技術者を配置しているだけでは「実質的に関与している」とはいえず、①から⑥のすべてに、主体的に関与していなければなりません。発注者から工事を直接請け負った者については、①から⑥に加えて以下の事項についても主体的な役割を果たすことが必要となります。

⑦ 発注者との協議
⑧ 住民への説明
⑨ 官公庁などへの届出など
⑩【キーポイント53】（安全関係の計画の届出）
近隣工事との調整

一括下請負は発注者から直接建設工事を請け負った建設業者の下請工事だけでなく、あらゆる下請工事でも一括下請は禁止されています。

【キーポイント40】
（一括下請禁止はすべての下請契約を精査）

元請負人も一次下請負人も自らは施工を行わず、ともに施工管理のみを行っている場合、実質関与についての元請負人と一次下請負人それぞれのような役割を果たしているかが問題となり、その内容いかんによって、その両者またはいずれかが、一括下請負になります。

特に、元請負人と一次下請負人が同規模・同業種であるような場合には、相互の役割分担などについて合理的な説明が困難なケースが多いと考えられます。実質的な関与の内容について精査が必要と考えられます。

（1）請け負った建設工事の全部または主たる部分を一括してほかの業者に請け負わせていないか、

5 一括下請（丸投げ）の禁止

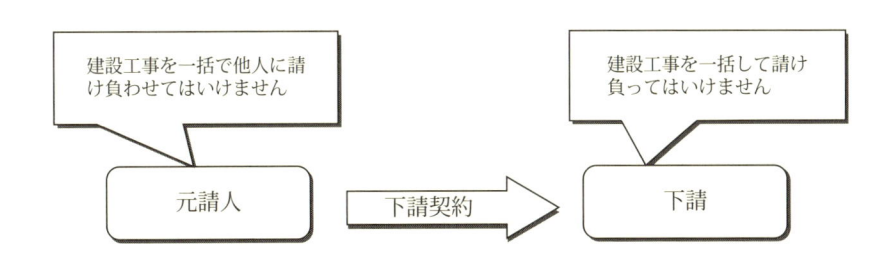

元請人：建設工事を一括で他人に請け負わせてはいけません

下請：建設工事を一括して請け負ってはいけません

元請人 →（下請契約）→ 下請

【発注者】→【元請負人】→【一次下請】→【二次下請】→【三次下請】

実質的関与が行われていない場合、この下請契約はすべて一括下請禁止が問われる可能性があります。

下請された工事の質、量に関係なく、個別の工事ごとに判断します。【キーポイント41】（一括下請負は請負契約単位で判断した具体的事例）参照

① 建築物の電気配線の改修工事において、電気工事のすべてを一社に下請負させ、電気配線の改修工事に伴って生じた内装仕上工事のみを元請負人自ら施工するか、または内装仕上工事もほかの業者に請け負わせる場合は、一括下請です。

② 住宅の新築工事において、建具工事以外のすべての工事を一社に下請負させ、建具工事のみを元請負人自ら施工し、またはほかの業者に下請負させる場合は、一括下請です。

(2) 請け負った建設工事の一部分であっても、請け負った工事内容から機能を発揮する工作物の工事に工区分けし、一括してほかの業者に請け負わせる場合は、一括下請です。

① 戸建住宅十戸の新築工事を請け負い、そのうち一戸の工事を一社に下請負させる場合は、

5 一括下請（丸投げ）の禁止

一括下請です。

② 道路改修工事二キロメートルを請け負い、そのうち五百メートル分について施工技術上分割しなければならない特段の理由がないにもかかわらず、その工事を一社に下請負させる場合は、一括下請です。

【キーポイント41】

（一括下請負は請負契約単位で判断した具体的事例）

一括下請負に該当するか否かの判断は、元請負人が請け負った建設工事一件ごとに行うものであり、建設工事一件の範囲は、原則として請負契約単位で判断することとなっています。

〈例〉

① 本体工事 → 落札
→ 下請と契約締結 「元請が実質的に関与している」○
→ 建設工事一件であり一括下請ではない ○

② 後に落札した外構工事（本体工事と施工場所も同一で工期も一部重なっている）→ 落札
→ 下請と追加変更契約締結 「元請が本体工事に実質的に関与している」
→ 建設工事二件であるが、本体工事は一括下請ではない ○
→ 下請と追加変更契約締結 「下請に資材を提供する」
→ 建設工事二件であり、外構工事は一括下請と判断される ×
→ 下請と追加変更契約締結 「下請に資材を提供し元請が総合的に企画、調整および指導を行い外構工事に実質的に関与している」
→ 建設工事二件であり、外構工事は一括下請ではない ○

請負者が本体工事と外構工事を取りまとめて一件の建設工事として扱うことはできない。建設工事が二件となれば一部が一括下請でなくても、ほかの工事が一括下請であれば一括下請と判断される。

「実質的に関与」していることの確認とは、一括下請負の疑義がある場合には、まず、監督員は元請負人の主任技術者または監理技術者に対して、具体的にどのような作業を行っているのかヒアリングを行います。ヒアリングの際、その請け負った建設工事の施工管理などに関し、十分に責任ある受け答えができるか否かがポイントとなります。また、必要に応じ、下請負人の主任技術者または監理技術者からも同様のヒアリングを行うことも有効です。

その場合、元請負人が作成する日々の作業打合せ簿、それぞれの請負人が作成する工事日報、安全指示書などを確認して、実際に行った作業内容を確認することが有効です。これらの帳簿の中に、具体的な作業内容が記載されていない場合などは一括下請負に該当する可能性が高いといえます。

国土交通省の「一括下請負に関する点検要領」は、一括下請負の疑義がある工事を抽出するのがねらいです。監督員（発注者）は、この要領に沿って、丸投げの可能性があるかをチェックします。

【キーポイント42】
（一括下請負に関する点検要領）

国土交通省では、丸投げの疑義のある工事を重点点検する対象工事の規定や丸投げの判断で問題となる「元請の実質関与」の点検項目などを示した「一括下請に関する点検要領」を公表しています。具体的には次のような内容です。

▼一括下請の点検は工事中に一回以上行うこととし、監理技術者の専任、施工体制、元請および下請の担当工事、実質関与などを調べます。

▼点検の効率化を図る観点から、必要に応じて重点点検を実施します。一括下請の対象工事の要件は請負金額が一定額以上（三千万円以上の施工体制台帳の作成を必要とする工事がよいでしょう）で、主たる部分の工事を実施する（最大契約額の）一次下請負人に対して元請の契約額の過半を占めている工事などが一括下請の点検に該当します。

▼重点点検対象となった工事は、元請だけでなく、

5 一括下請（丸投げ）の禁止

発注者保護という一括下請禁止規定の趣旨からは、直接契約関係にある元請負人の責任がまず問われるべきであり、施工力を有する建設業者を選択し、その適正な施工を確保すべき責務に照らし、一括下請負が行われないよう的確に対応することが求められると考えられます。

下請負人においても、工事の施工に係る自己の責任の範囲および元請の監理技術者、または主任技術者による指導監督系統を正確に把握することにより、漫然と一括下請負違反に陥ることのないように注意する必要があります。

▼ 元請の実質関与については、【キーポイント39】（「主たる業務」の意味）を参考に、以下の事項をチェックしてください。
　▽技術者専任、▽発注者との協議、▽住民への説明、▽官公庁などへの届出、▽近接工事との調整、▽施工計画、▽工程管理、▽出来形・品質管理、▽完成検査、▽安全管理、▽下請の施工調整および指導監督の十一項目についてチェックし関与度を調べます。

▼ 要領に沿って点検した結果、疑義があると判定された工事は建設業許可部局に通知します。

少なくとも三次下請までを対象に点検します。一回の点検で判定が難しい場合は、点検を数回実施するほか、必要に応じて元請負人から意見を聞いてください。

【キーポイント43】
（一）一括下請負禁止違反は監督処分

一括下請負の禁止に違反した建設業者と、請け負った建設業者に対しては建設業法に基づく監督処分などにより、厳正に対処します。【キーポイント62】（指示および営業の停止の具体的な内容）、【キーポイント63】（法人の役員に対しては営業の禁止）、【キーポイント64】（必要な

一括下請負は、下請人として間違った仕事を行っていなくても、下請工事の元請人だけでなく、請負人（下請人）も監督処分（営業停止など）の対象となります。

① 公共工事については、一括下請負と疑うに足る事実があった場合、発注者は、当該工事の受注者（請負者）である建設業者が建設業許可を受けた国土交通省大臣または当該知事に対し、その事実を通知し、建設業者は厳正に対処されます。

② 監督処分については、原則として一括下請負を行った建設業者と、請け負った建設業者の両者を処分の対象とし営業停止の処分が行われます。

③ 一括下請負を行った建設業者は、当該工事を実質的に行ったと認められないため、経営事項審査における完成工事高に当該工事に係る金額を含むことは認められません。

指示の範囲と監督処分）参照

▼建設業法▲
（一括下請負の禁止）
第二十二条　建設業者は、その請け負った建設工事を、いかなる方法をもってするかを問わず、一括して他人に請け負わせてはならない。

2　建設業を営む者は、建設業者から当該建設業者の請け負った建設工事を一括して請け負ってはならない。

3　前2項の建設工事が多数の者が利用する施設又は工作物に関する重要な建設工事で政令で定めるもの以外の建設工事である場合において、当該建設工事の元請負人があらかじめ発注者の書面による承諾を得たときは、これらの規定は適用しない。

4　発注者は、前項の規定による書面による承諾に代えて、政令で定めるところにより、同項の元請負人の承諾を得て、電子情報処理組織を使用する方法その他の情報通信の技術を利用する方法であつて国土交通省令で定めるものにより、同項の承諾をする旨の通知をすることができる。

この場合において、当該発注者は、当該書面による承諾をしたものとみなす。

（下請負人の変更請求）

第二十三条　注文者は、請負人に対して、建設工事の施工につき著しく不適当と認められる下請負人があるときは、その変更を請求することができる。ただし、あらかじめ注文者の書面による承諾を得て選定した下請負人については、この限りでない。

2　注文者は、前項ただし書の規定による書面による承諾に代えて、政令で定めるところにより、同項ただし書の規定により下請負人を選定する者の承諾を得て、電子情報処理組織を使用する方法その他の情報通信の技術を利用する方法であつて国土交通省令で定めるものにより、同項ただし書の承諾をする旨の通知をすることができる。この場合において、当該注文者は、当該書面による承諾をしたものとみなす。

（工事監理に関する報告）

第二十三条の二　請負人は、その請け負つた建設工事の施工について建築士法（昭和二十五年法律第二百二号）第十八条第3項の規定により建築士から工事を設計図書のとおりに実施するよう求められた場合において、これに従わない理由があるときは、直ちに、第十九条の二第2項の規定により通知された方法により、注文者に対して、その理由を報告しなければならない。

▼建設業法施行令▲

（一括下請負の禁止の対象となる多数の者が利用する施設又は工作物に関する重要な建設工事）

第六条の三　法第二十二条第3項の政令で定める重要な建設工事は、共同住宅を新築する建設工事とする。

▼公共工事標準請負契約約款▲

(一括委任又は一括下請負の禁止)

第六条　乙は、工事の全部若しくはその主たる部分又は他の部分から独立してその機能を発揮する工作物の工事を一括して第三者に委任し、又は請け負わせてはならない。

注：公共工事の入札及び契約の適正化の促進に関する法律（平成十二年法律第一二七号）の適用を受けない発注者については、「ただし、あらかじめ、甲の承諾を得た場合は、この限りではない。」とのただし書を追記することができる。

MEMO

6 元請負人の義務と違反行為（入札・契約担当者、監督員、検査室）

❶ 元請人の義務

Q9 元請負人の義務として、下請業者などに対し、法令遵守などについて指導することとされていますが、具体的にどのような指導ですか。説明してください。

A 大規模な建設工事の施工にあたっては、多数の下請負人が参加し、さらに二次、三次の下請が行われることもめずらしくありません。従来、これらの**下請負人は建設工事の施工に関して必要とされる建設業法や各種法令の規定への理解が必ずしも十分でない**ことから、現場での事故災害などのほか、労働者への賃金不払いなどの問題が発生しています。これらの問題を解決するため、特定建設業者が元請となった場合には、次の三つの責務を課しています。

① 現場での**法令遵守指導の実施**
主な法令としては、**建設業法**、建築基準法、宅地造成等規制法、**労働基準法**、**職業安定法**、**労働安全衛生法**、**労働者派遣法**などがあげられます。
特定建設業者は、下請業者がこれら法令に違反しないよう現場での指導に努めなければなりません。

② 下請業者の法令違反については**是正指導**
下請業者が各種法令などに違反しているときは、是正を指導しなければなりません。

③ 下請業者が是正しないときの**許可行政庁への通知**
下請業者が是正指導に応じないときは、許可行政庁へ法令違反の事実を通知しなければなりません。

【キーポイント44】
（元請負人の義務とは）

元請負人の義務は、**雇用・労働条件、安全衛生、福祉、福利厚生施設、雇用管理、下請代金の支払**です。

（1）雇用・労働条件

① 雇い入れにあたっては、適正な労働条件を明示し、雇用に関する文書を交付すること。
② 適正な就業規則を作成すること。さらに、**一つの事業場に常時十人以上の労働者を使用する場合**は、必ず就業規則を作成し労働基準監督署に届出ること。
③ 賃金は毎月一回以上、一定日に通貨で全額を労働者に支払うこと。
④ 建設労働者名簿と賃金台帳を作成し備え置くこと。
⑤ 労働時間の短縮や休日の確保などを十分に配慮した労働時間の管理を行うこと。
　a 建設業も**週四十時間労働制が適用**されていますので、変形労働時間制を活用するなど、労働時間の短縮に努めること。
　b 労働基準法上の年次有給休暇の継続勤務要件が一年から六か月に短縮されています。事業主の方は、労働者に対し、年次有給休暇の取得の指導に努めること。
　c 雇用期間が六か月未満の季節労働者についても、次の目安により有給休暇を付与するよう努めること。
　　就労月数が三か月以上、四か月未満の者には、三日程度
　　就労月数が四か月以上、六か月未満の者には、五日程度

（2）安全衛生

① 新たに雇用した者、作業内容を変更した者、危険有害な作業に就く者、新たに監督職務（職長など）に就く者に対する安全衛生教育を行うこと。
② **下請工事の現場で災害が発生**したときは、契約の相手方である建設業者や、（二次以下の下請の場合）発注者から直接工事を請け負った建設業者に報告すること。

(3) 福祉

① 雇用保険、健康保険、厚生年金保険の適用に加入すること。
② 雇用保険、健康保険、または厚生年金保険の適用を受けない労働者についても国民健康保険、または国民年金に加入するよう指導すること。
③ **建設業退職金共済制度に加入するなど、退職金制度を確立すること**。また、厚生年金基金の加入にも努めること。
④ すべての建設労働者に対し健康診断を行うこと。常時使用する労働者に対しては雇い入れ時と定期に健康診断を必ず行うこと。

(4) 福利厚生施設

① 労働者のための宿舎は、**良好な環境のもとに、労働基準法の規定を守ること**。
② 現場福利施設（食堂、休息室、更衣室、洗面所、浴室、シャワー室など）を整備すること。

(5) 雇用管理

① 労働者の能力向上のため、技術、技能の研修・教育の訓練を行うこと。
② 雇用管理責任者を任命し、その者の知識の習得と向上を図ること。
③ 建設労働者の募集は適正に行うこと。
④ 不法に外国人を就労させないこと。

(6) 下請代金の支払

① 下請契約の請負価格は、施工範囲、工事の難易度、施工条件などを反映した合理的なものとすること。
② 請求書の締切から支払までの間をできる限り短くすること。
③ 支払はできる限り現金払いとすること（少なくとも、労務費相当分は現金払いとすること）。
④ 手形期間は九十日以内とし、できるだけ短い期間とすること。
⑤ **前払金の支払いを受けたときは、下請業者に対して建設工事の着手に必要な費用を前払金として支払うよう適切な配慮をすること**。

代金の支払は、資材業者、建設機械や仮設機材の賃貸業者などについても同様の配慮が必要です。

建設業法に関して、現場での法令遵守の指導を行ううえで、元請業者は下請業者に対して指導しておく項目を明確にしておけば、地域の企業力アップにつながります。特に次の項目について、下請業者に対して十分に指導することが必要です。

【キーポイント45】
（元請負人による下請人への指導事項）

① 建設業の許可（建設業法の違反規定）

無許可業者へ五百万円以上の建設工事を下請負してはならないこと【キーポイント4】（許可を受けないで建設業を営む者に適用される建設業法第三条）

② 一括下請負の禁止（第二十二条）【キーポイント39】「主たる業務」の意味（第二十四条）参照

③ 下請代金の支払い（第二十四条の三・五）【キーポイント44】（元請負人の義務とは）参照

④ 検査および確認（第二十四条の四）

⑤ 主任技術者の設置など（第二十六条、二十六条の二）【キーポイント14】（主任技術者と監理技術者の役割）参照

⑥ その他

a 必要な国家資格などの要件を満たしていること【キーポイント11】（建設業法第七条第二号ハの主任技術者として業務が可能な技能検定）、【キーポイント12】（建設業法第七条第二号ハの主任技術者として業務が可能な技能検定）、【キーポイント13】（建設業法第十五条第二号イの監理技術者として業務が可能な技術検定）参照

b 直接的な雇用関係があること【キーポイント26】（専任の監理技術者などの三か月の雇用関係とは）参照

c 恒常的な雇用関係があること【キーポイント26】（専任の監理技術者などの三か月の雇用関係とは）参照

d 請負金額が二千五百万円以上の工事については、主任技術者などはその工事現場に専任しなければならないこと

e 現場専任の必要な主任技術者などには「営業所の専任技術者」は原則配置できないこと

り、元請に責任があると考えるほうが正しい判断といえます。

排出者責任は、具体的に次のとおりです。

① 同じ発注者、同じ請負者
工事その一、その二の場合など、すべて請負者が排出業者となります。

② 同じ発注者、異なる請負者
例えば、建築業者と電気工事業者に分離発注された場合は、それぞれの請負者が排出業者となります。

③ 異なる発注者、異なる請負者
この場合は、全体は一つの工事ですが、単独の工事と判断して、異なる請負者がそれぞれ排出業者とみなされます。

【キーポイント46】
（元請負人の廃棄物処理責任）

廃棄物の処理責任は、事業により廃棄物を排出した事業者（**排出者責任**）、すなわち元請にあります（平成二十三年四月施行の廃棄物処理法の改正では、**排出者が元請**【キーポイント47】（廃棄物処理法の元請業者の役割）参照）。

しかし、例外的に**下請業者**にも責任があります【キーポイント48】（廃棄物処理法の下請業者の責任と役割）参照）。実際は廃棄物処理法には該当せず「主たる業務」を怠ったことから**建設業法第二十二条の一括下請禁止に抵触**すると判断されますので注意してください。

下請の責任は前述したように一括下請禁止に抵触するか、廃棄物処理法に違反するかのどちらかであ

【キーポイント47】

（廃棄物処理法の元請業者の役割）

元請業者（請負者）の役割とは、次の6項目をいいます。

① 元請業者は**廃棄物処理責任者を定め**、**廃棄物処理体制を確立**し、廃棄物処理が明確でない場合は、発注者に申し出ます。**廃棄物処理方法を明確にした施工計画書を作成**し、発注者に提出します。

② **廃棄物取扱い規則を定め**、従業員を含めたすべての**関係者に周知徹底**します。現場から発生する廃棄物の量を削減（ディユース）（【キーポイント99】（現場での建設廃棄物減量化の考え方）参照）し、再生資材の利用に務めます（リユース）。また分別収集を行い、リサイクルに務めます（リサイクル）。【キーポイント98】（現場で分別できる建設廃棄物）参照）。

③ **廃棄物の取扱いは元請業者**がします。そのために下請業者の廃棄物処理方法など、すべての現場の廃棄物処理方法を把握します。また、処理業者に処理を委託するときには、許可業者と書面による委託契約を行います（【キーポイント100】（建設廃棄物の処理委託前の確認事項）、【キーポイント101】（建設廃棄物の処分委託の注意事項）、【キーポイント102】（建設廃棄物の収集運搬委託の注意事項）参照）。マニフェストの発行と処理を確認し、現地確認します（【キーポイント103】（マニフェストシステムとは）参照）。

④ 処理内容に応じた処理費を支払います。

⑤ 廃棄物処理を**発注者に報告し、処理実績を保存**します（【キーポイント51】（建設廃棄物処理の記録と保存）参照）。

⑥ マニフェストの交付、処理施設の実績報告、多量排出事業者の報告など、廃棄物処理法に基づく法定報告を必要に応じて行います。

【平成23年4月施行の廃棄物処理法の改正】

平成23年4月施行の廃棄物処理法の改正は、**建設廃棄物の不法投棄を防ぐため管理と捕捉を徹底することが目的**で、建設工事の実態に配慮した規定となっており、建設関連の**新しく追加された条文と内容**は以下のとおりです。

事業所外保管の届出	第12条第3・4項、第12条の2第3・4項
処理状況の確認	第12条第7項、第12条の2第7項
産業廃棄物処理計画	第12条第9～11項、第12条の2第10～12項
帳簿の備え付け	第12条第13項
マニフェスト制度強化	第12条の3第2項、第12条の4第2項
処置困難通知	第14条第13・14項、第14条の4第13・14項
廃棄物の処理責任	第21条の3第1・3項

　建設廃棄物の処理責任を排出事業者と位置づけて「元請」「下請」を個別に具体的な処理責任を規定していますが、建設廃棄物の**排出事業者は「元請」業者**であると規定して、元請の監督責任を明示しているのが改正の内容です。これは「下請」業者にも排出事業者として廃棄物処理法の網を被せたことを意味しています。

元請の責任

下請が不適切な保管や運搬を行った場合には、**元請の監督責任を問える**ように法律が変更されました（元請の措置命令の対象として規定されました）。この責任は**建設業法第24条の6の下請に対する指導**と同じ内容と理解すればよいでしょう。

排出事業者の定義（第21条の3第1項）

注文者から直接工事を請け負った業者を排出事業者として定義。

【キーポイント46】（元請負人の廃棄物処理責任）参照
注文者の意味を理解してください。下請に対する元請も注文者です。
【キーポイント1】（建設工事の発注者、元請負は注文者、請負代金の意味）参照

事業所外保管の届出（第12条第3・4項、第12条の2第3・4項の具体的な内容）

建設現場から別の場所に**建設廃棄物**を持ち帰って**保管をする**場合、**「事前」にその保管行為の内容を都道府県知事へ届出ることを義務づける**ことになりました。これは元請、下請は問わず、排出事業者が該当します。具体的な内容は第21条の3第2項に記載されています。

■届出書記載事項【新規届の場合】（第21条の3第2項）
① 氏名・名称、住所、法人の場合は代表者の氏名、保管の開始年月
② 保管の場所に関すること
　・所在地、面積、保管する（特別管理）産業廃棄物の種類
　・積替えのための保管上限または処分などのための保管上限
　・屋外において産業廃棄物の容器を用いず保管する場合は、当該（特別管理）産業廃棄物の保管の高さの上限
③ 添付必要書類
　・保管場所を使用する権限を有することを証する書類
　・保管場所の平面図および付近の見取図

これはすべての産業廃棄物の事業場外保管を一つずつ報告させるものではなく、ある程度の量を超えた場合、あるいは、長期間保管し続けると危険な建設廃棄物のみを「事前」届出の対象とするものです。

① 産業廃棄物が発生する「事業場（施工現場）の外」で産業廃棄物を保管する際に、「事前」の届出義務（第12条第3項、第12条の2第3項）の対象となるのは、**「建設系廃棄物（特別管理産業廃棄物の場合も含む）」**で、**「300平方メートル以上の場所で保管をする場合」**のみの2項目です。

② この第12条第3項、第12条の2第3項に該当する**「あらかじめ」**都道府県知事に届出ないと、**「6か月以下の懲役、または50万円以下の罰金（第29条）」**という非常に重い刑事罰の適用対象となってしまいます。罰則はこれだけではありません。管轄する行政から営業停止などの処分が科せられます。**【キーポイント62】**（指示および営業の停止の具体的な内容）参照

第12条第4項、第12条の2第4項の適用対象となるは、台風、地震そのほかの災害が発生した場合、大量の廃棄物が一挙に発生し処理しきれないことから、例外的に「事前」の届出は必要がなく、廃棄物を一時的に事業場の外で保管することを認めています。災害で発生した廃棄物は**「保管をした日から14日以内」**に**「事後」**の届出を行ってもよいことをいっています。ただし、この第12条第4項、第12条の2第4項の「事後」届出を怠った場合は、**「20万円以下の過料（第33条）」**と、刑事罰の適用対象とはなっていませんが、管轄する行政から営業停止などの処分が科せられるのは、第12条第3項、第12条の2第3項の内容と同じです。**【キーポイント62】**（指示および営業の停止の具体的な内容）参照

処理状況の確認（第12条第7項、第12条の2第7項の具体的な内容）

産業廃棄物も特別管理産業廃棄物の処分を委託する場合、排出事業者＝元請は従来の①②に対し、元請の責任が③の**「処理業者の廃棄物処理現場を実際に訪問し、委託契約のとおりに処理されているかどうかを確認すること」**という**「努力義務」**が科されることになりました。ただし、刑事罰に科せられることはありません。しかし、竣工検査での評価点は明らかに下がることとなります。また、これは施工計画書に記載すべき内容です。**【キーポイント81】**（施工計画書のチェック内容）参照

① 保管場所の事前届出（第12条第3項、第12条の2第3項）
② 災害発生時の保管場所届出（第12条第4項、第12条の2第4項）
③ 委託先の現地確認第（第12条第7項、第12条の2第7項）

具体的には委託者（排出事業者＝元請）は、現地に行って処理業者の作業内容を確認するのではなく、**「元請が自分の目で確かな処理業者であるかを判断して適切な委託契約を行いなさい」**という意味になります。しかし公共工事標準請負契約約款第12条の現場代理人や監理技術者の適格性や、監督員業務の「契約の履行の確保」と「施工状況の確認」事項などとも関連しますので注意が必要です。

【キーポイント48】

（廃棄物処理法の下請業者の責任と役割）

下請業者の責任と役割は次の4項目をいいます。
① 廃棄物の発生抑制に努める（ディユース）。
② **廃棄物処理は下請だけの判断ではなく、元請の指示に従う**こと。
③ 処理方法も必ず、元請業者と打ち合わせのこと。
④ 処理業者の許可を有している場合は、元請と処理委託契約の締結とマニフェストの交付を受けた後、処理を行う。

【平成23年4月1日施行の廃棄物処理法の改正】

平成23年4月1日施行の廃棄物処理法の改正では、「元請」がすべての建設廃棄物の排出事業者となるわけではなく、「下請」にも排出事業者としての行為を行う者は「元請」とみなされるようになり、「保管」と「運搬」について純然たる規制強化がなされました。

◎保　管

第21条の3第1項	【キーポイント47】（廃棄物処理法の元請業者の役割）で説明しましたが、注文者から直接工事を請け負った業者を排出事業者として定義していますから、**下請が孫請と契約すれば下請も注文者**となります。【キーポイント1】（建設工事の発注者、元請負は注文者、請負代金の意味）参照 これは、**孫請が不適切な保管や運搬を行った場合でも、下請の監督責任を問える**ことです（下請も元請と同じく措置命令の対象として規定）。
第21条の3第2項	保管を行う下請業者も排出事業者（元請）とみなして、保管基準や改善命令の対象として規定しています。下請でも元請けと同じく、**建設廃棄物を持ち帰って保管をする**場合、「事前」にその保管行為の内容を都道府県知事へ届出ることが義務づけられている**ことと、「事前」の届出義務（第12条の第3項、第12条の2第3項）の対象（**建設系廃棄物（特別管理産業廃棄物の場合も含む）**」で、「**300m^{2}以上の場所で保管をする場合**」についての条件と罰則（「あらかじめ」都道府県知事に届出ないと、「**6か月以下の懲役、または50万円以下の罰金（第29条）**」）を理解してください。【キーポイント47】（廃棄物処理法の元請業者の役割）参照

◎運搬

第21条の3第3項	請負契約に従い**下請業者が自ら運搬を行う場合**は、**下請業者を排出事業者（元請）**とみなすようになりました。
第21条の3第4項	下請業者が他者に建設廃棄物の処理を委託する場合は、下請業者を建設廃棄物の排出事業者（元請）とみなすとは、下請が排出事業者（**収集運搬業の許可取得が不要**）を意味しています。ただし、下請自ら運搬できる建設廃棄物の条件が明確となったことを注意すべきです。 実際は建設業法などから見ても**収集運搬業の許可取得が必要**な内容になっています。具体的に**以下の条件すべてを満たす場合のみ収集運搬の許可が不要**となりましたから、規制強化されたと判断すべきです。 ① 建築物に係る**修繕維持工事**（新築、増築、解体は除外とされていますから、建設工事は限定されています）、または工事完成引渡し後に工事の一環として行われる**軽微な修繕工事**（瑕疵補修工事の場合は、建築物そのほかの**工作物の引渡しがなされた事実を確認できる資料も必要**）であること。 ② **請負代金が500万円以下の工事**（建設業法上の**軽微な建設工事**）で特別管理産業廃棄物以外の建設廃棄物であること。【建設業法施行令】（軽微な建設工事）第1条の2 ③ **1回に運搬する建設廃棄物の容積は明確に1m³以下**（フレコンパック1袋分）であること。 ④ **積替えのための保管を行わないものとする。** ⑤ **運搬先**は元請業者の指定する保管場所または処理施設で**建設廃棄物が排出される現場と同一の都道府県内にある**（県境で発生した建設廃棄物を隣県に収集運搬や保管する場合は、収集運搬の許可が必要です）こと。 ⑥ 下請が自ら運搬する場合、「廃棄物の種類」「性状および量」「廃棄物が排出された現場」および「運搬先」「廃棄物の運搬を行う期間」を具体的に記載した「**元請と下請の両方の押印した別紙**」と「**請負契約の写し**」を携行（産業廃棄物収集運搬車両は、委託契約書の写しの携行を義務づけていません）すること。

＊注　意
下請業者が排出事業者（元請）になるからといって、下請業者が建設廃棄物を自分の判断で破砕（中間処理）、埋立（最終処分）できるとは規定していません。
今回の法律改正は建設工事に携わる人にしか関連しません。下請の排出事業者（元請）としての行為は、**下請した自社の施工現場で発生した廃棄物の「保管」と「運搬」**だけです。

【キーポイント49】

(廃棄物処理法の社内管理体制と役割)

社内の廃棄物処理の管理体制は、次のとおりです。

本社	廃棄物処理方針、処理計画の作成 ①処理組織の整備、②基本方針の決定、③管理規定処理マニュアルの作成、④教育・啓発、⑤指導内容の周知、⑥廃棄物発生量、⑦処理実績の把握（平成23年4月施行の廃棄物処理法の改正で、第12条第9項、第10項により、**前年度の産業廃棄物の発生量が1000トン以上の事業場、前年度の特別管理産業廃棄物の発生量が50トン以上の事業場を多量排出事業者といい、産業廃棄物処理計画書の作成や報告義務があります**）
支店 （作業所）	廃棄物処理総括 ①職員・下請業者の教育・指導、②資材納入者の指導、③処理業者・再生
作業所	**作業所の廃棄物処理責任者の選出・作業所の処理方針の作成** 【キーポイント81】（施工計画書のチェック内容）参照 ①**処理計画書の作成**、②**処理業者の監督および処理状況の確認**、廃棄物処理実績の集計・保存、③建設副産物適正処理推進要綱の実施（再生資源利用計画書、再生資源利用促進計画書の作成）

【キーポイント50】

(産業廃棄物処理計画書の作成)

社内の廃棄物処理の管理体制で本社が行う「**産業廃棄物処理計画書**」の内容と記入事項は、平成二十三年四月施行の廃棄物処理法の改正により、次のとおりになりました。

■産業廃棄物処理計画書の内容

「**多量排出事業者**」に該当する事業者は、以下の事項について記載した「**産業廃棄物処理計画書**」を**作成し、提出しなければなりません。**

① 事業所の氏名または名称、住所、代表者の氏名、
② 当該事業場が行っている事業の概要に関すること
③ 計画期間
④ 産業廃棄物処理に関する管理体制
⑤ 産業廃棄物処理の現状と適正処理について
「適正処理についての基本方針」と「環境保全活動対策」

⑤ 産業廃棄物の排出量抑制に関する減量化計画について

⑥ 特別管理産業廃棄物を適正に処理するために講じようとする措置に関する事項（特別管理産業廃棄物の場合に限る）

「減量化計画」と「自らが行う再生利用、中間処理、埋立処分に関すること」

⑦ 産業廃棄物処理の委託に関する事項

自治体では法令で定められた様式に加えて、以上の内容を含んだ様式を作成しておりますので、作成にあたっては自治体の担当者による指示を受けてください。

【キーポイント51】
（建設廃棄物処理の記録と保存）

建設廃棄物処理の実績報告書は、建設廃棄物が適切に処理されたかを証明するものです。現場から排出された**廃棄物の種類と量を確実に記録し保存**しなければなりません。保存期間は、**建設廃棄物処理委託契約書、マニフェストともに五年間**です。

平成二十三年四月施行の廃棄物処理法の改正（第十二条の三第2項）では、**交付したマニフェストの写し（A票）も五年間保存**しなければならないとされました。

■ 産業廃棄物処理実績報告書の記入事項
（電子マニフェストを利用したときは不要です）

① 報告者の住所、氏名、電話番号
② 事業所の所在地、記入者、連絡先電話番号
③ 産業廃棄物処理施設の種類と量
④ 処理後の産業廃棄物の処分方法と処分量

【キーポイント52】
(労働安全衛生法での特定元方事業者の責任)

(1) 特定元方事業者の意味

元方事業者とは、事業の一部を請負人に請け負わせている者をいい、その事業が数次の請負契約によって行われている場合、すべての請負人およびその労働者が法令に違反しないよう、また違反を是正するよう指導・指示し、一定の場所での**危険防止の技術指導**を行うなど、必要な措置を講じなければならないとしています(労働安全衛生法(以下、安衛法)第二十九条、第二十九条の二)。

特定元方事業者とは、元方事業者のうち特定業種である**建設業**、造船業に属するものをいいます(安衛法第三十条、労働安全衛生規則第六三五～六四二条)。具体的な責任は【キーポイント15】(主任技術者・監理技術者と統括安全衛生責任者・元方安全衛生管理者の違い)、【キーポイント17】(安全衛生管理体制とは)を参照してください。

(2) 特定元方事業者(元請)の責任

元方事業者の責任とは、関係請負人の労働者が、労働安全衛生法令に違反していると認められたときは、直接労働者に是正指示を行います。現場のすべての請負人およびその労働者が法令に違反しないよう、違反を是正するよう指導・指示および一定の場所での危険防止の技術指導を行うなど、必要な措置を講じなければならないとされています。労働者への指示は関係請負人を介して是正指示をする必要はありません。

【キーポイント53】

（安全関係の計画の届出）

　　元請が建設業法の届出は行ったものの**安全関係の届出は下請に出させた**現場がありました。明らかに**一括下請禁止に該当**します。注意してください。

届出の対象	届出先、期限	関係法令
運材索道、道装置、型枠支保工、仮設通路、足場	提出先：労働基準監督署長 期限：当該仕事開始の30日前	法88条1、2項 則86条88条 別表9
①高さが300m以上の塔の建設（注1） ②堤高（基礎地盤から堤頂までの高さをいう）が150m以上のダムの建設（注1） ③最大支間500m（つり橋にあっては1000m）以上の橋梁の建設（注1） ④長さが3000m以上のずい道などの建設（注1） ⑤長さが1000m以上3000m未満のずい道などの建設の仕事で、深さが50m以上のたて抗（通路として使用されるものに限る）の掘削を伴うもの（注1） ⑥ゲージ圧力が0.3メガパスカル以上の圧気工法による作業を行う仕事（注1）	提出先：厚生労働大臣 期限：当該仕事開始の30日前	法88条3項 則89条の2 91条1項
①高さ31mを超える建築物または工作物（橋梁を除く）の建設、改造、解体または破壊（以下「建設など」という）（注1） ②最大支間50m以上の橋梁の建設など（注2） ③最大支間30m以上50m未満の橋梁の上部構造の建設など（人口が集中している地域内における道路上もしくは道路に隣接した場所または鉄道の軌道上もしくは軌道に隣接した場所において行われるものに限る） ④ずい道などの建設など（注2） ⑤掘削の高さまたは深さが10m以上である地山の掘削（ずい道などの掘削および岩石の採取のための掘削を除く。以下同じ）作業（掘削機械を用いる作業で、掘削面の下方に労働者が立ち入らないものを除く）を行う仕事（注1） ⑥圧気工法による作業（注1） ⑦掘削の高さまたは深さが10m以上の土石の採取のための掘削の作業 ⑧抗内掘りによる土石の採取のための掘削作業	提出先：労働基準監督署長 期限：当該仕事開始の14日前	法88条4項 則90条 91条2項 92条

注1：その計画の作成に労働安全衛生規則第92条の3に定める資格を有するものを参画させるべきもの。（労働安全衛生法88条5項）

注2：建設の仕事に限り労働安全衛生規則第92条の3に定める資格を有する者を参画させるべきもの。（労働安全衛生法88条5項、則92条の2）

▼建設業法▼

（元請負人の義務　下請代金の支払）

第二十四条の三

2　元請負人は、**前払金の支払を受けたときは**、資材の購入、労働者の募集その他建設工事の着手に必要な費用を前払金として支払うよう適切な配慮をしなければならない。

（特定建設業者の下請代金の支払期日等）

第二十四条の五　特定建設業者が注文者となった下請契約（下請契約における請負人が特定建設業者又は資本金額が政令で定める金額以上の法人であるものを除く。以下この条において同じ。）における下請代金の支払期日は、前条第２項の申出の日（同項ただし書の場合にあっては、その一定の日。以下この条において同じ。）から起算して五十日を経過する日以前において、かつ、できる限り短い期間内において定められなければならない。

2　特定建設業者が注文者となった下請契約において、下請代金の支払期日が定められなかったときは前条第２項の申出の日が、前項の規定に違反して下請代金の支払期日が定められたときは同条第２項の申出の日から起算して五十日を経過する日が下請代金の支払期日と定められたものとみなす。

3　特定建設業者は、当該特定建設業者が注文者となった下請契約に係る下請代金の支払につき、当該下請代金の支払期日までに一般の金融機関（預金又は貯金の受入れ及び資金の融通を業とする者をいう。）による割引を受けることが困難であると認められる手形を交付してはならない。

4　特定建設業者は、当該特定建設業者が注文者となった下請契約に係る下請代金を第１項の規定により定められた支払期日又は第２項の支払期日までに支払わなければならない。当該特定建設業者がその支払をしなかったときは、当該特定建設業者は、下請負人に対して、前条第２項の申出の日から起算して五十日を経過した日から当該下請代金の支払をする日までの期間に

（下請負人に対する特定建設業者の指導等）

第二十四条の六　発注者から直接建設工事を請け負った特定建設業者は、当該建設工事の下請負人が、その下請負に係る建設工事の施工に関し、この法律の規定又は建設工事の施工若しくは建設工事に従事する労働者の使用に関する法令の規定で政令で定めるものに違反しないよう、当該下請負人の指導に努めるものとする。

2　前項の特定建設業者は、その請け負った建設工事の下請負人である建設業を営む者が同項に規定する規定に違反していると認めたときは、当該建設業を営む者に対し、その違反している事実を指摘して、その是正を求めるように努めるものとする。

3　第1項の特定建設業者が前項の規定により是正を求めた場合において、当該建設業を営む者が当該違反している事実を是正しないときは、

ついて、その日数に応じ、当該未払金額に国土交通省令で定める率を乗じて得た金額を遅延利息として支払わなければならない。

同項の特定建設業者は、当該建設業を営む者が建設業者であるときはその許可をした国土交通大臣若しくは都道府県知事又は営業としてその建設工事の行われる区域を管轄する都道府県知事に、その他の建設業を営む者であるときはその建設工事の現場を管轄する都道府県知事に、速やかに、その旨を通報しなければならない。

▼建設業法施行令▲

（法第二十四条の五第1項の金額）
第七条の二　法第二十四条の五第1項の政令で定める金額は、**四千万円**とする。

（法第二十四条の六第1項の法令の規定）
第七条の三　法第二十四条の六第1項の政令で定める建設工事の施工又は建設工事に従事する労働者の使用に関する法令の規定は、次に掲げるものとする。

一　建築基準法第九条第1項及び第10項（これらの規定を同法第八十八条第1項から第3項

までにおいて準用する場合を含む。）並びに第九十条

二　宅地造成等規制法第九条（同法第十二条第3項において準用する場合を含む。）及び第十四条第2項から第4項まで

三　労働基準法第五条（労働者派遣法第四十四条第1項の規定により適用される場合を含む。）、第六条、第二十四条、第五十六条、第六十三条及び第六十四条の二（労働者派遣法第四十四条第2項（建設労働法第四十四条の規定により適用される場合を含む。）の規定によりこれらの規定が適用される場合を含む。）、第九十六条の二第2項並びに第九十六条の三第1項

四　職業安定法第四十四条、第六十三条第一号及び第六十五条第八号

五　労働安全衛生法（昭和四十七年法律第五十七号）第九十八条第1項（労働者派遣法第四十五条第15項（建設労働法第四十四条の規定により適用される場合を含む。）の規定により適用される場合を含む。）

六　労働者派遣法第四条第1項

より適用される場合を含む。）

▼廃棄物の処理及び清掃に関する法律▲

（事業者の処理）

第十二条

3　事業者は、その事業活動に伴い産業廃棄物（環境省令で定めるものに限る。次項において同じ。）を生ずる事業場の外において、自ら当該産業廃棄物の保管（環境省令で定めるものに限る。）を行おうとするときは、非常災害のために必要な応急措置として行う場合その他の環境省令で定める場合を除き、あらかじめ、環境省令で定めるところにより、その旨を都道府県知事に届け出なければならない。その届け出た事項を変更しようとするときも、同様とする。

4　前項の環境省令で定める場合において、事業活動に伴い産業廃棄物を生ずる事業場の外において同項に規定する保管を行った事業者は、

当該保管をした日から起算して十四日以内に、環境省令で定めるところにより、その旨を都道府県知事に届け出なければならない。

5　事業者（中間処理業者（発生から最終処分（埋立処分、海洋投入処分（海洋汚染等及び海上災害の防止に関する法律に基づき定められた海洋への投入の場所及び方法に関する基準に従って行う処分をいう。）又は再生をいう。以下同じ。）が終了するまでの一連の処理の行程の中途において産業廃棄物を処分する者をいう。以下同じ。）を含む。次項及び第5項並びに次条第3項から第5項までにおいて同じ。）は、その産業廃棄物（特別管理産業廃棄物を除くものとし、中間処理産業廃棄物（発生から最終処分が終了するまでの一連の処理の行程の中途において産業廃棄物を処分した後の産業廃棄物をいう。以下同じ。）を含む。次項及び第5項において同じ。）の運搬又は処分を他人に委託する場合には、その運搬については第十四条第十2項に規定するの運搬又は処分を他人に委託する場合には、その運搬については第十四条第十2項に規定する産業廃棄物収集運搬業者その他環境省令で定め

6　元請負人の義務と違反行為

125

❶　元請人の義務

る者に、その処分については同項に規定する産業廃棄物処分業者その他環境省令で定める者にそれぞれ委託しなければならない。

6　事業者は、前項の規定によりその産業廃棄物の運搬又は処分を委託する場合には、政令で定める基準に従わなければならない。

7　事業者は、前2項の規定によりその産業廃棄物の運搬又は処分を委託する場合には、当該産業廃棄物について発生から最終処分が終了するまでの一連の処理の行程における処理が適正に行われるために必要な措置を講ずるように努めなければならない。

9　その事業活動に伴い多量の産業廃棄物を生ずる事業場を設置している事業者として政令で定めるもの（次項において「多量排出事業者」という。）は、環境省令で定める基準に従い、当該事業場に係る産業廃棄物の減量その他その処理に関する計画を作成し、都道府県知事に提出しなければならない。

10　多量排出事業者は、前項の計画の実施の状況

について、環境省令で定めるところにより、都道府県知事に報告しなければならない。

11　都道府県知事は、第9項の**計画及び前項の実施の状況**について、環境省令で定めるところにより、**公表するものとする**。

（事業者の特別管理産業廃棄物に係る処理）

第十二条の二　事業者は、その**事業活動に伴い特別管理産業廃棄物**（環境省令で定めるものに限る。次項において同じ。）**を生ずる事業場の外**において同項に規定する保管を行った事業者は、当該保管をした日から起算して十四日以内に、環境省令で定めるところにより、その旨を都道府県知事に届け出なければならない。

3　事業者は、その事業活動に伴い特別管理産業廃棄物（環境省令で定めるものに限る。）を生ずる事業場の外において、自ら当該**特別管理産業廃棄物の保管**（環境省令で定めるものに限る。）を行おうとするときは、非常災害のために必要な応急措置として行う場合その他の環境省令で定める場合を除き、あらかじめ、環境省令で定めるところにより、その旨を都道府県知事に届け出なければならない。その届け出た事項を変更しようとするときも、同様とする。

4　前項の環境省令で定める場合において、その事業活動に伴い特別管理産業廃棄物を生ずる事業場の外において同項に規定する保管を行った事業場の外において同項に規定する保管をした日から起算して十四日以内に、環境省令で定めるところにより、その旨を都道府県知事に届け出なければならない。

5　事業者は、その**特別管理産業廃棄物**（中間処理産業廃棄物を含む。次項及び第5項において同じ。）**の運搬又は処分を他人に委託する場合**には、その運搬については第十四条の四第12項に規定する特別管理産業廃棄物収集運搬業者その他環境省令で定める者に、その処分については同項に規定する**特別管理産業廃棄物処分業者その他環境省令で定める者にそれぞれ委託しなければならない**。

6　事業者は、前項の規定によりその特別管理産業廃棄物の運搬又は処分を委託する場合には、政令で定める基準に従わなければならない。

7　事業者は、前2項の規定によりその**特別管理産業廃棄物の運搬又は処分を委託する場合**には、当該特別管理産業廃棄物について発生から最終処分が終了するまでの一連の処理の行程にお

10　その事業活動に伴い多量の特別管理産業廃棄物を生ずる事業場を設置している事業者として政令で定めるもの（次項において「多量排出事業者」という。）は、環境省令で定める基準に従い、当該事業場に係る特別管理産業廃棄物の減量その他その処理に関する計画を作成し、都道府県知事に提出しなければならない。

11　多量排出事業者は、前項の計画の実施の状況について、環境省令で定めるところにより、都道府県知事に報告しなければならない。

12　都道府県知事は、第10項の計画及び前項の実施の状況について、環境省令で定めるところにより、公表するものとする。

（産業廃棄物管理票）

第十二条の三

2　前項の規定により管理票を交付した者（以下「管理票交付者」という。）は、当該管理票の写しを当該交付をした日から環境省令で定める期間保存しなければならない。

6　管理票交付者は、前3項又は第十二条の五第5項の規定による管理票の写しの送付を受けたときは、当該運搬又は処分が終了したことを当該管理票の写しにより確認し、かつ、当該管理票の写しを当該送付を受けた日から環境省令で定める期間保存しなければならない。

7　管理票交付者は、環境省令で定めるところにより、当該管理票に関する報告書を作成し、これを都道府県知事に提出しなければならない。

8　管理票交付者は、環境省令で定める期間内に、第2項から第4項まで又は第十二条の五第5項の規定による管理票の写しの送付を受けないとき、又はこれらの規定による管理票の写しの送付を受けたとき若しくは規定する事項が記載されていない管理票の写しの送付を受けたとき若しくは虚偽の記載のある管理票の写しの送付を受けたときは、速やかに当該委託に係る産業廃棄物の運搬又は処分の状況を把握するとともに、環境省令で定めるところにより、適切な措置を講じなければならない。

（産業廃棄物処理業）

第十四条

15 産業廃棄物収集運搬業者その他環境省令で定める者以外の者は、産業廃棄物の収集又は運搬を、**産業廃棄物処分業者その他環境省令で定める者以外の者**に、産業廃棄物の処分を、それぞれ受託してはならない。

16 産業廃棄物収集運搬業者は、産業廃棄物の収集若しくは運搬又は処分を、**産業廃棄物処分業者**は、**産業廃棄物の処分**を、それぞれ他人に委託してはならない。ただし、事業者から委託を受けた産業廃棄物の収集若しくは運搬又は処分を政令で定める基準に従って委託する場合その他環境省令で定める場合は、この限りでない。

（特別管理産業廃棄物処理業）

第十四条の四

15 特別管理産業廃棄物収集運搬業者その他環境省令で定める者以外の者は、特別管理産業廃棄物の収集又は運搬を、**特別管理産業廃棄物処分業者その他環境省令で定める者以外の者**は、特別管理産業廃棄物の処分を、それぞれ受託してはならない。

16 特別管理産業廃棄物収集運搬業者は、**特別管理産業廃棄物**の収集若しくは運搬又は処分を、**特別管理産業廃棄物処分業者**は、特別管理産業廃棄物の処分を、それぞれ他人に委託してはならない。ただし、事業者から委託を受けた特別管理産業廃棄物の収集若しくは運搬又は処分を政令で定める基準に従って委託する場合その他環境省令で定める場合は、この限りでない。

（建設工事に伴い生ずる廃棄物の処理に関する例外）

第二十一条の三 土木建築に関する工事（建築物その他の工作物の全部又は一部を解体する工事を含む。以下「建設工事」という。）が数次の請負によって行われる場合にあっては、当該建設工事に伴い生ずる廃棄物の処理についてのこの法律（第三条第2項及び第3項、第四条第4項、第六条の三第2項及び第3項、第十三条の十二、第十三条の十三、第十三条の十五並びに第十五

条の七を除く。）の規定の適用については、当該注文者から直接建設工事を請け負ったものを除く。）の注文者から直接建設工事を請け負う営業（その請け負った建設工事を他の者に請け負わせて営むものを含む。）を営む者（以下「元請業者」という。）を事業者とする。

2　建設工事に伴い生ずる産業廃棄物について当該建設工事を他の者から請け負った建設業を営む者から当該建設工事の全部又は一部を請け負った建設業を営む者（以下「下請負人」という。）が行う保管に関しては、当該下請負人もまた事業者とみなして、第十二条第2項、第十二条の二第2項及び第十九条の三（同条の規定に係る罰則を含む。）の規定を適用する。

3　建設工事に伴い生ずる廃棄物（環境省令で定めるものに限る。）について当該建設工事に係る書面による請負契約で定めるところにより下請負人が自らその運搬を行う場合には、第七条第1項、第十二条第1項、第十二条の二第1項、第十二条第5項から第7項まで、第十二条の三並びに第十二条の五の規定（これらの規定に係る罰則を含む。）の適用については、第1項の規定にかかわらず、当該廃棄物を当該下請負人の廃棄物とみなす。

4　建設工事に伴い生ずる廃棄物について下請負人がその運搬又は処分を他人に委託する場合（当該下請負人が産業廃棄物収集運搬業者若しくは産業廃棄物処分業者又は特別管理産業廃棄物収集運搬業者若しくは特別管理産業廃棄物処分業者である場合において、元請業者から委託を受けた当該廃棄物の運搬又は処分を他人に委託するときを除く。）には、第六条の二第6項及び第7項、第十四条第1項、第十四条の四第1項及び第十九条の三（同条の規定に係る罰則を含む。）の規定の適用については、第1項の規定にかかわらず、当該下請負人を事業者とみなし、当該廃棄物を当該下請負人の廃棄物とみなす。

▼労働安全衛生法▼

（事業者等の責務）

第三条　事業者は、単にこの法律で定める労働災害の防止のための最低基準を守るだけでなく、快適な職場環境の実現と労働条件の改善を通じて職場における労働者の安全と健康を確保するようにしなければならない。また、事業者は、国が実施する労働災害の防止に関する施策に協力するようにしなければならない。

2　機械、器具その他の設備を設計し、製造し、若しくは輸入する者、原材料を製造し、若しくは輸入する者又は建設物を建設し、若しくは設計する者は、これらの物の設計、製造、輸入又は建設に際して、これらの物が使用されることによる労働災害の発生の防止に資するように努めなければならない。

3　建設工事の注文者等仕事を他人に請け負わせる者は、施工方法、工期等について、安全で衛生的な作業の遂行をそこなうおそれのある条件を附さないように配慮しなければならない。

第四条　労働者は、労働災害を防止するため必要な事項を守るほか、事業者その他の関係者が実施する労働災害の防止に関する措置に協力するように努めなければならない。

（事業者の講ずべき措置等）

第二十条　事業者は、次の危険を防止するため必要な措置を講じなければならない。

一　機械、器具その他の設備（以下「機械等」という。）による危険

二　爆発性の物、発火性の物、引火性の物等による危険

三　電気、熱その他のエネルギーによる危険

第二十一条　事業者は、掘削、採石、荷役、伐木等の業務における作業方法から生ずる危険を防止するため必要な措置を講じなければならない。

2　事業者は、労働者が墜落するおそれのある場所、土砂等が崩壊するおそれのある場所等に係る危険を防止するため必要な措置を講じなければならない。

第二十二条　事業者は、次の健康障害を防止するため必要な措置を講じなければならない。
一　原材料、ガス、蒸気、粉じん、酸素欠乏空気、病原体等による健康障害
二　放射線、高温、低温、超音波、騒音、振動、異常気圧等による健康障害
三　計器監視、精密工作等の作業による健康障害
四　排気、排液又は残さい物による健康障害

第二十三条　事業者は、労働者を就業させる建設物その他の作業場について、通路、床面、階段等の保全並びに換気、採光、照明、保温、防湿、休養、避難及び清潔に必要な措置その他労働者の健康、風紀及び生命の保持のため必要な措置を講じなければならない。

第二十四条　事業者は、労働者の作業行動から生ずる労働災害を防止するため必要な措置を講じなければならない。

第二十五条　事業者は、労働災害発生の急迫した危険があるときは、直ちに作業を中止し、労働者を作業場から退避させる等必要な措置を講じなければならない。

第二十五条の二　建設業その他政令で定める業種に属する事業の仕事で、政令で定めるものを行う事業者は、爆発、火災等が生じたことに伴い労働者の救護に関する措置がとられる場合における労働災害の発生する措置を防止するため、次の措置を講じなければならない。
一　労働者の救護に関し必要な機械等の備付け及び管理を行うこと。
二　労働者の救護に関し必要な事項についての訓練を行うこと。
三　前二号に掲げるもののほか、爆発、火災等に備えて、労働者の救護に関し必要な事項を行うこと。

2　前項に規定する事業者は、厚生労働省令で定める資格を有する者のうちから、厚生労働省令で定めるところにより、同項各号の措置のうち技術的事項を管理する者を選任し、その者に当該技術的事項を管理させなければならない。

第二十六条 労働者は、事業者が第二十条から第二十五条まで及び前条第１項の規定に基づき講ずる措置に応じて、必要な事項を守らなければならない。

第二十七条 第二十条から第二十五条まで及び前条の二第１項の規定により事業者が講ずべき措置及び前条の規定により労働者が守らなければならない事項は、厚生労働省令で定める。

2 前項の厚生労働省令を定めるに当たつては、公害(環境基本法(平成五年法律第九十一号)第二条第３項に規定する公害をいう。)その他一般公衆の災害で、労働災害と密接に関連するものの防止に関する法令の趣旨に反しないように配慮しなければならない。

(事業者の行うべき調査等)

第二十八条の二 事業者は、厚生労働省令で定めるところにより、建設物、設備、原材料、ガス、蒸気、粉じん等による、又は作業行動その他業務に起因する危険性又は有害性等を調査し、その結果に基づいて、この法律又はこれに基づく命令の規定による措置を講ずるほか、労働者の危険又は健康障害を防止するため必要な措置を講ずるように努めなければならない。ただし、当該調査のうち、化学物質、化学物質を含有する製剤その他の物で労働者の危険又は健康障害を生ずるおそれのあるもの以外のものについては、製造業その他厚生労働省令で定める業種に属する事業者に限る。

(元方事業者の講ずべき措置等)

第二十九条 元方事業者は、関係請負人及び関係請負人の労働者が、当該仕事に関し、この法律又はこれに基づく命令の規定に違反しないよう必要な指導を行なわなければならない。

2 元方事業者は、関係請負人又は関係請負人の労働者が、当該仕事に関し、この法律又はこれに基づく命令の規定に違反していると認めるときは、是正のため必要な指示を行なわなければならない。

3 前項の指示を受けた関係請負人又はその労働者は、当該指示に従わなければならない。

第二十九条の二　建設業に属する事業の元方事業者は、土砂等が崩壊するおそれのある場所、機械等が転倒するおそれのある場所その他の厚生労働省令で定める場所において関係請負人の労働者が当該事業の仕事の作業を行うときは、当該関係請負人が講ずべき当該場所に係る危険を防止するための措置が適正に講ぜられるように、技術上の指導その他の必要な措置を講じなければならない。

（特定元方事業者等の講ずべき措置）

第三十条　特定元方事業者は、その労働者及び関係請負人の労働者の作業が同一の場所において行われることによつて生ずる労働災害を防止するため、次の事項に関する必要な措置を講じなければならない。

一　協議組織の設置及び運営を行うこと。
二　作業間の連絡及び調整を行うこと。
三　作業場所を巡視すること。
四　関係請負人が行う労働者の安全又は衛生のための教育に対する指導及び援助を行うこと。

五　仕事を行う場所が仕事ごとに異なることを常態とする業種で、厚生労働省令で定めるものに属する事業を行う特定元方事業者にあつては、仕事の工程に関する計画及び作業場所における機械、設備等の配置に関する計画を作成するとともに、当該機械、設備等を使用する作業に関し関係請負人がこの法律又はこれに基づく命令の規定に基づき講ずべき措置についての指導を行うこと。

六　前各号に掲げるもののほか、当該労働災害を防止するため必要な事項

2　特定事業の仕事の発注者（注文者のうち、その仕事を他の者から請け負わないで注文している者をいう。以下同じ。）で、特定元方事業者以外のものは、一の場所において行なわれる特定事業の仕事を二以上の請負人に請け負わせている場合において、当該場所において当該仕事に係る二以上の請負人の労働者が作業を行なうときは、厚生労働省令で定めるところにより、請負人で当該仕事を自ら行なう事業者であるもの

のうちから、前項に規定する措置を講ずべき者として一人を指名しなければならない。一の場所において行なわれる特定元方事業者の仕事の請け負つた者で、特定元方事業者以外のもののうち、当該仕事を二以上の請負人に請け負わせている者についても、同様とする。

3 前項の規定による指名は、労働基準監督署長がする。

4 第2項の規定又は前項の規定による指名がされたときは、当該指名された事業者は、当該場所において当該仕事の作業に従事するすべての労働者に関し、第1項に規定する措置を講じなければならない。この場合においては、当該指名された事業者及び当該指名された事業者以外の事業者については、第1項の規定は、適用しない。

第三十条の二 製造業その他政令で定める業種に属する事業(特定事業を除く。)の**元方事業者**は、その労働者及び関係請負人の労働者の作業が同一の場所において行われることによつて生ずる労働災害を防止するため、**作業間の連絡及び調整を行うことに関する措置その他必要な措置を講じなければならない。**

2 前条第2項の規定は、前項に規定する事業の仕事の発注者について準用する。この場合において、同条第2項中「特定元方事業者」とあるのは「元方事業者」と、「特定事業の仕事を二以上」とあるのは「仕事を二以上」と、「前項」とあるのは「次条第1項」と、「特定事業の仕事の全部」とあるのは「仕事の全部」と読み替えるものとする。

3 前項において準用する前条第2項の規定による指名がされないときは、同項の指名は、労働基準監督署長がする。

4 第2項において準用する前条第2項又は前項の規定による指名がされたときは、当該指名された事業者は、当該場所において当該仕事の作業に従事するすべての労働者に関し、第1項に規定する措置を講じなければならない。この場合においては、当該指名された事業者及び当該指名された事業者以外の事業者については、同

第三十一条　特定事業の仕事を自ら行う注文者は、建設物、設備又は原材料（以下「建設物等」という。）を、当該仕事を行う場所においてその請負人（当該仕事が数次の請負契約によって行われるときは、当該請負人の請負契約の後次のすべての請負契約の当事者である請負人を含む。第三十一条の四において同じ。）の労働者に使用させるときは、当該建設物等について、当該労働者の労働災害を防止するため必要な措置を講じなければならない。

2　前項の規定は、当該事業の仕事が数次の請負契約によって行なわれることにより同一の建設物等について同項の措置を講ずべき注文者が二以上あることとなるときは、後次の請負契約の当事者である注文者については、適用しない。

第三十一条の二　化学物質、化学物質を含有する製剤その他の物を製造し、又は取り扱う設備で政令で定めるものの改造その他の厚生労働省令で定める作業に係る仕事の注文者は、当該物について、当該仕事に係る請負人の労働者の労働災害を防止するため必要な措置を講じなければならない。

第三十一条の三　建設業に属する事業の仕事を行う二以上の事業者の労働者が一の場所において機械で厚生労働省令で定めるものに係る作業（以下この条において「特定作業」という。）を行う場合において、特定作業に係る仕事を自ら行う発注者又は当該仕事の全部を請け負った者で、当該場所において当該仕事の一部を請け負わせているものは、厚生労働省令で定めるところにより、当該場所において特定作業に従事するすべての労働者の労働災害を防止するため必要な措置を講じなければならない。

2　前項の場合において、同項の規定により同項に規定する措置を講ずべき者がいないときは、当該場所において行われる特定作業に係る仕事の全部を請負人に請け負わせている建設業に属する事業の元方事業者又は第三十条第2項若し

くは第3項の規定により指名された事業者で建設業に属する事業を行うものは、前項に規定する措置を講ずる者を指名する等当該場所において特定作業に従事するすべての労働者の労働災害を防止するため必要な配慮をしなければならない。

（違法な指示の禁止）

第三十一条の四 注文者は、その請負人に対し、当該仕事に関し、その指示に従つて当該請負人の労働者を労働させたならば、この法律又はこれに基づく命令の規定に違反することとなる指示をしてはならない。

（請負人の講ずべき措置等）

第三十二条 第三十条第1項又は第4項の場合において、同条第1項に規定する措置を講ずべき事業者以外の請負人で、当該仕事を自ら行うものは、これらの規定により講ぜられる措置に応じて、**必要な措置を講じなければならない。**

2 第三十条の二第1項又は第4項の場合において、同条第1項に規定する措置を講ずべき事業

3 第三十条の三第1項又は第4項の場合において、第二十五条の二第1項各号の措置を自ら行うべき事業者以外の請負人で、当該仕事を自ら行うものは、第三十条の三第1項又は第4項の規定により講ぜられる措置に応じて、**必要な措置を講じなければならない。**

4 第三十一条第1項の場合において、当該建設物等を使用する労働者に係る事業者である**請負人**は、同項の規定により講ぜられる措置に応じて、**必要な措置を講じなければならない。**

5 第三十一条の二の場合において、同条に規定する仕事に係る請負人は、同条の規定により講ぜられる措置に応じて、必要な措置を講じなければならない。

6 第三十条第1項若しくは第4項、第三十条の二第1項若しくは第4項、第三十条の三第1項若しくは第4項、第三十一条第1項又は第

三十一条の二の場合において、労働者は、これらの規定又は前各項の規定により講ぜられる措置に応じて、必要な事項を守らなければならない。

7　第1項から第5項までの請負人及び前項の労働者は、第三十条第1項の特定元方事業者等、第三十条の二第1項若しくは第三十条の三第1項の元方事業者等、第三十一条第1項若しくは第三十一条の二の注文者又は第1項から第5項までの請負人が第三十条第1項若しくは第三十条の二第1項若しくは第4項、第三十条の三第1項若しくは第4項、第三十一条第1項、第三十一条の二又は第1項から第5項までの規定に基づく措置の実施を確保するためにする指示に従わなければならない。

（計画の届出等）

第八十八条　事業者は、当該事業場の業種及び規模が政令で定めるものに該当する場合において、当該事業場に係る建設物若しくは機械等（仮設の建設物又は機械等で厚生労働省令で定めるものを除く。）を設置し、若しくは移転し、又はこれらの主要構造部分を変更しようとするときは、その計画を当該工事の開始の日の三十日前までに、厚生労働省令で定めるところにより、労働基準監督署長に届け出なければならない。ただし、第二十八条の二第1項に規定する措置その他の厚生労働省令で定める措置を講じているものとして、厚生労働省令で定めるところにより労働基準監督署長が認定した事業者については、この限りでない。

2　前項の規定は、機械等で、危険若しくは有害な作業を必要とするもの、危険な場所において使用するもの又は危険若しくは健康障害を防止するため使用するもののうち、厚生労働省令で定めるものを設置し、若しくは移転し、又はこれらの主要構造部分を変更しようとする事業者（同項本文の事業者を除く。）について準用する。

3　事業者は、建設業に属する事業の仕事のうち重大な労働災害を生ずるおそれがある特に大規模な仕事で、厚生労働省令で定めるものを開始

しようとするときは、その計画を当該仕事の開始の日の三十日前までに、厚生労働省令で定めるところにより、厚生労働大臣に届け出なければならない。

4　事業者は、建設業その他政令で定める業種に属する事業の仕事（建設業に属する事業にあつては、前項の厚生労働省令で定める仕事を除く。）で、厚生労働省令で定めるものを開始しようとするときは、その計画を当該仕事の開始の日の十四日前までに、厚生労働省令で定めるところにより、労働基準監督署長に届け出なければならない。

5　事業者は、第1項（第2項において準用する場合を含む。）の規定による届出に係る工事のうち厚生労働省令で定める工事の計画、第3項の厚生労働省令で定める仕事の計画又は前項の規定による届出に係る仕事のうち厚生労働省令で定める仕事の計画を作成するときは、当該工事に係る建設物若しくは機械等又は当該仕事から生ずる労働災害の防止を図るため、厚生労働省令で定める資格を有する者を参画させなければならない。

（法令等の周知）

第百一条　事業者は、この法律及びこれに基づく命令の要旨を常時各作業場の見やすい場所に掲示し、又は備え付けることその他の厚生労働省令で定める方法により、労働者に周知させなければならない。

2　事業者は、第五十七条の二第1項又は第2項の規定により通知された事項を、化学物質、化学物質を含有する製剤その他の物で当該通知された事項に係るものを取り扱う各作業場の見やすい場所に常時掲示し、又は備え付けることその他の厚生労働省令で定める方法により、当該物を取り扱う労働者に周知させなければならない。

（書類の保存等）

第百三条　事業者は、厚生労働省令で定めるところにより、この法律又はこれに基づく命令の規定に基づいて作成した書類（次項及び第3項の帳簿を除く。）を、保存しなければならない。

▼労働安全衛生規則▼

（計画の届出を要しない仮設の建設物等）

第八十四条の二　法第八十八条第1項の厚生労働省令で定める仮設の建設物又は機械等は、次に該当する建設物又は機械等で、**六月未満の期間で廃止するもの**（高さ及び長さがそれぞれ十メートル以上の架設通路又はつり足場、張出し足場若しくは高さ十メートル以上の構造の足場にあつては、**組立てから解体までの期間が六十日未満のもの**）とする。

一　その内部に設ける機械等の原動機の定格出力の合計が二・二キロワット未満である建設物

二　原動機の定格出力が一・五キロワット未満である機械等（法第三十七条第1項の特定機械等を除く。次号及び第八十九条第一号において同じ。）

三　別表第六の二に掲げる業務を行わない建設物又は機械等

（計画の届出等）

第八十五条　法第八十八条第1項の規定による届出をしようとする者は、様式第二十号による届書に次の書類を添えて、**所轄労働基準監督署長**に提出しなければならない。

一　事業場の周囲の状況及び四隣との関係を示す図面

二　敷地内の建設物及び主要な機械等の配置を示す図面

三　原材料又は製品の取扱い、製造等の作業の方法の概要を記載した書面

四　建築物（前号の作業を行なうものに限る。）の各階の平面図及び断面図並びにその内部の主要な機械等の配置及び概要を示す書面又は図面

五　前号の建築物その他の作業場における労働災害を防止するための方法及び設備の概要を示す書面又は図面

2　建設物又は機械等の一部を設置し、移転し、又は変更しようとするときは、前項の規定に

(機械等の設置等の届出等)

第八十六条　別表第七の上欄に掲げる機械等を設置し、若しくは移転し、又はこれらの主要構造部分を変更しようとする事業者が**法第八十八条第1項の規定による届出**をしようとするときは、様式第二十号による届書に、当該機械等の種類に応じて同表の中欄に掲げる事項を記載した書面及び同表の下欄に掲げる図面等を添えて、**所轄労働基準監督署長に提出**しなければならない。

2　前項の規定による届出をする場合における前条第1項の規定の適用については、次に定めるところによる。

一　建設物又は他の機械等とあわせて別表第七の上欄に掲げる機械等について法第八十八条第1項の規定による届出をしようとする場合にあつては、前条第1項に規定する届書及び書類の記載事項のうち前項に規定する届書又は書面若しくは図面等の前項に規定する記載事項と重複する部分の記入は、要しないものとすること。

二　別表第七の上欄に掲げる機械等のみについて法第八十八条第1項の規定による届出をする場合にあつては、前条第1項の規定は適用しないものとすること。

3　特定化学物質障害予防規則(昭和四十七年労働省令第三十九号。以下「特化則」という。)第四十九条第1項の規定による申請をした者が行う別表第七の十六の項から二十の三までの上欄に掲げる機械等(以下「特定化学設備等」という。)の設置については、法第八十八条第1項の規定による届出はすべき機械等)

(計画の届出をすべき機械等)

第八十八条　法第八十八条第2項の厚生労働省令で定める機械等は、法に基づく他の省令に定めるもののほか、別表第七の上欄に掲げる機械等(同表の二十一の項の上欄に掲げる機械等にあつては放射線装置に限る。次項において同じ。)とする。

2　第八十六条第1項の規定は、別表第七の上欄

に掲げる機械等について法第八十八条第二項において準用する同条第一項の規定による届出をする場合に準用する。

3 特化則第四十九条第一項の規定による申請をした者が行う特定化学設備等の設置については、法第八十八条第二項において準用する同条第1項の規定による届出は要しないものとする。

（計画の届出をすべき仮設機械等）

第八十九条 法第八十八条第二項において準用する同条第1項の**厚生労働省令で定める仮設の機械等**は、次のとおりとする。

一 機械集材装置、運材索道（架線、搬器、支柱及びこれらに附属する物により構成され、原木又は薪炭材を一定の区間空中において運搬する設備をいう。以下同じ。）、架設通路及び足場以外の機械等（令第六条第十四号の型わく支保工（以下「型わく支保工」という。）を除く。）で、六月未満の期間で廃止するもの

二 機械集材装置、運材索道、架設通路又は足場で、**組立てから解体までの期間が六十日未**

（仕事の範囲）

第八十九条の二 法第八十八条第3項の厚生労働省令で定める仕事は、次のとおりとする。

一 高さが三百メートル以上の塔の建設の仕事

二 堤高（基礎地盤から堤頂までの高さをいう。）が百五十メートル以上のダムの建設の仕事

三 最大支間五百メートル（つり橋にあつては、千メートル）以上の橋梁の建設の仕事

四 長さが三千メートル以上のずい道等の建設の仕事

五 長さが千メートル以上三千メートル未満のずい道等の建設の仕事で、深さが五十メートル以上のたて坑（通路として使用されるものに限る。）の掘削を伴うもの

六 ゲージ圧力が〇・三メガパスカル以上の圧気工法による作業を行う仕事

第九十条 法第八十八条第4項の厚生労働省令で定める仕事は、次のとおりとする。

一 高さ三十一メートルを超える建築物又は工

6 元請負人の義務と違反行為

❶ 元請人の義務

作物（橋梁を除く。）の建設、改造、解体又は破壊（以下「建設等」という。）の仕事

二　最大支間五十メートル以上の橋梁の建設等の仕事

二の二　最大支間三十メートル以上五十メートル未満の橋梁の上部構造の建設等の仕事（第十八条の二の場所において行われるものに限る。）

三　ずい道等の建設等の仕事（ずい道等の内部に労働者が立ち入らないものを除く。）

四　掘削の高さ又は深さが十メートル以上である地山の掘削（ずい道等の掘削及び岩石の採取のための掘削を除く。以下同じ。）の作業（掘削機械を用いる作業で、掘削面の下方に労働者が立ち入らないものを除く。）を行う仕事

五　圧気工法による作業を行う仕事

五の二　建築基準法（昭和二十五年法律第二百一号）第二条第九号の二に規定する**耐火建築物**（第二百九十三条において「耐火建築物」という。）又は同法第二条第九号の三に規定する**準耐火建築物**（第二百九十三条において「準耐火建築物」という。）で、石綿等が吹き付けられているものにおける石綿等の除去の作業を行う仕事

五の三　ダイオキシン類対策特別措置法施行令別表第一第五号に掲げる廃棄物焼却炉（火格子面積が二平方メートル以上又は焼却能力が一時間当たり二〇〇キログラム以上のものに限る。）を有する廃棄物の焼却施設に設置された廃棄物焼却炉、集じん機等の設備の解体等の作業を行う仕事

六　掘削の高さ又は深さが十メートル以上の土石の採取のための掘削の作業を行う仕事

七　坑内掘りによる土石の採取のための掘削の作業を行う仕事

（建設業に係る計画の届出）

第九十一条　建設業に属する事業の仕事について法第八十八条第3項の規定による届出をしようとする者は、様式第二十一号による届書に次の書類及び圧気工法による作業を行う仕事に係る

場合にあっては圧気工法作業摘要書（様式第二十一号の二）を添えて厚生労働大臣に提出しなければならない。ただし、圧気工法作業摘要書を提出する場合においては、次の書類の記載事項のうち圧気工法作業摘要書の記載事項と重複する部分の記入は、要しないものとする。

一　仕事を行う場所の周囲の状況及び四隣との関係を示す図面
二　建設等をしようとする建設物等の概要を示す図面
三　工事用の機械、設備、建設物等の配置を示す図面
四　工法の概要を示す書面又は図面
五　労働災害を防止するための方法及び設備の概要を示す書面又は図面
六　工程表

2　前項の規定は、法第八十八条第4項の規定による届出について準用する。この場合において、同項中「厚生労働大臣」とあるのは、「所轄労働基準監督署長」と読み替えるものとする。

（資格を有する者の参画に係る工事又は仕事の範囲）
第九十二条の二　法第八十八条第5項の厚生労働省令で定める工事は、別表第七の上欄第十号及び第十二号に掲げる機械等を設置し、若しくはこれらの主要構造部分を変更する工事とする。

2　法第八十八条第5項の厚生労働省令で定める仕事は、第九十条第一号から第五号までに掲げる仕事（同条第一号から第三号までに掲げる仕事にあっては、建設の仕事に限る。）とする。

（計画の作成に参画する者の資格）
第九十二条の三　法第八十八条第5項の厚生労働省令で定める資格を有する者は、別表第九の上欄に掲げる工事又は仕事の区分に応じて、同表の下欄に掲げる者とする。

（計画の範囲）
第九十四条の二　法第八十九条の二第1項の厚生労働省令で定める計画は、次の仕事の計画とする。

一 高さが百メートル以上の建築物の建設の仕事であつて、次のいずれかに該当するもの

イ 埋設物その他地下に存する工作物（第二編第六章第一節及び第六百三十四条の二において「埋設物等」という。）がふくそうする場所で行われるもの

ロ 当該建築物の形状が円筒形である等特異であるもの

二 堤高が百メートル以上のダムの建設の仕事であつて、車両系建設機械（令別表第七に掲げる建設機械で、動力を用い、かつ、不特定の場所に自走できるものをいう。以下同じ。）の転倒、転落等のおそれのある傾斜地において当該車両系建設機械を用いて作業が行われるもの

三 最大支間三百メートル以上の橋梁の建設の仕事であつて、次のいずれかに該当するもの

イ 当該橋梁のけたが曲線けたであるもの

ロ 当該橋梁のけた下高さが三十メートル以上のもの

四 長さが千メートル以上のずい道等の建設の仕事であつて、落盤、出水、ガス爆発等による労働者の危険が生ずるおそれがあると認められるもの

五 掘削する土の量が二十万立方メートルを超える掘削の作業を行う仕事であつて、次のいずれかに該当するもの

イ 当該作業が地質が軟弱である場所において行われるもの

ロ 当該作業が狭あいな場所において車両系建設機械を用いて行われるもの

六 ゲージ圧力が〇・二メガパスカル以上の圧気工法による作業を行う仕事であつて、次のいずれかに該当するもの

イ 当該作業が地質が軟弱である場所において行われるもの

ロ 当該作業を行う場所に近接する場所で当該作業と同時期に掘削の作業が行われるもの

（審査の対象除外）

第九十四条の三　法第八十九条の二第1項ただし

第九十六条　事業者は、次の場合は、遅滞なく、様式第二十二号による報告書を所轄労働基準監督署長に提出しなければならない。

（事故報告）

書の厚生労働省令で定める計画は、国又は地方公共団体その他の公共団体が法第三十条第２項に規定する発注者として注文する建設業に属する事業の仕事の計画とする。

四　クレーン（クレーン則第二条第一号に掲げるクレーンを除く。）の次の事故が発生したとき

イ　逸走、倒壊、落下又はジブの折損

ロ　ワイヤロープ又はつりチェーンの切断

五　移動式クレーン（クレーン則第二条第一号に掲げる移動式クレーンを除く。）の次の事故が発生したとき

イ　転倒、倒壊又はジブの折損

ロ　ワイヤロープ又はつりチェーンの切断

六　デリック（クレーン則第二条第一号に掲げるデリックを除く。）の次の事故が発生したとき

イ　倒壊又はブームの折損

ロ　ワイヤロープの切断

七　エレベーター（クレーン則第二条第二号及び第四号に掲げるエレベーターを除く。）の次の事故が発生したとき

イ　昇降路等の倒壊又は搬器の墜落

ロ　ワイヤロープの切断

八　建設用リフト（クレーン則第二条第二号及び第三号に掲げる建設用リフトを除く。）の次の事故が発生したとき

イ　昇降路等の倒壊又は搬器の墜落

ロ　ワイヤロープの切断

九　令第一条第九号の簡易リフト（クレーン則第二条第二号に掲げる簡易リフトを除く。）の次の事故が発生したとき

イ　搬器の墜落

ロ　ワイヤロープ又はつりチェーンの切断

十　ゴンドラの次の事故が発生したとき

イ　逸走、転倒、落下又はアームの折損

ロ　ワイヤロープの切断

2 次条第1項の規定による報告書の提出と併せて前項の報告書の提出をしようとする場合にあつては、当該報告書の記載事項のうち次条第1項の報告書の記載事項と重複する部分の記入は要しないものとする。

【特定元方事業者等に関する特別規制】
（法第二十九条の二の厚生労働省令で定める場所）
第六百三十四条の二　法第二十九条の二の厚生労働省令で定める場所は、次のとおりとする。
一　土砂等が崩壊するおそれのある場所（関係請負人の労働者に危険が及ぶおそれのある場所に限る。）
一の二　土石流が発生するおそれのある場所（河川内にある場所であつて、関係請負人の労働者に危険が及ぶおそれのある場所に限る。）
二　機械等が転倒するおそれのある場所（関係請負人の労働者が用いる車両系建設機械のうち令別表第七第三号に掲げるもの又は移動式クレーンが転倒するおそれのある場所に限る。）

三　架空電線の充電電路に近接する場所であつて、当該充電電路に労働者の身体等が接触し、又は接近することにより感電の危険が生ずるおそれのあるもの（関係請負人の労働者により工作物の建設、解体、点検、修理、塗装等の作業若しくはこれらに附帯する作業又はくい打機、くい抜機、移動式クレーン等を使用する作業が行われる場所に限る。）
四　埋設物等又はれんが壁、コンクリートブロック塀、擁壁等の建設物が損壊する等のおそれのある場所（関係請負人の労働者により当該埋設物等又は建設物に近接する場所において明かり掘削の作業が行われる場所に限る。）

（協議組織の設置及び運営）
第六百三十五条　特定元方事業者（法第十五条第1項の特定元方事業者をいう。以下同じ。）は、法第三十条第一号の協議組織の設置及び運営については、次に定めるところによらなければならない。
一　特定元方事業者及びすべての関係請負人が

参加する協議組織を設置すること。

二　当該協議組織の会議を定期的に開催すること。

2　関係請負人は、前項の規定により特定元方事業者が設置する協議組織に参加しなければならない。

（作業間の連絡及び調整）

第六百三十六条　特定元方事業者は、法第三十条第1項第二号の作業間の連絡及び調整については、随時、特定元方事業者と関係請負人との間及び関係請負人相互間における連絡及び調整を行なわなければならない。

（作業場所の巡視）

第六百三十七条　特定元方事業者は、法第三十条第1項第三号の規定による巡視については、毎作業日に少なくとも一回、これを行なわなければならない。

2　関係請負人は、前項の規定により特定元方事業者が行なう巡視を拒み、妨げ、又は忌避してはならない。

（教育に対する指導及び援助）

第六百三十八条　特定元方事業者は、法第三十条第1項第四号の教育に対する指導及び援助については、当該教育を行なう場所の提供、当該教育に使用する資料の提供等の措置を講じなければならない。

（法第三十条第1項第五号の厚生労働省令で定める業種）

第六百三十八条の二　法第三十条第1項第五号の厚生労働省令で定める業種は、建設業とする。

（計画の作成）

第六百三十八条の三　特定元方事業者は、同号の計画の作成については、工程表等の当該仕事の工程に関する計画並びに当該作業場所における主要な機械、設備及び作業用の仮設の建設物の配置に関する計画を作成しなければならない。

（関係請負人の講ずべき措置についての指導）

第六百三十八条の四　法第三十条第1項第五号に規定する特定元方事業者は、同号の関係請負人

の講ずべき措置についての指導については、次に定めるところによらなければならない。

一　車両系建設機械のうち令別表第七各号に掲げるもの（同表第五号に掲げるもの以外のものにあつては、**機体重量が三トン以上のものに限る**。）を使用する作業に関し**関係請負人**が定める作業計画が、**法第三十条第1項第五号の計画に**適合するよう指導すること。

二　**つり上げ荷重が三トン以上の移動式クレーン**を使用する作業に関しクレーン則第六十六条の二第1項各号に掲げる事項が、法第三十条第1項第五号の計画に適合するよう指導すること。

（クレーン等の運転についての合図の統一）

第六百三十九条　特定元方事業者は、その労働者及び関係請負人の労働者の作業が同一の場所において行われる場合において、当該作業がクレーン等（クレーン、移動式クレーン、デリック、

簡易リフト又は建設用リフトで、クレーン則の適用を受けるものをいう。以下同じ。）を用いて行うものであるときは、当該クレーン等の運転についての合図を統一的に定め、これを関係請負人に周知させなければならない。

2　特定元方事業者及び関係請負人は、自ら行なう作業について前項のクレーン等の運転についての合図を定めるときは、同項の規定により統一的に定められた合図と同一のものを定めなければならない。

（事故現場等の標識の統一等）

第六百四十条　特定元方事業者は、その労働者及び関係請負人の労働者の作業が同一の場所において行われる場合において、当該場所に次の各号に掲げる事故現場等があるときは、当該事故現場等を表示する標識を統一的に定め、これを関係請負人に周知させなければならない。

一　有機則第二十七条第2項本文の規定により労働者を立ち入らせてはならない事故現場

二　高圧則第一条第三号の作業室又は同条第四

号の気閘室

三　電離則第三条第1項の区域、電離則第十五条第1項の室、電離則第十八条第1項本文の規定により労働者を立ち入らせてはならない場所又は電離則第四十二条第1項の区域

四　酸素欠乏症等防止規則（昭和四十七年労働省令第四十二号。以下「酸欠則」という。）第九条第1項の酸素欠乏危険場所又は酸欠則第十四条第1項の規定により労働者を退避させなければならない場所

2　特定元方事業者及び関係請負人は、当該場所において自ら行なう作業に係る前項各号に掲げる事故現場等を、同項の規定により定められた標識と同一のものによつて明示しなければならない。

3　特定元方事業者及び関係請負人は、その労働者のうち必要がある者を第1項各号に掲げる事故現場等に立ち入らせてはならない。

（有機溶剤等の容器の集積箇所の統一）

第六百四十一条　特定元方事業者は、その労働者及び関係請負人の労働者の作業が同一の場所において行われる場合において、次の容器が集積される場所に次の容器が集積されるときは（第二号に掲げる容器については、屋外に集積される場合に限る。）は、当該容器が集積する箇所を統一的に定め、これを関係請負人に周知させなければならない。

一　有機溶剤等（有機則第一条第1項第二号の有機溶剤をいう。以下同じ。）を入れてある容器

二　有機溶剤等を入れてあつた空容器で有機溶剤の蒸気が発散するおそれのあるもの

2　特定元方事業者及び関係請負人は、当該場所に前項の容器を集積するとき（同項第二号に掲げる容器については、屋外に集積するときに限る。）は、同項の規定により統一的に定められた箇所に集積しなければならない。

（警報の統一等）

第六百四十二条　特定元方事業者は、その労働者及び関係請負人の労働者の作業が同一の場所において行なわれるときには、次の場合に行なう

6 元請負人の義務と違反行為

❶ 元請人の義務

警報を統一的に定め、これを関係請負人に周知させなければならない。

一 当該場所にあるエックス線装置（令第六条第五号のエックス線装置をいう。以下同じ。）に電力が供給されている場合

二 当該場所にある電離則第二条第2項に規定する放射性物質を装備している機器により照射が行なわれている場合

三 当該場所において発破が行なわれる場合

四 当該場所において火災が発生した場合

五 当該場所において、土砂の崩壊、出水若しくはなだれが発生した場合又はこれらが発生するおそれのある場合

2 特定元方事業者及び関係請負人は、当該場所において、エックス線装置に電力を供給する場合、前項第二号の機器により照射を行なう場合又は発破を行なう場合は、同項の規定により統一的に定められた警報を行なわなければならない。当該場所において、火災が発生したこと又は土砂の崩壊、出水若しくはなだれが発生した

こと若しくはこれらが発生するおそれのあることを知つたときも、同様とする。

3 特定元方事業者及び関係請負人は、第1項第三号から第五号までに掲げる場合において、前項の規定により警報が行なわれたときは、危険がある区域にいるその労働者のうち必要がある者以外の者を退避させなければならない。

（避難等の訓練の実施方法等の統一等）
第六百四十二条の二 特定元方事業者及び関係請負人は、ずい道等の建設の作業を行う場合において、その労働者及び関係請負人の労働者の作業が同一の場所において行われるときは、第三百八十九条の十一第1項の規定に基づき特定元方事業者及び関係請負人が行う避難等の訓練について、これを関係請負人に周知させなければならない。実施時期及び実施方法を統一的に定め、これを関係請負人に周知させなければならない。

2 特定元方事業者及び関係請負人は、避難等の訓練を行うときは、前項の規定により統一的に定められた実施時期及び実施方法により行わなければならない。

3　特定元方事業者は、関係請負人が行う避難等の訓練に対して、必要な指導及び資料の提供等の援助を行わなければならない。

第六百四十二条の二の二　前条の規定は、特定元方事業者が土石流危険河川において建設工事の作業を行う場合について準用する。この場合において、同条第1項中「第三百八十九条の十一第1項の規定」とあるのは「第五百七十五条の十六第1項の規定」と、同項から同条第3項までの規定中「避難等の訓練」とあるのは「避難等の訓練」と読み替えるものとする。

（周知のための資料の提供等）

第六百四十二条の三　建設業に属する事業を行う特定元方事業者は、その労働者及び関係請負人の労働者の作業が同一の場所において行われるときは、当該場所の作業が同一の場所において行われることによって当該場所の状況（労働者に危険を生ずるおそれのある箇所の状況を含む。以下この条において同じ。）、当該場所において行われる作業相互の関係等に関し関係請負人及びその労働者であつて当該場所で新たに作業に従事すること

となったものに対して周知を図ることに資するため、当該関係請負人に対し、当該周知を図るための場所の提供、当該周知のために使用する資料の提供等の措置を講じなければならない。ただし、当該特定元方事業者が、自ら当該関係請負人の労働者に当該場所の状況、作業相互の関係等を周知させるときは、この限りでない。

（特定元方事業者の指名）

第六百四十三条　法第三十条第2項の規定による指名は、次の者について、あらかじめその者の同意を得て行わなければならない。

一　法第三十条第2項の場所において特定事業（法第十五条第1項の特定事業をいう。）の仕事を自ら行う請負人で、建築工事における躯体工事等当該仕事の主要な部分を請け負ったもの（当該仕事の主要な部分が数次の請負契約によって行われることにより当該請負人が二以上あるときは、これらの請負人のうち、最も先次の請負契約の当事者である者）

二　前号の者が二以上あるときは、これらの者

6 元請負人の義務と違反行為

❶ 元請負人の義務

が互選した者

2 法第三十条第2項の規定により特定元方事業者を指名しなければならない発注者（同項の発注者をいう。）又は請負人は、同項の規定による指名ができないときは、遅滞なく、その旨を当該場所を管轄する労働基準監督署長に届け出なければならない。

（作業間の連絡及び調整）

第六百四十三条の二 第六百三十六条の規定は、法第三十条の二第1項の元方事業者（次条から第六百四十三条の六までにおいて「元方事業者」という。）について準用する。この場合において、第六百三十六条中「第三十条第1項第二号」とあるのは、「第三十条の二第1項」と読み替えるものとする。

（クレーン等の運転についての合図の統一）

第六百四十三条の三 第六百三十九条の規定は、元方事業者について準用する。

2 第六百三十九条第2項の規定は、元方事業者及び関係請負人について準用する。

（事故現場の標識の統一等）

第六百四十三条の四 元方事業者は、その労働者及び関係請負人の労働者の作業が同一の場所において行われる場合において、当該場所に次の各号に掲げる事故現場等があるときは、当該事故現場等を表示する標識を統一的に定め、これを関係請負人に周知させなければならない。

一 有機則第二十七条第2項本文の規定により労働者を立ち入らせてはならない事故現場

二 電離則第三条第1項の区域、電離則第十五条第1項の室、電離則第十八条第1項本文の規定により労働者を立ち入らせてはならない場所又は電離則第四十二条第1項の区域

三 酸欠則第九条第1項の酸素欠乏危険場所又は酸欠則第十四条第1項の規定により労働者を退避させなければならない場所

2 元方事業者及び関係請負人は、当該場所において自ら行う作業に係る前項各号に掲げる事故現場等を、同項の規定により統一的に定められた標識と同一のものによつて明示しなければな

らない。

3　元方事業者及び関係請負人は、その労働者のうち必要がある者以外の者を第1項各号に掲げる事故現場等に立ち入らせてはならない。

(有機溶剤等の容器の集積箇所の統一)

第六百四十三条の五　第六百四十一条第1項の規定は、元方事業者について準用する。

2　第六百四十一条第2項の規定は、元方事業者及び関係請負人について準用する。

(警報の統一等)

第六百四十三条の六　元方事業者は、その労働者及び関係請負人の労働者の作業が同一の場所において行われるときには、次の場合に行う警報を統一的に定め、これを関係請負人に周知させなければならない。

一　当該場所にあるエックス線装置に電力が供給されている場合

二　当該場所にある電離則第二条第2項に規定する放射性物質を装備している機器により照射が行われている場合

三　当該場所において火災が発生した場合

2　元方事業者及び関係請負人は、当該場所において、エックス線装置に電力を供給する場合又は前項第二号の機器により照射を行う場合は、同項の規定により統一的に定められた警報を行わなければならない。当該場所において、火災が発生することを知ったときも、同様とする。

3　元方事業者及び関係請負人は、第1項第三号に掲げる場合において、前項の規定により警報が行われたときは、危険がある区域にいるその労働者のうち必要がある者以外の者を退避させなければならない。

(法第三十条の二第1項の元方事業者の指名)

第六百四十三条の七　第六百四十三条の規定は、法第三十条の二第2項において準用する法第三十条第2項の規定による指名について準用する。この場合において、第六百四十三条第1項第一号中「第三十条第2項の場所」とあるのは、「第三十条の二第2項において準用する法第三十

条第2項の特定事業をいう。）の仕事」とあるのは「法第三十条の二第1項に規定する事業の仕事」と、「建築工事における躯体工事等当該仕事」とあるのは「当該仕事」と、同条第2項中「特定元方事業者」とあるのは「元方事業者」と読み替えるものとする。

（法第三十条の三第1項の元方事業者の指名）

第六百四十三条の八　第六百四十三条の規定は、法第三十条の三第2項において準用する法第三十条第2項の規定による指名について準用する。この場合において、第六百四十三条第1項第一号中「第三十条第2項」とあるのは「第三十条の三第2項において準用する法第三十条第2項」と、「特定事業（法第十五条第1項の特定事業をいう。）の仕事」とあるのは「法第三十条の二第1項に規定する事業の仕事」と、「建築工事における躯体工事等」とあるのは「ずい道等の建設の仕事における掘削工事等」と、同条第2項中「特定元方事業者」とあるのは「元

方事業者」と読み替えるものとする。

（くい打機及びくい抜機についての措置）

第六百四十四条　法第三十一条第1項の注文者（以下「注文者」という。）は、同項の場合において、請負人（同項の請負人をいう。以下この章において同じ。）の労働者にくい打機又はくい抜機を使用させるときは、当該くい打機又はくい抜機については、第二編第二章第二節（第百七十二条、第百七十四条から第百七十六条まで、第百七十八条から第百八十一条まで及び第百八十三条に限る。）に規定するくい打機又はくい抜機の基準に適合するものとしなければならない。

（軌道装置についての措置）

第六百四十五条　注文者は、法第三十一条第1項の場合において、請負人の労働者に軌道装置を使用させるときは、当該軌道装置については、第二編第二章第三節（第百九十六条から第二百四条まで、第二百七条から第二百九条まで、第二百十二条、第二百十三条及び第二百十五条

から第二百十七条までに限る。）に規定する軌道装置の基準に適合するものとしなければならない。

（型わく支保工についての措置）

第六百四十六条　注文者は、法第三十一条第１項の場合において、請負人の労働者に型わく支保工を使用させるときは、当該型わく支保工については、法第四十二条の規定に基づき厚生労働大臣が定める規格及び（第二百三十七条から第二百三十九条まで、第二百四十二条及び第二百四十三条に限る。）に規定する型わく支保工の基準に適合するものとしなければならない。

（アセチレン溶接装置についての措置）

第六百四十七条　注文者は、法第三十一条第１項の場合において、請負人の労働者にアセチレン溶接装置を使用させるときは、当該アセチレン溶接装置について、次の措置を講じなければならない。

一　第三百二条第２項及び第３項並びに第三百三条に規定する発生器室の基準に適合す

る発生器室内に設けること。

二　ゲージ圧力七キロパスカル以上のアセチレンを発生し、又は使用するアセチレン溶接装置にあつては、第三百五条第１項に規定する基準に適合するものとすること。

三　前号のアセチレン溶接装置以外のアセチレン溶接装置の清浄器、導管等でアセチレンが接触するおそれのある部分には、銅を使用しないこと。

四　発生器及び安全器は、法第四十二条の規定に基づき厚生労働大臣が定める規格に適合するものとすること。

五　安全器の設置については、第三百六条に規定する基準に適合するものとすること。

（交流アーク溶接機についての措置）

第六百四十八条　注文者は、法第三十一条第１項の場合において、請負人の労働者に交流アーク溶接機（自動溶接機を除く。）を使用させるときは、当該交流アーク溶接機に、法第四十二条の規定に基づき厚生労働大臣が定める規格に適合

する交流アーク溶接機用自動電撃防止装置を備えなければならない。ただし、次の場所以外の場所において使用させるときは、この限りでない。

一　船舶の二重底又はピークタンクの内部その他導電体に囲まれた著しく狭あいな場所

二　墜落により労働者に危険を及ぼすおそれのある高さが二メートル以上の場所で、鉄骨等導電性の高い接地物に労働者が接触するおそれのあるところ

（電動機械器具についての措置）

第六百四十九条　注文者は、法第三十一条第１項の場合において、請負人の労働者に電動機を有する機械又は器具（以下この条において「電動機械器具」という。）で、対地電圧が百五十ボルトをこえる移動式若しくは可搬式のもの又は水等導電性の高い液体によって湿潤している場所その他鉄板上、鉄骨上、定盤上等導電性の高い場所において使用する移動式若しくは可搬式のものを使用させるときは、当該電動機械器具が接続される電路に、当該電路の定格に適合し、

感度が良好であり、かつ、確実に作動する感電防止用漏電しゃ断装置を接続しなければならない。

2　前項の注文者は、同項に規定する措置を講ずることが困難なときは、電動機械器具の金属性外わく、電動機の金属製外被等の金属部分を、第三百三十三条第２項各号に定めるところにより接地できるものとしなければならない。

（潜函等についての措置）

第六百五十条　注文者は、法第三十一条第１項の場合において、請負人の労働者に潜函等を使用させる場合で、当該労働者が当該潜函等の内部で明り掘削の作業を行なうときは、当該潜函等について、次の措置を講じなければならない。

一　掘下げの深さが二十メートルをこえるときは、送気のための設備を設けること。

二　前号に定めるもののほか、第二編第六章第一節第三款（第三百七十六条第二号並びに第三百七十七条第１項第二号及び第三号に限る。）に規定する潜函等の基準に適合するもの

6 元請負人の義務と違反行為

❶ 元請人の義務

(ずい道等についての措置)

第六百五十一条　注文者は、法第三十一条第1項の場合において、請負人の労働者にずい道等の建設の作業を行なう場合で、当該労働者がずい道等の建設の作業を行なうとき(落盤又は肌落ちにより労働者に危険を及ぼすおそれのあるときに限る。)は、当該ずい道等についてずい道支保工を設け、ロックボルトを施す等落盤又は肌落ちを防止するための措置を講じなければならない。

2　注文者は、前項のずい道支保工については、第二編第六章第二節第二款(第三百九十条に限る。)に規定するずい道支保工の基準に適合するものとしなければならない。

(ずい道型わく支保工についての措置)

第六百五十二条　注文者は、法第三十一条第1項の場合において、請負人の労働者にずい道型わく支保工を使用させるときは、当該ずい道型わく支保工を、第二編第六章第二節第三款に規定するずい道型わく支保工の基準に適合するものとしなければならない。

(物品揚卸口等についての措置)

第六百五十三条　注文者は、法第三十一条第1項の場合において、請負人の労働者に、作業床、物品揚卸口、ピット、坑又は船舶のハッチを使用させるときは、これらの建設物等の高さが二メートル以上の箇所で墜落により労働者に危険を及ぼすおそれのあるところに囲い、手すり、覆い等を設けなければならない。ただし、囲い、手すり、覆い等を設けることが作業の性質上困難なときは、この限りでない。

2　注文者は、前項の場合において、作業床で高さ又は深さが1・5メートルをこえる箇所にあるものについては、労働者が安全に昇降するための設備等を設けなければならない。

(架設通路についての措置)

第六百五十四条　注文者は、法第三十一条第1項の場合において、請負人の労働者に架設通路を使用させるときは、当該架設通路を、第五百

五十二条に規定する架設通路の基準に適合するものとしなければならない。

(足場についての措置)

第六百五十五条　注文者は、法第三十一条第1項の場合において、請負人の労働者に、足場を使用させるときは、当該足場について、次の措置を講じなければならない。

一　構造及び材料に応じて、作業床の最大積載荷重を定め、かつ、これを足場の見やすい場所に表示すること。

二　強風、大雨、大雪等の悪天候又は中震以上の地震の後においては、足場における作業を開始する前に、次の事項について点検し、危険のおそれがあるときは、速やかに修理すること。

イ　床材の損傷、取付け及び掛渡しの状態

ロ　建地、布、腕木等の緊結部、接続部及び取付け部のゆるみの状態

ハ　緊結材及び緊結金具の損傷及び腐食の状態

二　第五百六十三条第1項第三号イからハまでに掲げる設備の取りはずし及び脱落の有無

ホ　幅木等の取付状態及び取りはずしの有無

ヘ　脚部の沈下及び滑動の状態

ト　筋かい、控え、壁つなぎ等の補強材の取付けの状態

チ　建地、布及び腕木の損傷の有無

リ　突りようとつり索との取付け部の状態及びつり装置の歯止めの機能

三　前二号に定めるもののほか、法第四十二条の規定に基づき厚生労働大臣が定める規格及び(第五百五十九条から第五百六十一条まで、第五百六十二条第2項、第五百六十三条、第五百六十九条から第五百七十二条まで及び第五百七十四条に限る。)に規定する足場の基準に適合するものとすること。

2　注文者は、前項第二号の点検を行ったときは、次の事項を記録し、足場を使用する作業を行う仕事が終了するまでの間、これを保存しなけれ

ばならない。

一 当該点検の結果

二 前号の結果に基づいて修理等の措置を講じた場合にあつては、当該措置の内容

（作業構台についての措置）

第六百五十五条の二 注文者は、法第三十一条第1項の場合において、請負人の労働者に、作業構台を使用させるときは、当該作業構台について、次の措置を講じなければならない。

一 構造及び材料に応じて、作業床の最大積載荷重を定め、かつ、これを作業構台の見やすい場所に表示すること。

二 強風、大雨、大雪等の悪天候又は中震以上の地震の後においては、作業構台における作業を開始する前に、次の事項について点検し、危険のおそれがあるときは、速やかに修理すること。

イ 支柱の滑動及び沈下の状態

ロ 支柱、はり等の損傷の有無

ハ 床材の損傷、取付け及び掛渡しの状態

ニ 支柱、はり、筋かい等の緊結部、接続部及び取付部のゆるみの状態

ホ 緊結材及び緊結金具の損傷及び腐食の状態

ヘ 水平つなぎ、筋かい等の補強材の取付状態及び取りはずしの有無

ト 手すり等及び中さん等の取りはずし及び脱落の有無

三 前二号に定めるもののほか、第二編第十一章（第五百七十五条の二、第五百七十五条の三及び第五百七十五条の六に限る。）に規定する作業構台の基準に適合するものとしなければならない。

2 注文者は、前項第二号の点検を行つたときは、次の事項を記録し、作業構台を使用する作業を行う仕事が終了するまでの間、これを保存しなければならない。

一 当該点検の結果

二 前号の結果に基づいて修理等の措置を講じた場合にあつては、当該措置の内容

（クレーン等についての措置）
第六百五十六条　注文者は、法第三十一条第１項の場合において、請負人の労働者にクレーン等を使用させるときは、当該クレーン等を、法第三十七条第２項の規定に基づき厚生労働大臣が定める基準（特定機械等の構造に係るものに限る。）又は法第四十二条の規定に基づき厚生労働大臣が定める規格に適合するものとしなければならない。

（ゴンドラについての措置）
第六百五十七条　注文者は、法第三十一条第１項の場合において、請負人の労働者にゴンドラを使用させるときは、当該ゴンドラを、法第三十七条第２項の規定に基づき厚生労働大臣が定める基準（特定機械等の構造に係るものに限る。）に適合するものとしなければならない。

（局所排気装置についての措置）
第六百五十八条　注文者は、法第三十一条第１項の場合において、請負人の労働者に局所排気装置を使用させるとき（有機則第五条若しくは第六条第２項又は粉じん則第四条若しくは第二十七条第１項ただし書の規定により請負人が局所排気装置を設けなければならない場合に限る。）は、当該局所排気装置の性能については、有機則第十六条又は粉じん則第十一条に規定する基準に適合するものとしなければならない。

（全体換気装置についての措置）
第六百五十九条　注文者は、法第三十一条第１項の場合において、請負人の労働者に全体換気装置を使用させるとき（有機則第六条第１項、第八条第２項、第九条第１項、第十条又は第十一条の規定により請負人が全体換気装置を設けなければならない場合に限る。）であるときは、当該全体換気装置の性能については、有機則第十七条に規定する基準に適合するものとしなければならない。

（圧気工法に用いる設備についての措置）
第六百六十条　注文者は、法第三十一条第１項の場合において、請負人の労働者に潜函工法その他の圧気工法に用いる設備で、その作業室の内

(エックス線装置についての措置)
第六百六十一条　注文者は、法第三十一条第1項の場合において、請負人の労働者に令第十三条第3項第二十三号のエックス線装置を使用させるときは、当該エックス線装置については法第四十二条の規定に基づき厚生労働大臣が定める規格に適合するものとしなければならない。

(ガンマ線照射装置についての措置)
第六百六十二条　注文者は、法第三十一条第1項の場合において、請負人の労働者に令第十三条第3項第二十三号のガンマ線照射装置を使用させるときは、当該ガンマ線照射装置については法第四十二条の規定に基づき厚生労働大臣が定める規格でガンマ線照射装置に係るものに適合するものとしなければならない。

部の圧力が大気圧を超えるものを使用させるときは、当該設備を、高圧則第四条から第七条の三まで及び第二十一条第2項に規定する基準に適合するものとしなければならない。

(令第九条の三第二号の厚生労働省令で定める第二類物質)
第六百六十二条の二　令第九条の三第二号の厚生労働省令で定めるものは、特化則第二条第三号に規定する特定第二類物質とする。

第六百六十二条の三　法第三十一条の二の厚生労働省令で定める作業は、同条に規定する設備の改造、修理、清掃等で、当該設備の内部に立ち入る作業又は当該設備を分解する作業とする。

(文書の交付等)
第六百六十二条の四　法第三十一条の二の注文者(その仕事を他の者から請け負わないで注文している者に限る。)は、次の事項を記載した文書(その作成に代えて電磁的記録(電子的方式、磁気的方式その他人の知覚によつては認識することができない方式で作られる記録であつて、電子計算機による情報処理の用に供されるものをいう。以下同じ。)の作成がされている場合における当該電磁的記録を含む。次項において同じ。)

6　元請負人の義務と違反行為

161

❶ 元請負人の義務

6 元請負人の義務と違反行為

❶ 元請人の義務

を作成し、これをその請負人に交付しなければならない。

一 法第三十一条の二に規定する物の危険性及び有害性

二 当該仕事の作業において注意すべき安全又は衛生に関する事項

三 当該仕事の作業について講じた安全又は衛生を確保するための措置

四 当該物の流出その他の事故が発生した場合において講ずべき応急の措置

2 前項の注文者（その仕事を他の者から請け負わないで注文している者を除く。）は、同項又はこの項の規定により交付を受けた文書の写しをその請負人に交付しなければならない。

3 前2項の規定による交付は、請負人が前条の作業を開始する時までに行わなければならない。

（法第三十一条の三第1項の厚生労働省令で定める機械）

第六百六十二条の五 法第三十一条の三第1項の厚生労働省令で定める機械は、次のとおりとする。

一 機体重量が三トン以上の車両系建設機械のうち令別表第7第2号1、2及び4に掲げるもの

二 車両系建設機械のうち令別表第7第3号1から3まで及び6に掲げるもの

三 つり上げ荷重が三トン以上の移動式クレーン

（パワー・ショベル等についての措置）

第六百六十二条の六 法第三十一条の三第1項に規定する特定作業に係る仕事を自ら行う発注者又は当該仕事の一部を請け負わせているもの（次条及び第六百六十二条の八において「特定発注者等」という。）は、当該仕事に係る作業として前条第一号の機械を用いて行う荷のつり上げに係る作業、当該特定発注者等とその請負人であつて当該機械に係る運転、玉掛け又は誘導の作業その他当該機械に係る作業を行うものとの間及び当該請負人相互間における作業の内容、作業に係る指示の系統及び立入禁止区域について必要な連絡及び調整を行わ

なければならない。

（くい打機等についての措置）

第六百六十二条の七　特定発注者等は、当該仕事に係る作業として第六百六十二条の五第二号の機械に係る作業を行うときは、当該特定発注者等とその請負人であつて当該機械に係る運転、作業装置の操作（車体上の運転者席における操作を除く。）、玉掛け、くいの建て込み、くい若しくはオーガーの接続又は誘導の作業を行うものとの間及び当該請負人相互間における作業の内容、作業に係る指示の系統及び立入禁止区域について必要な連絡及び調整を行わなければならない。

（移動式クレーンについての措置）

第六百六十二条の八　特定発注者等は、当該仕事に係る作業として第六百六十二条の五第三号の機械に係る作業を行うときは、当該特定発注者等とその請負人であつて当該機械に係る運転、玉掛け又は運転についての合図の作業を行うものとの間及び請負人相互間における作業の内容、作業に係る指示の系統及び立入禁止区域について必要な連絡及び調整を行わなければならない。

（法第三十二条第3項の請負人の義務）

第六百六十二条の九　法第三十二条第3項の請負人は、法第三十二条第1項又は第4項の規定による措置を講ずべき元方事業者又は指名された事業者が行う労働者の救護に関し必要な事項についての訓練に協力しなければならない。

（法第三十二条第4項の請負人の義務）

第六百六十三条　法第三十二条第4項の請負人は、第六百四十四条から第六百六十二条までに規定する措置が講じられていないことを知つたときは、速やかにその旨を注文者に申し出なければならない。

2　法第三十二条第4項の請負人は、注文者が第六百四十四条から第六百六十二条までに規定する措置を講ずるために行う点検、補修その他の措置を拒み、妨げ、又は忌避してはならない。

（法第三十二条第5項の請負人の義務）

第六百六十三条の二　法第三十二条第5項の請負人は、第六百六十二条の四第1項又は第2項に規定する措置が講じられていないことを知ったときは、速やかにその旨を注文者に申し出なければならない。

（報告）

第六百六十四条　特定元方事業者（法第三十条第2項又は第3項の規定により指名された事業者を除く。）は、その労働者及び関係請負人の労働者の作業が同一の場所において行われるときは、当該作業の開始後、遅滞なく、次の事項を当該場所を管轄する労働基準監督署長に報告しなければならない。

一　事業の種類並びに当該事業場の名称及び所在地

二　関係請負人の事業の種類並びに当該事業場の名称及び所在地

三　法第十五条の規定により統括安全衛生責任者を選任しなければならないときは、その旨及び統括安全衛生責任者の氏名

四　法第十五条の二の規定により元方安全衛生管理者を選任しなければならないときは、その旨及び元方安全衛生管理者の氏名

五　法第十五条の三の規定により店社安全衛生管理者を選任しなければならないときは、その旨及び店社安全衛生管理者の氏名（第十八条の六第2項の事業者にあつては、統括安全衛生責任者の職務を行う者及び元方安全衛生管理者の職務を行う者の氏名）

2　前項の規定は、法第三十条第2項の規定により指名された事業者について準用する。この場合において、前項中「当該作業の開始後」とあるのは、「指名された後」と読み替えるものとする。

（別表第七）

機械等の種類	事項	図面等
型わく支保工（支柱の高さが 3.5m 以上のものに限る。）	① 打設しようとするコンクリート構造物の概要 ② 構造、材質及び主要寸法 ③ 設置期間	組立図及び配置図
架設通路（高さ及び長さがそれぞれ 10m 以上のものに限る。）	① 設置箇所 ② 構造、材質及び主要寸法 ③ 設置期間	平面図、側面図及び断面図
足場（つり足場、張出し足場以外の足場に あつては、高さが 10m 以上の構造のものに限る。）	① 設置箇所 ② 種類及び用途 ③ 構造、材質及び主要寸法	組立図及び配置

MEMO

(別表第九)

仕事、資格	イ、ロの内容
型わく支保工（支柱の高さが3.5m以上のものに限る。） 一　次のイ及びロのいずれにも該当する者 二　労働安全コンサルタント試験に合格した者で、その試験の区分が土木又は建築であるもの 三　その他厚生労働大臣が定める者	イ　次のいずれかに該当する者 ①　型枠支保工に係る工事の設計監理又は施工管理の実務に3年以上従事した経験を有すること。 ②　建築士法（昭和25年法律第202号）第12条の1級建築士試験に合格したこと。 ③　建設業法施行令第27条の3に規定する1級土木施工管理技術検定又は1級建築施工管理技術検定に合格したこと。 ロ　工事における安全衛生の実務に3年以上従事した経験を有すること又は厚生労働大臣の登録を受けた者が行う研修を修了したこと。
足場（つり足場、張出し足場以外の足場にあつては、高さが10m以上の構造のものに限る。） 一　次のイ及びロのいずれにも該当する者 二　労働安全コンサルタント試験に合格した者で、その試験の区分が土木又は建築であるもの 三　その他厚生労働大臣が定める者	イ　次のいずれかに該当する者 ①　足場に係る工事の設計監理又は施工管理の実務に三年以上従事した経験を有すること。 ②　建築士法（昭和25年法律第202号）第12条の1級建築士試験に合格したこと。 ③　建設業法施行令第27条の3に規定する1級土木施工管理技術検定又は1級建築施工管理技術検定に合格したこと。 ロ　工事における安全衛生の実務に3年以上従事した経験を有すること又は厚生労働大臣の登録を受けた者が行う研修を修了したこと。
①　高さが300m以上の塔の建設 ②　高さ31mを超える建築物又は工作物（橋梁を除く。）の建設、改造、解体又は破壊（以下「建設等」という。） 一　次のイ及びロのいずれにも該当する者 二　労働安全コンサルタント試験に合格した者で、その試験の区分が建築であるもの 三　その他厚生労働大臣が定める者	イ　次のいずれかに該当する者 ①　学校教育法による大学又は高等専門学校において、理科系統の正規の課程を修めて卒業し、その後10年以上建築工事の設計監理又は施工管理の実務に従事した経験を有すること。 ②　学校教育法による高等学校又は中等教育学校において理科系統の正規の学科を修めて卒業し、その後15年以上建築工事の設計監理又は施工管理の実務に従事した経験を有すること。 ③　建築士法第12条の1級建築士試験に合格したこと。 ロ　建築工事における安全衛生の実務に3年以上従事した経験を有すること又は厚生労働大臣の登録を受けた者が行う研修を修了したこと。

仕事、資格	イ、ロの内容
① 堤高（基礎地盤から堤頂までの高さをいう。）が150m以上のダムの建設 ② 最大支間500m（つり橋にあっては1000m）以上の橋梁の建設、最大支間50m以上の橋梁の建設等、最大支間30m以上50m未満の橋梁の上部構造の建設等（人口が集中している地域内における道路上若しくは道路に隣接した場所又は鉄道の軌道上若しくは軌道に隣接した場所において行われるものに限る。） ③ 長さが3000m以上のずい道等の建設、長さが1000m以上3000m未満のずい道等の建設の仕事で、深さが50m以上のたて抗（通路として使用されるものに限る。）の掘削を伴うもの、ずい道等の建設等 ④ ゲージ圧力が0.3メガパスカル以上の圧気工法による作業を行う仕事、圧気工法による作業 ⑤ 掘削の高さ又は深さが10m以上である地山の掘削（ずい道等の掘削及び岩石の採取のための掘削を除く。以下同じ。）作業（掘削機械を用いる作業で、掘削面の下方に労働者が立ち入らないものを除く。）を行う仕事、掘削の高さ又は深さが10m以上の土石の採取のための掘削の作業、抗内掘りによる土石の採取のための掘削作業 一　次のイ及びロのいずれにも該当する者 二　労働安全コンサルタント試験に合格した者で、その試験の区分が土木であるもの 三　その他厚生労働大臣が定める者	イ　次のいずれかに該当する者 ① 学校教育法による大学又は高等専門学校において理科系統の正規の課程を修めて卒業し、その後10年以上土木工事の設計監理又は施工管理の実務に従事した経験を有すること。 ② 学校教育法による高等学校又は中等教育学校において理科系統の正規の学科を修めて卒業し、その後15年以上土木工事の設計監理又は施工管理の実務に従事した経験を有すること。 ③ 技術士法（昭和58年法律第25号）第4条第1項に規定する第2次試験で建設部門に係るものに合格したこと。 ④ 建設業法施行令第27条の3に規定する1級土木施工管理技術検定に合格したこと。 ロ　次に掲げる仕事の区分に応じ、それぞれに掲げる仕事の設計監理又は施工管理の実務に3年以上従事した経験を有すること。 ① 第89条の2第2号の仕事及び第90条第1号の仕事のうちダムの建設の仕事 ダムの建設の仕事 ② 第89条の2第3号の仕事並びに第90条第2号及び第2の2の仕事のうち建設の仕事 橋梁（りょう）の建設の仕事 ③ 第89条の2第4号及び第5号の仕事並びに第90条第3号の仕事のうち建設の仕事 ずい道等の建設の仕事 ④ 第89条の2第6号及び第90条第5号の仕事 圧気工法による作業を行う仕事 ⑤ 第90条第4号の仕事 地山の掘削の作業を行う仕事

❷ 標識の留意点

Q10

建設業者が建設工事の現場ごとに掲げる一定の標識についての留意点と判断について説明してください。

A1

建設業法第四十条では建設業者は建設工事の現場ごとに、一定の標識を掲げることを義務づけています。この規定には例外はありませんから、少額の工事や下請工事でも掲示しなければなりません。

工事の大小、元請・下請を問わず、建設業の許可を受けた者が工事を行うときは、「建設業許可票」の標識の掲示が必要です。

したがって、建設工事の現場には、その工事に携わるすべての建設業者の「建設業許可票」を公衆の見やすい場所に掲示することが必要です。（建設業法第四十条）

この掲示を怠ると、建設業法違反となり罰則の適用がありますのでご注意ください。縮小したものを掲示していることがありますが、これも違反です。

建設業許可票（建設業法第四十条、建設業法施行規則第二十五条1項）の記載事項

① 商号または名称
② 代表者の氏名
③ 主任技術者または監理技術者の氏名
④ 一般建設業または特定建設業の別
⑤ 許可年月日、許可番号および許可を受けた建設業

主任技術者は専任、非専任の有無、監理技術者は専任、非専任の有無と交付を受けた監理技術者資格名と資格者証の交付番号を掲示してください。ときどき一級土木施工管理技士などの資格の交付番号が掲示されていることがあります。

【キーポイント54】
（建設業許可票の留意点）

① **サイズは縦横四十センチメートル以上必要**です。

② 一般建設許可では監理技術者は配置できません。一般建設許可の場合は「**主任技術者**」となります。専任の有無を記載するので非専任の場合は「**有**」は表記せず「**空白**」にします。「**専任**」の場合は「**有**」

A2

建設業許可票以外に、現場では以下の主な掲示物および根拠法令などがあります。掲示物はわかりやすくまとめて掲示することが望ましく、各請負者で創意工夫が必要です。

掲示物は誰のために掲示するものであるかということをよく考えて配置する必要があります。施工体系図・建設業許可票は作業員および公衆に対して見やすい位置に掲示し、また、作業主任者などは作業員に対してわかりやすい位置に掲示するといった主旨を考えた配置が大切です。現場の状況に応じて、わかりやすいように工夫することが重要です。緊急時の連絡系統図も現場代理人の事務所以外にも掲示し、作業員の対応がとりやすい箇所で、事前の周知も徹底するようにしてください。

① 労災保険関係成立票 （労働保険の保険料の徴収等に関する法律施行規則第七十四条）
② 建設業退職金共済制度加入現場ステッカー （特記仕様書）
③ 施工体系図 （特記仕様書、適正化法）
④ 作業主任者 （労働安全衛生法第十四条）

と記載する必要があります。
③ 交付を受けた監理技術者資格名と資格者証の交付番号を記載してください。
④ 許可番号の箇所には「国土交通大臣」、「該当する都道府県知事」などの表記が必要です。

6 元請負人の義務と違反行為

❷ 標識の留意点

【キーポイント55】
（労災保険関係成立票、建設業退職金共済制度加入現場ステッカー、作業主任者の掲示の留意点）

① 労災保険関係成立票は作業員だけではなく、公衆からも見えやすい位置に掲示する必要があります。期限切れになっているものも見受けられます。期限が切れたら新しいものを掲示してください。

② 建設業退職金共済制度加入現場ステッカーは、作業員に見えやすい位置に掲示する必要があります。必要に応じてほかの掲示物と同じ箇所と作業員休憩所の二か所に掲示している場合があります。

③ 作業主任者は作業員に見えやすい位置に掲示する必要があります。

【キーポイント56】
（施工体系図の留意点）

① 施工体系図は、請負額三千万円以上の場合に掲示が必要となります（建設業法施行令第七条の四で下請金額の総額が建築一式工事の場合は四千五百万円以上、建築一式工事以外は三千万円以上）。施工体系図は作業員だけではなく、公衆からも見えやすい位置に掲示する必要があります。主任技術者などの氏名、工期、工事内容など、漏れなく記載する必要があります。

② 施工体制台帳・施工体系図は、施工体制の変更があった場合には、速やかに変更しなければなりません。なお、終了した下請工事については、終了した下請工事に関係する者を施工体系図から削除することとなります。

③ 一般・特定建設業の専任技術者の資格要件の誤りが多く見られます。注意してください。専門技術者は主任技術者と同じ資格要件ですが、監

6 元請負人の義務と違反行為

❷ 標識の留意点

工事作業所災害防止協議会兼施工体系図

6 元請負人の義務と違反行為

❷ 標識の留意点

理・主任技術者に加えて設置するもので、監理・主任技術者と同じ人が明示されている場合があります。これも注意してください。

④ 工事作業所災害防止協議会兼施工体系図タイプと施工体系図タイプがありますが、工事監査では工事作業所災害防止協議会兼施工体系図タイプが多く見られます。

特に労働安全衛生法第十四条の作業主任者の表示は、有資格者による安全で適切な工事が実施されていることを明示する者であるとともに、罰則規定に触れますので注意が必要です。詳細は、【キーポイント68】（労働災害の四責任）を参照してください。

【キーポイント57】
（作業主任者の掲示の留意点）

① 作業主任者の配置が必要である場合に掲示します。施工状況に応じて資格名の掲示を変更して

も構いません。

② 作業主任者の掲示は作業員に見えやすい位置に明示する必要があります。作業主任者は自らの職務を正しく履行し、作業員への指示を徹底する必要があります。

③ 該当する作業を行う会社で選任する必要があります（例えば、高さ二メートル以上の地山掘削を一次下請会社が施工する場合は、一次下請会社から選任する必要があります）。

④ 掲示はKY（危険予知）活動、TBM（ツールボックスミーティング）を行う場所に掲示するのが適切です。

⑤ 複数名を配置するほうがよいでしょう。その場合、正副などの役割分担を明確にしておく必要があります。一人の作業主任者が多くの配置を明示することは避けてください（例えば、移動式クレーン運転と玉掛け作業は同時作業ができませんから、別々の作業主任者を配置してください）。

キーポイント 57

▼建設業法▲

(標識の掲示)

第四十条　建設業者は、その店舗及び建設工事の現場ごとに、公衆の見易い場所に、国土交通省令の定めるところにより、許可を受けた別表第一の下欄の区分による建設業の名称、一般建設業又は特定建設業の別その他国土交通省令で定める事項を記載した標識を掲げなければならない。

(表示の制限)

第四十条の二　建設業を営む者は、当該建設業について、第三条第1項の許可を受けていないのに、その許可を受けた建設業者であると明らかに誤認されるおそれのある表示をしてはならない。

❸ 建設業法などの違反

Q11 建設業法などの違反にはどのような処分が科せられるのですか。具体的に説明してください。

A 建設業違反は法人、法人の代表者、代理人、使用人、その他、従業者に対して罰金刑と許可の取消しがあります。建設業法以外の廃棄物処理法、労働安全衛生法でも元請に懲役または罰金刑が科せられます。著者は工事監査で指導していますが、発注者自体も意外に法令に対する意識が弱く、違反処分が科せられるような工事管理が行われているのが実態です。

■建設業法違反

無許可で建設工事を請け負った場合（軽微な工事のみを請負う場合を除く）は、**虚偽または不正の事実に基づいて、許可を受けた場合**は、**三年以下の懲役または三百万円以下の罰金刑**になります。その他、建設業業者に対する違反処分の内容を次のとおり整理しました。

【キーポイント58】
（法人の違反処分の内容）

法人に対しては**許可の取消し**（建設業法二十九条）と**罰金刑**（四十八条）で、三百万円以下の罰金とが五十万円以下の罰金があります。
都道府県知事は、その許可を受けた建設業者が次ぎに該当するときは、**建設業許可を取消す**ことができます。（第二十九条第１項）

（１）**不正の手段**により許可を受けた者。（第二十九条第１項五号）

① 不正の手段とは許可申請書およびその添付書類に虚偽の記載をしたり、許可の審査に関連する行政庁の照会、検査などに対し虚偽の回答をしたりすることが含まれます。

② 建設業許可または建設業法に規定する経営事項審査に係る虚偽申請など建設業法の適用対象となる不正行為などについては、告発をもって臨むなど、法の厳正な運用に努めることとされています。

③ 不正行為などに対する監督処分に係る調査などは、原則として不正行為などがあったときから三年以内に行うものです。

(2) 法人の代表者、代理人、使用人、その他従業者が違反行為をしたときは、その行為者を罰するほか、**その法人に対しても、各本条の罰金刑**が科せられます。(第四十八条第一項)

① **無許可で建設工事を請負**、虚偽または不正の事実に基づいて許可を受けた場合は、**三年以下の懲役または三百万円以下の罰金刑**です。

② **主任技術者、監理技術者の設置に違反する者**、許可の取消しを通知しなかった者、経営審査の資料を提出しない者、必要な報告、報告および検査を行った者は、**六か月以下の懲役または五十万円以下の罰金刑**です。

【キーポイント59】
(法人の代表者、代理人、使用人、その他従業者の違反処分の内容)

(1) **三年以下の懲役または三百万円以下の罰金刑**(建設業法四十五条、四十六条)があります。
法人の代表者、代理人、使用人、その他従業者に対しての**罰金刑**(建設業法四十五条、四十六条)があります。

① 許可を受けないで建設業を営んだもの(軽微な工事は除く)。(第四十五条第一項一号)

② 虚偽または不正の事実に基いて建設業の許可を得たもの。(第四十五条第一項三号)

(2) 六か月以下の懲役または五十万円以下の罰金(情状により併科)

① 許可申請書、添付書類に虚偽の記載をしてこれを提出したもの。(第四十六条第一項一号)

② 各種変更届、報告をしなかったもの、または虚偽の記載をしてこれを提出したもの。(第四十六条第一項二号)

③ 経営事項審査申請書の書類に虚偽の記載をして提出したもの。(第四十六条第1項)

(3) 【キーポイント58】(法人の違反処分の内容)

(2) 【キーポイント58】(第四十八条第1項)に違反したもの。

【キーポイント60】
(建設業法違反の責任義務の構成)

建設業法違反の責任義務の構成は、**指示および営業停止、許可の取消し、営業の禁止**があります。その他、**刑法上の罰則**による行政上の処分、民事上の**損害賠償**に科せられます。

① 不当に低い請負金額の禁止、不当な使用資材などの購入の禁止、下請代金の支払、検査および引渡し、特定建設業者の下請代金の支払期日などについて違反した場合は、法人に対しては**原則七日以上の営業停止の指示および営業の停止**。(建設業法第二十八条)

② 許可を受けた建設業者が許可条件を満たさない

場合は、**許可の取消し**(第二十九条)。許可の取消しが適用された場合は五年間、新たな営業を開始することが禁じられます。

③ 法令違反、主任技術者、監理費術者が施工管理に対し著しく不適当など、建設業許可を不正に受けた場合は**営業の禁止**(第二十九条の四)。法人の役員に対しての営業の停止が適用された場合は停止期間と同じ期間の営業が禁止されます。

④ 刑法上の罰則は、刑罰(罰金、懲役)、過料に科す。(第四十五条、四十六条、四十八条)

⑤ 民事上の責任としては、不法行為に対する第三者への損害賠償

【キーポイント61】(不正事実の申告)

不正事実の申告(建設業法第三十条1項)とは、違反の事実があるときは、その**利害関係人**は管轄の都道府県知事に対し、その**事実を申告し、適当な措置をとるべきことを求めることができる**ことをいいます。

キーポイント62

（指示および営業の停止の具体的な内容）

(1) 下請負人に対する特定建設業者の指示処分（建設業法第二十四条の六）

特定建設業者の元請人が下請人に的確に法律違反の指摘や是正の指導を行っていない場合、下請人が是正しないとき速やかに都道府県知事に通報を行わない場合は、**指示処分の対象**となります。（第二十八条）

(2) 都道府県知事の指示および営業の停止の内容

都道府県知事は許可を受けた建設業者が次にじに該当する場合は、当該建設業者に対して、**必要な指示**をすることができます。

① 建設業者が、**許可を受けないで建設業を営む者と下請契約を締結したときは必要な指示**がなされます。（第二十八条1項第六号）

② 道府県知事は、許可を受けた建設業者が上記に該当するとき、もしくは上記の必要な指示に従わないときは、**一年以内の期間を定めて、その営業の全部または一部の停止**を命ずることができます。（第二十八条3項）

③ 都道府県知事は、ほかの都道府県知事の許可を受けた建設業者が、当該都道府県の区域内における営業に関し、①に該当するときもしくは**上記の必要な指示に従わないとき**は、一年以内の期間を定めて、その**営業の全部または一部の停止**を命ずることができます。（第二十八条1項第五号）

④ 都道府県知事は、上記の指示をする場合において、特に**必要があると認めるとき**は、**注文者**に対しても、**適当な措置をとるべきことを勧告**することができます。（第二十八条1項第七号）

利害関係人とは、法律上の利害関係人を指します。利害関係人は、株主を含んだ特定の事情の有無によって権利義務の得喪または実行に影響を受ける者を指しますが、公益性の確保の意味から、**公益保護をなすべき行政庁**も含まれます。

キーポイント62

【キーポイント63】
（法人の役員に対しての営業の禁止）

法人の役員に対しての営業の停止（建設業法二十八条）が適用された場合は停止期間と同じ期間の営業が禁止（二十九条の四）されます。**許可の取消し**（二十九条）が適用された場合は五年間、新たな営業を開始することが禁じられます。

【キーポイント64】
（必要な指示の範囲と監督処分）

都道府県知事の必要な指示の範囲と監督処分を説明します。

① **必要な指示の範囲**は、**不適正な事実を改善する**ために具体的にとるべき措置だけではなく、同種または類似の事実の有無の調査・点検など、およびそれにより同種または類似の事実があった場合の**是正のための措置**も含まれます。また、将来において同種または類似の事実が再び発生することを予防することをあわせて考慮して決められるべきもので、個々の事案ごとに**監督行政庁の判断により決定されるべき**ものです。

② **必要な指示の行政処分**は、罰則とは異なり、処分の対象となる行為も一般的には必ずしも詳細に規定されていません。その時点の行政上の判断を許容するものです。行政処分の内容もその時点における行政上の判断に待つものである。

③ 建設業者の**不正行為などに対する監督処分の基準**とは、**無許可業者などとの下請契約情状を知って**、建設業法第三条第１項の規定に違反して同項の**許可を受けないで建設業を営む者、営業停止処分を受けた者などと下請契約を締結した場合**です。原則七日以上の営業停止となります。

④ **監督処分**については、その性格上、刑事罰の**時効**に該当する概念がありません。監督処分事由に該当した場合には何時でも処分ができます。したがって、繰り返されている違反などを覚知した場合において、その情状の認定において、

⑤ 指示処分または営業の停止処分は、その監督処分事由に該当する事実が建設業者の営業のあり方など、建設工事の施工に関する全般の姿勢に係るものであるときは、許可区分にとらわれず、経営体そのものを対象としてすることができます。

長期間前の違反も考慮に入れられます。

【キーポイント65】
(許可の取消しと情状が重い場合)

(1) 許可の取消し

都道府県知事は、その許可を受けた建設業者が次に該当するときは、建設業者の許可を取り消さなければなりません。(建設業法第二十九条1項)

建設業者が許可を受けないで建設業を営む者と下請契約を締結した事案に関し、建設業者の故意または特に重大な過失が認められる場合、同種の事案を繰り返し生じさせていた場合などに対し、建設業者の自主的な是正が期待しえない場合、監督行政庁

(2) 情状特に重い場合

第二十九条1項六号では建設業者が許可を受けない建設業を営む者と下請契約を締結したときで次に該当する場合は、情状が特に重い場合とされています。これを具体的に説明します。

① 上記六号に該当する情状が特に重い場合とは、建設業者が許可を受けないで建設業を営む者と下請契約を締結した事案に該当する事実がその建設業者の経営のあり方など、建設工事の施工に関する全般の姿勢に係るものであるときをいいます。その情状に応じて許可の種類の区分にとらわれず相当と認める範囲の建設業の許可を取り消さなければならないとされています。

② 許可の取消しについて行政庁が自由な裁量権がありません。当該取消し事由に該当するか否かを許可行政庁において判断するのであり、取消しに該当するか否かを判断します。該当するということになれば必ず取り消されます。

キーポイント65

【キーポイント66】
（営業の禁止の具体的内容）

① 都道府県知事が営業停止処分を命ずるときは、営業の禁止と同じです。法人の役員全員および処分事由に相当の責任を有する者の営業の開始を禁止しなければなりません。（建設業法二十九条の四第1項）

② 営業許可を取消すときも営業の禁止と同じで営業の開始を五年間禁止されます。（二十九条の四第2項）

③ 営業の開始とは建設業を目的とする法人の役員に就くことができないことを含みます。

④ 役員などの範囲については、特に規定されていませんが、処分原因発生後新たに役員になった者は除くと解されます。また、当該処分の日六十日以内において役員または責任者であったものも含むこととされています。

【キーポイント67】
（廃棄物処理法の罰則規定）

廃棄物処理法の罰則は、排出業者である元請と処理業者に科せられます。 廃棄物処理法での懲役または罰金を以下のとおりに整理しました。**太字は排出事業者に関連する者です。**（建設関連事業者のみ）

ただし、これらの処分が科せられた場合、建設業法上の罰則も科せられるので注意のこと。【キーポイント58】（法人の違反処分の内容）、【キーポイント60】（建設業法違反の責任義務の構成）、【キーポイント62】（指示および営業の停止の具体的内容）、【キーポイント63】（必要な指示の範囲と監督処分）、【キーポイント64】（法人の役員に対しては営業の禁止）、【キーポイント66】（営業の禁止の具体的な内容）参照。

（1）第二十五条（五年以下の懲役もしくは一千万円以下の罰金又はこの併科）

事業停止命令・措置命令違反、**不法投棄・不法焼却**・無処理施設無許可設置、処理施設無許可変更、

(2) 第二十六条（三年以下の懲役三百万円以下の罰金又はこの併科）

廃棄物（硫酸ピッチ）の処理基準違反など

取得、委託違反（無許可業者への委託）、指定有害

確認輸出（未遂を含む）、無許可営業、許可の不正

委託基準違反、再委託基準違反、受託禁止違反、処理施設使用停止・改善命令違反（廃棄物の処理基準、保管基準に係る改善命令に従わない場合も含みます）、施設の無許可譲受け、借受け、投棄禁止違反（一般廃棄物をみだりにしてた場合の予備罪）、不法焼却目的の収集運搬（予備罪）など

(3) 第二十九条（六か月以下の懲役五十万円以下の罰金）

処理施設届出（欠格要件）義務違反、記録・閲覧義務違反、使用前検査の受託義務違反、管理責任者など設置義務違反、管理票虚偽記載など（マニフェスト義務違反、マニフェストの交付を受けない産業廃棄物引受禁止違反）、報告義務違反、技術管理者設置義務違反、立入検査拒否・妨害・忌避、事業場外保管の事前届出違反、処理困難時の委託社への通

知義務違反、処理困難時の通知の保存義務違反など

(4) 第三十条（三十万円以下の罰金）

帳簿義務違反、維持管理記録義務違反、報告徴収の拒否・虚偽報告、立入検査・収去の拒否・妨害・忌避、定期検査の拒否・妨害・忌避など

(5) 第三十二条（従業員、法人に対しても罰金刑法人に対する両罰規定、投棄禁止違反（「産業廃棄物投棄禁止違反」は三億円以下の罰金刑）産業廃棄物の投棄禁止事項は法改正で「一億円から三億円以下の罰金」に引き上げられました。

(6) 第三十三条（二十万円以下の過料）

刑事罰の適用対象とはなっていません。

法改正による第十二条第4項の災害で発生した廃棄物を「保管をした日から十四日以内」に行う「事後」届出を怠った場合、大量排出事業者の産業廃棄物処理計画の提出義務違反、大量排出事業者の産業廃棄物処理計画の実施状況報告義務違反

【キーポイント 68】
（労働災害の四責任）

工事現場で労働災害（労働安全衛生法第二条）が発生した場合、企業に対して責任が問われることが多く四責任とされています。労働安全衛生法でも、労働災害防止のための**事業者、注文者などの責務を規程し、違反について罰則を定めています。**

（1）刑事責任

労働基準監督機関が発生状況や原因を調査し労働安全衛生法違反の有無についての調査が行われる。「社長」から権限と責任を与えられている「**現場代理人**」、「**主任技術者など**」「**作業主任**」と現場の「**作業者**」がその対象です。

罰則（懲役 5 年以下または 50 万円以下の罰金）		
刑法 211 条	業務上過失致死傷	「注意義務を怠ったため」と判断される場合をいいます（事業者は危険を予見して、結果を回避する予防措置を行わなければなりません）。**業務上必要な注意を怠り、よって人を死傷させた者は、5年以下の懲役もしくは禁錮または 50 万円以下の罰金**に処せられます。**重大な過失により人を死傷させた者も、同様**です。

罰則（懲役 6 カ月以下または 50 万円以下の罰金）		
安衛法 20～30 条、32 条	事業者責任	責任の主体は、「事業者」にあるとされています。 （作業主任者）**第 14 条** （事業者の講ずべき措置など）**第 20 条　第 21 条　第 22 条　第 23 条 第 24 条　第 25 条　第 27 条** （事業者の行うべき調査など）**第 28 条の 2** （元方事業者の講ずべき措置など）**第 29 条　第 29 条の 2** （特定元方事業者などの講ずべき措置）**第 30 条 第 30 条の 2**
安衛法 31 条	注文者責任	**注文者**は、その受注者に対し当該仕事に関しその指示に従つて当該請負人の労働者を労働させたならば、この**法律またはこれに基づく命令の規定に違反することとなる指示をしてはなりません。**注文者の指示どおりに行っても、安衛法違反になる指示をしてはならないとされています。 （注文者の講ずべき措置）**第 31 条　第 31 条の 2　第 31 条の 3**

罰則（50万円以下の罰金）		
安衛法 10～18条、25条、26条、30条、32条、88条、101条、103条	事業者責任	責任の主体は、「事業者」の安全衛生管理体制にあるとされています。また、計画の届出を怠った場合にも罰則が科せられます。 （総括安全衛生管理者）**第10条** （安全管理者）**第11条** （衛生管理者）**第12条** （産業医など）**第13条** （統括安全衛生責任者）**第15条** （元方安全衛生管理者）**第15条の2** （店社安全衛生管理者）**第15条の3** （安全衛生責任者）**第16条** （安全委員会）**第17条** （衛生委員会）**第18条** （事業者の講ずべき措置など）**第25条の2　第26条** （特定元方事業者などの講ずべき措置）**第30条の2、4** （請負人の講ずべき措置など）**第32条** （計画の届出など）**第88条の2～5** （法令などの周知）**第101条** （書類の保存など）**第103条**

(2) 民事責任

　労働災害によって被った労働者の身体・生命・健康などの損害について、**安全配慮義務違反（責務不履行責任）**があります。事業者は労働契約に従って作業者（従業員）の身体や生命に生ずる危険から作業者（従業員）を保護する義務があり、**事業者は労働安全衛生法などに反していなくても安全配慮義務違反として損害賠償責任は問われる**ことになります。

被災者、遺族からの損害賠償の請求		
民法709条	**加害者責任**	他人の権利を侵害した者（加害者）は、損害賠償責任があります。
民法715条	**使用者責任**	使用者にも責任があります。
民法716条	**注文者責任**	注文または指示に過失がある場合は、注文者にも責任があります。発注者が受注者の仕事の施工に関して行った**注文**または**指示に過失があった場合**に、その**損害を賠償する責任**を負います。それ以外の場合は発注者にその責任はありません。請負人である受注者の責任となります。
民法717条	工作物の瑕疵	構造物に欠陥があった場合、占有者・所有者に責任があります。
民法719条	共同不法行為者責任	数人の者が不法行為により他人に損害を与えた場合、各自連帯で責任があります。
民法415条	債務不履行	使用者は、安全保障義務があるので、責任があります。

(3) 行政責任

労働基準監督機関は労働安全衛生法令に基づき、必要に応じて**事業者や作業員に設備の使用停止命令、作業中止命令の行政処分や法令違反の是正勧告の命令を実施します**。これらの命令や勧告には誠実に従う責任があります。これに違反した場合は罰則が適用されます。そのほかは行政機関からの処分としては、建設業法28条、**指示**としてほかの法令に違反し、建設業者として不適当であると認められる場合、**営業停止処分（1年以内）**。【キーポイント62】（指示および営業の停止の具体的な内容）参照。違反が特に重い場合、「営業停止処分」に従わない場合は、建設業法29条により建設業許可の取り消しとなります。詳しくは【キーポイント 58】（法人の違反処分の内容）、【キーポイント 59】（法人の代表者、代理人、使用人、その他従業者の違反処分の内容）、【キーポイント 64】（必要な指示の範囲と監督処分）などを参照してください。

安衛法第3条第3項	注文者の責務	建設工事の**注文者など**（元請も含む）の仕事を他人に請け負わせる者は、**施工方法、工期などについて安全で衛生的な作業の遂行を損なうおそれのある条件を附さないように配慮しなければならない**とされています。
条例など	緊急措置	受注者は、災害防止などの臨機の措置の要求を監督員に報告します。また、監督員は受注者である請負者から臨機の措置の意見を求められた場合は、工事執行者である総括・主任監督員に審査を行い報告し請負者に指示します。

(4) 社会的責任

労働災害発生は、企業と地域社会との共存、安全の供給の原則に従って経営を含む厳しい責任追及が受けることになります。世論、マスコミ、社会環境から批判され、企業、建設業界のイメージが大幅にダウンします。

▼建設業法▲

(技術検定)

第二十七条　国土交通大臣は、施工技術の向上を図るため、建設業者の施工する建設工事に従事し又はしようとする者について、政令の定めるところにより、技術検定を行うことができる。

2　前項の検定は、学科試験及び実地試験によつて行う。

3　国土交通大臣は、第1項の検定に合格した者に、合格証明書を交付する。

4　合格証明書の交付を受けた者は、合格証明書を滅失し、又は損傷したときは、合格証明書の再交付を申請することができる。

5　第1項の検定に合格した者は、政令で定める称号を称することができる。

(指示及び営業の停止)

第二十八条　国土交通大臣又は都道府県知事は、その許可を受けた建設業者が次の各号のいずれかに該当する場合又はこの法律の規定(第十九条の三、第十九条の四及び第二十四条の三から第二十四条の五までを除き、公共工事の入札及び契約の適正化の促進に関する法律(平成十二年法律第百二十七号。以下「入札契約適正化法」という。)第十三条第3項の規定により読み替えて適用される第二十四条の七第4項を含む。第4項において同じ。)若しくは入札契約適正化法第十三条第1項若しくは第2項の規定に違反した場合においては、当該建設業者に対して、必要な指示をすることができる。特定建設業者が第四十一条第2項又は第3項の規定による勧告に従わない場合において必要があると認めるときも、同様とする。

一　建設業者が建設工事を適切に施工しなかつたために公衆に危害を及ぼしたとき、又は危害を及ぼすおそれが大であるとき。

二　建設業者が請負契約に関し不誠実な行為をしたとき。

三　**建設業者**(建設業者が法人であるときは、当該法人又はその役員)又は政令で定める**使用人**がその**業務に関し他の法令**(入札契約適

正化法及びこれに基づく命令を除く。）に違反し、建設業者として不適当であると認められるとき。

四 建設業者が第二十二条の規定に違反したとき。

五 第二十六条第１項又は第２項に規定する主任技術者又は監理技術者が工事の施工の管理について著しく不適当であり、かつ、その変更が公益上必要であると認められるとき。

六 建設業者が、第三条第１項の規定に違反して同項の許可を受けないで建設業を営む者と下請契約を締結したとき。

七 建設業者が、特定建設業者以外の建設業を営む者と下請代金の額が第三条第１項第二号の政令で定める金額以上となる下請契約を締結したとき。

八 建設業者が、情を知つて、第３項の規定により営業の停止を命ぜられている者又は第二十九条の四第１項の規定により営業を禁止されている者と当該停止され、又は禁止されている営業の範囲に係る下請契約を締結したとき。

2 都道府県知事は、その管轄する区域内で建設工事を施工している第三条第１項の許可を受けないで建設業を営む者が次の各号の一に該当する場合においては、当該建設業を営む者に対して、必要な指示をすることができる。

一 建設工事を適切に施工しなかつたために公衆に危害を及ぼしたとき、又は危害を及ぼすおそれが大であるとき。

二 請負契約に関し著しく不誠実な行為をしたとき。

3 国土交通大臣又は都道府県知事は、その許可を受けた建設業者が第１項各号の一に該当するとき若しくは次項の規定による指示に従わないとき又は建設業を営む者が前項各号の一に該当するとき若しくは同項の規定による指示に従わないときは、その者に対し、一年以内の期間を定めて、その営業の全部又は一部の停止を命ずることができる。

4 都道府県知事は、国土交通大臣又は他の都道府県知事の許可を受けた建設業者で当該都道府県の区域内における営業を行うものが、当該都道府県のいずれかに該当する場合又はこの法律の規定若しくは第2項の規定に違反した場合においては、当該建設業者に対して、必要な指示をすることができる。

5 都道府県知事は、国土交通大臣又は他の都道府県の許可を受けた建設業者で当該都道府県の区域内において営業を行うものが、当該都道府県の区域内における営業に関し、第1項各号の一に該当するとき又は同項若しくは前項の規定による指示に従わないときは、その者に対し、一年以内の期間を定めて、当該営業の全部又は一部の停止を命ずることができる。

6 都道府県知事は、前2項の規定による処分をしたときは、遅滞なく、その旨を、当該建設業者が国土交通大臣の許可を受けたものであると

きは国土交通大臣に報告し、当該建設業者が他の都道府県知事の許可を受けたものであるときは当該他の都道府県知事に通知しなければならない。

7 国土交通大臣又は都道府県知事は、第1項第一号若しくは第三号に該当する建設業者又は第2項第一号に該当する第三条第1項の許可を受けないで建設業を営む者に対して指示をする場合において、特に必要があると認めるときは、注文者に対しても、適当な措置をとるべきことを勧告することができる。

（許可の取消し）

第二十九条　国土交通大臣又は都道府県知事は、その許可を受けた建設業者が次の各号の一に該当するときは、当該建設業者の許可を取り消さなければならない。

一　一般建設業の許可を受けた建設業者にあつては第七条第一号又は第二号、特定建設業者にあつては同条第一号又は第十五条第二号に掲げる基準を満たさなくなつた場合

6 元請負人の義務と違反行為

❸ 建設業法などの違反

二　第八条第一号又は第七号から第十一号まで（第十七条において準用する場合を含む。）のいずれかに該当するに至つた場合

二の二　第九条第１項各号（第十七条において準用する場合を含む。）の一に該当する場合において一般建設業の許可又は特定建設業の許可を受けないとき。

三　許可を受けてから一年以内に営業を開始せず、又は引き続いて一年以上営業を休止した場合

四　第十二条各号（第十七条において準用する場合を含む。）の一に該当するに至つた場合

五　不正の手段により第三条第１項の許可（同条第３項の許可の更新を含む。）を受けた場合

六　前条第１項各号の一に該当し情状特に重い場合又は同条第３項又は第５項の規定による営業の停止の処分に違反した場合

2　国土交通大臣又は都道府県知事は、その許可を受けた建設業者が第三条の二第１項の規定により付された条件に違反したときは、当該建設業者の許可を取り消すことができる。

第二十九条の二
　国土交通大臣又は都道府県知事は、建設業者の営業所の所在地を確知できないとき、又は建設業者の所在（法人である場合においては、その役員の所在をいい、個人である場合においては、その支配人の所在を含むものとする。）を確知できないときは、官報又は当該都道府県の公報でその事実を公告し、その公告の日から三十日を経過しても当該建設業者から申出がないときは、当該建設業者の許可を取り消すことができる。

（許可の取消し等の場合における建設工事の措置）
第二十九条の三
　第三条第３項の規定により建設業の許可がその効力を失つた場合にあつては当該許可に係る建設業者であつた者又はその一般承継人は、第二十八条第３項若しくは第５項の規定により営業の停止を命ぜられた場合又は前二条の規定により建設業の許可を取り消された

2　前項の規定による処分については、行政手続法第三章の規定は、適用しない。

場合にあつては当該処分を受けた者又はその一般承継人は、許可がその効力を失う前又は当該処分を受ける前に締結された請負契約に係る建設工事に限り施工することができる。この場合において、これらの者は、**許可がその効力を失つた後又は当該処分を受けた後、二週間以内に、その旨を当該建設工事の注文者に通知**しなければならない。

2　特定建設業者であつた者又はその一般承継人若しくは特定建設業者の一般承継人が前項の規定により建設工事を施工する場合においては、第十六条の規定は、適用しない。

3　国土交通大臣又は都道府県知事は、第1項の規定にかかわらず、**公益上必要があると認めるときは、当該建設工事の施工の差止めを命ずることができる**。

4　第1項の規定により建設工事を施工する者で建設業者であつたもの又はその一般承継人は、当該建設工事を完成する目的の範囲内においては、建設業者とみなす。

5　建設工事の注文者は、第1項の規定により通知を受けた日又は同項に規定する許可がその効力を失つたこと、若しくは処分があつたことを知つた日から三十日以内に限り、その建設工事の請負契約を解除することができる。

（営業の禁止）

第二十九条の四　国土交通大臣又は都道府県知事は、建設業者その他の建設業を営む者に対して第二十八条第3項又は第5項の規定により営業の停止を命ずる場合においては、その者が**法人であるときはその役員及び当該処分であある事実について相当の責任を有する政令で定める使用人**（当該処分の日前六十日以内においてその役員又はその政令で定める使用人であつた者を含む。次項において同じ。）に対して、個人であるときはその者及び当該処分の原因である事実について相当の責任を有する政令で定める使用人（当該処分の日前六十日以内においてその政令で定める使用人であつた者を含む。次項において同じ。）に対して、**当該停止を命ずる範**

6　元請負人の義務と違反行為

❸　建設業法などの違反

囲の営業について、当該停止を命ずる期間と同一の期間を定めて、新たに営業を開始すること（当該停止を命ずる範囲の営業をその目的とする法人の役員になることを含む。）を禁止しなければならない。

2 国土交通大臣又は都道府県知事は、第二十九条第1項第五号又は第六号に該当することにより建設業者の許可を取り消す場合においては、当該建設業者が法人であるときはその役員及び当該処分の原因である事実について相当の責任を有する政令で定める使用人に対して、個人であるときは当該処分の原因である事実について相当の責任を有する政令で定める使用人について、当該取消しに係る建設業について、五年間、新たに営業（第三条第1項ただし書の政令で定める軽微な建設工事のみを請け負うものを除く。）を開始することを禁止しなければならない。

（監督処分の公告等）
第二十九条の五 国土交通大臣又は都道府県知事は、第二十八条第3項若しくは第5項、第

二十九条又は第二十九条の二第1項の規定による処分をしたときは、国土交通省令で定めるところにより、その旨を公告しなければならない。

2 国土交通省及び都道府県に、それぞれ建設業者監督処分簿を備える。

3 国土交通大臣又は都道府県知事は、その許可を受けた建設業者が第二十八条第1項若しくは第4項の規定による指示又は同条第3項若しくは第5項の規定による営業停止の命令を受けたときは、建設業者監督処分簿に、当該処分の年月日及び内容その他国土交通省令で定める事項を登載しなければならない。

4 建設業者監督処分簿は、第十七条（第十三条（第十七条において準用する場合を含む。）に規定する閲覧所において公衆の閲覧に供しなければならない。

（不正事実の申告）
第三十条 建設業者に第二十八条第1項各号の一に該当する事実があるときは、その利害関係人は、当該建設業者が許可を受けた国土交通大臣若しくは都道府県知事又は営業としてその建設

工事の行われる区域を管轄する都道府県知事に対し、その**事実を申告**し、適当な措置をとるべきことを求めることができる。

2　第三条第1項の**許可を受けないで建設業を営む**者に第二十八条第2項各号の一に該当する事実があるときは、その**利害関係人**は、当該建設業を営む者が当該建設工事を施工している地を管轄する都道府県知事に対し、その**事実を申告**し、**適当な措置をとるべき**ことを求めることができる。

（報告及び検査）

第三十一条　国土交通大臣は、建設業を営むすべての者に対して、都道府県知事は、当該都道府県の区域内で建設業を営む者に対して、特に必要があると認めるときは、その業務、財産若しくは工事施工の状況につき、必要な報告を徴し、又は当該職員をして営業所その他営業に関係のある場所に立ち入り、帳簿書類その他の物件を検査させることができる。

2　当該職員は、前項の規定により立入検査をす

る場合においては、その身分を示す証票を携帯し、関係人の請求があったときは、これを提示しなければならない。

3　当該職員の資格に関し必要な事項は、政令で定める。

（参考人の意見聴取）

第三十二条　第二十九条の規定による許可の取消しに係る聴聞の主宰者は、必要があると認めるときは、参考人の意見を聴かなければならない。

2　前項の規定は、国土交通大臣又は都道府県知事が第二十八条の四第1項若しくは第2項の規定による処分に係る弁明の機会の付与を行う場合について準用する。

（建設業を営む者及び建設業者団体に対する指導、助言及び勧告）

第四十一条　国土交通大臣又は都道府県知事は、建設業を営む者又は第二十七条の三十七の届出のあった建設業者団体に対して、建設工事の適正な施工を確保し、又は建設業の健全な発達を

図るために必要な指導、助言及び勧告を行うことができる。

2 特定建設業者が発注者から直接請け負つた建設工事の全部又は一部を施工している他の建設業を営む者が、当該建設工事の施工のために使用している労働者に対する賃金の支払を遅滞した場合において、必要があると認めるときは、当該特定建設業者の許可をした国土交通大臣又は都道府県知事は、当該特定建設業者に対して、支払を遅滞した賃金のうち当該建設工事における労働の対価として適正と認められる賃金相当額を立替払することその他の適切な措置を講ずることを勧告することができる。

3 特定建設業者が発注者から直接請け負つた建設工事の全部又は一部を施工している他の建設業を営む者が、当該建設工事の施工に関し他人に損害を加えた場合において、必要があると認めるときは、当該特定建設業者の許可をした国土交通大臣又は都道府県知事は、当該特定建設業者に対して、当該他人が受けた損害につき、適正と認められる金額を立替払することその他の適切な措置を講ずることを勧告することができる。

（罰則）

第四十五条 登録経営状況分析機関（その者が法人である場合にあつては、その役員）又はその職員で経営状況分析の業務に従事するものが、その職務に関し、賄賂を収受し、又は要求し、若しくは約束したときは、三年以下の懲役に処する。よつて不正の行為をし、又は相当の行為をしないときは、七年以下の懲役に処する。

2 前項に規定する者が、その在職中に請託を受けて職務上不正の行為をし、又は相当の行為をしなかつたことにつき賄賂を収受し、要求し、若しくは約束したときは、三年以下の懲役に処する。

3 第1項に規定する者が、その職務に関し、請託を受けて第三者に賄賂を供与させ、又はその供与を約束したときは、三年以下の懲役に処する。

4 犯人又は情を知つた第三者の収受した賄賂は、

没収する。その全部又は一部を没収することができないときは、その価額を追徴する。

第四十六条　前条第1項から第3項までに規定する贈賄を供与し、又はその申込み若しくは約束をした者は、三年以下の懲役又は二百万円以下の罰金に処する。

2　前項の罪を犯した者が自首したときは、その刑を減軽し、又は免除することができる。

第四十七条　次の各号の一に該当する者は、三年以下の懲役又は三百万円以下の罰金に処する。

一　第三条第1項の規定に違反して許可を受けないで建設業を営んだ者

一の二　第十六条の規定に違反して下請契約を締結した者

二　第二十八条第3項又は第5項の規定による営業停止の処分に違反して建設業を営んだ者

二の二　第二十九条の四第1項の規定による営業の禁止の処分に違反して建設業を営んだ者

二の三　虚偽又は不正の事実に基づいて第三条第1項の許可（同条第3項の許可の更新を含

む。）を受けた者

2　前項の罪を犯した者には、情状により、懲役及び罰金を併科することができる。

第四十八条　第二十七条の七第1項又は第二十七条の三十四の規定に違反した者は、一年以下の懲役又は百万円以下の罰金に処する。

▼廃棄物の処理及び清掃に関する法律▲

（罰則）

第二十五条　次の各号のいずれかに該当する者は、五年以下の懲役若しくは千万円以下の罰金に処し、又はこれを併科する。

一　第七条第1項若しくは第6項、第十四条第1項若しくは第6項又は第十四条の四第1項若しくは第6項の規定に違反して、一般廃棄物又は産業廃棄物の収集若しくは運搬又は処分を業として行つた者

三　第七条の二第1項、第十四条の二第1項又は第十四条の五第1項の規定に違反して、一

五　第七条の三、第十四条の三（第十四条の六において準用する場合を含む。）、第十九条の四第1項、第十九条の四の二第1項、第十九条の五第1項又は第十九条の六第1項の規定による命令に違反した者

六　第六条の二第6項、第十二条第3項又は第十二条の二第3項の規定に違反して、一般廃棄物又は産業廃棄物の処理を他人に委託した者

七　第七条の五、第十四条の三の三又は第十四条の七の規定に違反して、他人に一般廃棄物又は産業廃棄物の収集若しくは運搬又は処分の事業を行つた者

般廃棄物又は産業廃棄物の収集若しくは運搬又は処分の事業を行つた者

十三　第十四条第13項又は第十四条の四第13項の規定に違反して、産業廃棄物の処理を受託した者

十四　第十六条の規定に違反して、廃棄物を捨てた者

十五　第十六条の二の規定に違反して、廃棄物を焼却した者

十六　第十六条の三の規定に違反して、指定有害廃棄物の保管、収集、運搬又は処分をした者

2　前項第十二号、第十四号及び第十五号の罪の未遂は、罰する。

第二十六条　次の各号のいずれかに該当する者は、三年以下の懲役若しくは三百万円以下の罰金に処し、又はこれを併科する。

一　第六条の二第7項、第七条第14項、第十二条第4項、第十二条の二第4項、第十四条第14項又は第十四条の四第14項の規定に違反して、一般廃棄物又は産業廃棄物の処理を他人に委託した者

二　第九条の二、第十五条の二の六又は第十九条の三の規定による命令に違反した者

六　前条第1項第十四号又は第十五号の罪を犯す目的で廃棄物の収集又は運搬をした者

第二十九条　次の各号のいずれかに該当する者は、六カ月以下の懲役又は五十万円以下の罰金に処

する。

三　第十二条の三第1項（第十五条の四の七第2項において準用する場合を含む。以下この号において同じ。）の規定に違反して、管理票を交付せず、又は第十二条の三第1項に規定する事項を記載せず、若しくは虚偽の記載をして管理票を交付した者

十二　第十二条の六第3項の規定による命令に違反した者

七　第十二条の三第5項、第8項又は第9項の規定に違反して、管理票又はその写しを保存しなかつた者

第三十条　次の各号のいずれかに該当する者は、三十万円以下の罰金に処する。

一　第七条第15項（第十二条第11項、第十二条の二第12項、第十四条第15項及び第十四条の四第16項において準用する場合を含む。）の規定に違反して帳簿を備えず、帳簿に記載せず、又は第七条第16項若しくは虚偽の記載をし、又は第十二条第11項、第十二条の二第12項、第

十四条第15項及び第十四条第16項において準用する場合を含む。）の規定に違反して帳簿を保存しなかつた者

四　第十二条第6項又は第十二条の二第6項の規定に違反して、産業廃棄物処理責任者又は特別管理産業廃棄物管理責任者を置かなかつた者

五　第十八条の規定による報告（情報処理センターに係るものを除く。以下この号において同じ。）をせず、又は虚偽の報告をした者

第三十二条　法人の代表者又は法人若しくは人の代理人、使用人その他の従業者が、その法人又は人の業務に関し、次の各号に掲げる規定の違反行為をしたときは、行為者を罰するほか、その法人に対して当該各号に定める罰金刑を、その人に対して各本条の罰金刑を科する。

一　第二十五条第1項第一号から第四号まで、第十二号、第十四号若しくは第十五号又は第2項　三億円以下の罰金刑

二　第二十五条第1項（前号の場合を除く。）、

第二十六条、第二十七条、第二十八条第二号、第二十九条又は第三十条　各本条の罰金刑

2　前項の規定により法人又は人に罰金刑を科する場合における時効の期間は、同条の罪についての時効の期間による。

第三十三条　次の各号のいずれかに該当する者は、二十万円以下の過料に処する。

1　第十二条第4項、第十二条の二第4項又は第十五条の十九第2項若しくは第3項の規定に違反して、届出をせず、又は虚偽の届出をした者。

2　第十二条第9項又は第十二条の二第10項の規定に違反して、計画を提出せず、又は虚偽の記載をしてこれを提出した者。

3　第十二条第10項又は第十二条の二第11項の規定に違反して、報告をせず、又は虚偽の報告をした者。

▼労働安全衛生法▲

（罰則）

第百十九条　次の各号のいずれかに該当する者は、六カ月以下の懲役又は五十万円以下の罰金に処する。

一　第十四条、第二十条から第二十五条まで、第二十五条の二第1項、第三十条の三第1項若しくは第4項、第三十一条第1項、第三十一条の二、第三十三条第1項若しくは第3項、第三十四条、第三十五条、第三十八条、第四十条第1項、第四十二条、第四十三条、第四十四条第6項、第五十六条第3項若しくは第4項、第五十七条の四第5項、第五十九条第3項、第六十一条第1項、第六十五条第1項、第六十五条の四、第六十八条又は第八十九条第5項

四　第六十一条第4項の規定に基づく厚生労働省令に違反した者

第百二十条　次の各号のいずれかに該当する者は、五十万円以下の罰金に処する。

一　第十条第1項、第十一条第1項、第十二条第1項、第十三条第1項、第十五条第1項、第3項若しくは第4項、第十五条の二第1項、第十六条第1項、第十七条第1項、第十八条第1項、第二十五条の二第2項（第三十条の三第5項において準用する場合を含む。）、第二十六条、第三十条第1項若しくは第4項、第

第三十条の二第１項若しくは第４項、第三十二条第１項から第６項まで、第八十八条第１項（同条第２項において準用する場合を含む。）若しくは第３項から第５項まで、第百一条第１項又は第百三条第１項の規定に違反した者

二　第十一条第２項（第十二条第２項及び第十五条の二第２項において準用する場合を含む。）の規定による命令又は指示に違反した者

第百二十二条　法人の代表者又は法人若しくは人の代理人、使用人その他の従業者が、その法人又は人の業務に関して、第百十六条、第百十七条、第百十九条又は第百二十条の違反行為をしたときは、行為者を罰するほか、その法人又は人に対しても、各本条の罰金刑を科する。

第百二十三条　次の各号のいずれかに該当する者は、二十万円以下の過料に処する。

一　第五十条第１項（第五十三条の三から第五十四条の二まで及び第七十七条第３項において準用する場合を含む。）の規定に違反して財務諸表等を備えて置かず、財務諸表等に記載すべき事項を記載せず、若しくは虚偽の記載をし、又は正当な理由がないのに第五十条第２項（第五十三条の三から第五十四条の二まで及び第七十七条第３項において準用する場合を含む。）の規定による請求を拒んだ者

II 監督員業務の解説

1 公共工事標準請負契約約款における「甲」の業務と「監督員」の業務

Q12

公共工事標準請負契約約款での「監督員」の業務の内容を説明し、「甲」(発注者)の業務との違いを明らかにしてください。

A1

建設工事監督基準における「監督員の業務」については、[キーポイント70](監督員の業務)、[キーポイント71](監督員が受注者に提出させる書類で詳細に説明します。[キーポイント70](監督員の業務)以外の業務が公共工事標準請負契約約款における発注者の業務です。

監督員の権限は、契約書に定めのある次のとおりとされています。

① 契約の履行についての「乙」(請負者)または請負者の現場代理人に対する指示、承諾または協議

② 設計図書に基づく工事の施工のための詳細図などの作成および交付、または請負者が作成した詳細図などの承諾

③ 設計図書に基づく工程の管理、立会い、工事の施工状況の検査または工事材料の試験もしくは検査(確認を含む)

なお、発注者は、監督職員を置いたり、監督職員指定(変更)通知書により、その職および氏名を請負者に通知しなければなりません。また、二名以上の監督職員を置き、権限を分担させたときは、それぞれの監督職員が有する権限の内容を請負者に通知しなければならないとされています。

監督職員の指示または承諾は、原則として、書面により行わなければなりません。約款に定める請求、通知、報告、申出、承諾および解除については、監督職員を経由して行います。この場合は、監督職員に到達した日をもって「甲」(発注者)に到達したものとみなされます。

【キーポイント 69】
（監督員の業務用語の定義）

① 指　示	監督職員が請負者に対し、工事の施工上必要な事項について書面をもって示し、実施させることをいう。
② 承　諾	契約図書で示した事項について、発注者もしくは監督職員または請負者が書面により同意することをいう。
③ 協　議	書面により契約図書の協議事項について、発注者と請負者が対等の立場で合議し、結論を得ることをいう。
④ 通　知	監督職員が請負者に対し、または請負者が監督職員に対し、工事の施工に関する事項について、書面をもって知らせることをいう。
⑤ 受　理	契約図書に基づき請負者および監督職員が相互に提出された書面を受け取り、内容を把握することをいう。
⑥ 確　認	契約図書に示された事項について、臨場または関係資料により、その内容について契約図書との適合を確かめることをいう。
⑦ 把　握	監督職員が臨場し、または請負者が提出し、もしくは提示した資料により施工状況、使用材料、提出資料の内容などについて、契約図書との適合を自ら確認しておくことをいう。
⑧ 立　会	契約図書に示された項目について、監督職員が臨場し、内容を確認することをいう。
⑨ 調　整	監督職員が関連する工事との間で、工程などについて相互に支障がないよう協議し、必要事項を請負者に対し指示することをいう。
⑩ 報　告	請負者が監督職員に対し、工事の状況または結果について、書面をもって知らせることをいう。

＊調査・審査などの内容については【キーポイント】で記載しましたので参考にしてください。

【キーポイント 70】

（監督員の業務）

　監督員は、契約書や工事共通仕様書に定める業務を行うものとされ、建設工事監督基準に記載する「監督員の業務」は、以下の項目です。なお、業務内容と本書で参考にする【キーポイント】も記載しました。

項　目 業務内容	業務内容と本書の参考とする【キーポイント】	関連図書および条項
契約の履行の確保		
契約図書の内容の把握 ①請負契約の内容判断と落札後の対応 ②工事の種類・業種別による許可内容 ③現場専任技術者の専任要件 ④施工体制台帳などの注意事項 ⑤前払金の適正使用	契約書、設計書、仕様書、図面、現場説明書および現場説明に対する質問回答書など、その他、契約の履行上必要な事項について把握する。 【キーポイント 1】（建設工事の発注者、元請負は注文者、請負代金の意味） 【キーポイント 5】（建設業許可に必要な営業所の判断） 【キーポイント 6】（注文者と請負代金についての注意事項） 【キーポイント 7】（別表第一　建設工事の種類・業種別による許可内容と例示） 【キーポイント 10】（現場専任技術者の要件） 【キーポイント 11】（建設業法第 7 条第 2 号ハの主任技術者として業務が可能な技術検定） 【キーポイント 12】（建設業法第 7 条第 2 号ハの主任技術者として業務が可能な技能検定） 【キーポイント 13】（建設業法第 15 条第 2 号イの監理技術者として業務が可能な技術検定） 【キーポイント 14】（主任技術者と監理技術者の役割） 【キーポイント 15】（主任技術者・監理技術者と統括安全衛生責任者・元方安全衛生管理者の違い） 【キーポイント 16】（現場代理人の資格と職長） 【キーポイント 17】（安全衛生管理体制とは） 【キーポイント 26】（専任の監理技術者などの 3 か月の雇用関係の判断） 【キーポイント 29】（請負契約の内容判断と落札後の対応） 【キーポイント 30】（契約保証金の納付の判断） 【キーポイント 35】（施工体制台帳等の作成義務） 【キーポイント 36】（元請負人の施工体制台帳等の記載義務とその記載内容） 【キーポイント 37】（施工体制台帳等の注意事項） 【キーポイント 38】（施工体制台帳に必要な添付資料） 【キーポイント 54】（建設業許可票の留意点）	契約書第 9 条 共通仕様書第 1 編 1－1－2

項目 業務内容	業務内容と本書の参考とする【キーポイント】	関連図書および条項
	【キーポイント55】（労災保険関係成立票、建設業退職金共済制度加入現場ステッカー、作業主任者の掲示の留意点） 【キーポイント56】（施工体系図の留意点） 【キーポイント57】（作業主任者の掲示の留意点） 【キーポイント74】（前払金の適正使用の確認方法） 【キーポイント75】（保証会社による前払金の扱い方法） 【キーポイント76】（支払先を確認できる書類） 【キーポイント82】（共通仮設費の積算は工事名ではなく工種区分） 【キーポイント83】（公共工事における現場事務所の設置についての判断） 【キーポイント84】（設計変更要領） 【キーポイント85】（指定仮設での積算と実際の供用日数の差異は設計変更）	
施工計画書の受理 ①施工計画書のチェック ②安全衛生管理体制	請負者から提出された施工計画書により、施工計画の概要を把握する。 【キーポイント15】（主任技術者・監理技術者と統括安全衛生責任者・元方安全衛生管理者の違い） 【キーポイント16】（現場代理人の資格と職長） 【キーポイント17】（安全衛生管理体制とは） 【キーポイント18】（作業主任の選任義務） 【キーポイント52】（労働安全衛生法での特定元方事業者の責任） 【キーポイント80】（施工計画書の注意事項） 【キーポイント81】（施工計画書のチェック内容）	共通仕様書第1編1−1−6
施工体制の把握 ①適切な技術者の配置 ②一括下請けの禁止	「工事現場における適正な施工体制の確保などについて」（平成13年9月3日付、技管1第9−2号）「工事現場における施工体制の点検要綱の運用について」（平成13年9月3日付、技管1第9−3号）により現場における施工体制の把握を行う。 【キーポイント7】（別表第一　建設工事の種類・業種別による許可内容と例示） 【キーポイント10】（現場専任技術者の要件） 【キーポイント11】（建設業法第7条第2号ハの主任技術者として業務が可能な技術検定） 【キーポイント12】（建設業法第7条第2号ハの主任技術者として業務が可能な技能検定） 【キーポイント13】（建設業法第15条第2号イの監理技術者として業務が可能な技術検定） 【キーポイント14】（主任技術者と監理技術者の役割）	適正化法第14条 適正化指針4.(3)

項　目 業務内容	業務内容と本書の参考とする【キーポイント】	関連図書および条項
	【キーポイント 17】（安全衛生管理体制とは） 【キーポイント 21】（専任の主任技術者の必要期間） 【キーポイント 35】（施工体制台帳等の作成義務） 【キーポイント 36】（元請負人の施工体制台帳等の記載義務とその記載内容） 【キーポイント 37】（施工体制台帳等の注意事項） 【キーポイント 38】（施工体制台帳に必要な添付資料） 【キーポイント 39】（「主たる業務」の意味） 【キーポイント 40】（一括下請禁止はすべての下請契約を精査） 【キーポイント 41】（一括下請負は請負契約単位で判断した具体的事例） 【キーポイント 42】（一括下請負に関する点検要領） 【キーポイント 43】（一括下請負禁止違反は監督処分） 【キーポイント 54】（建設業許可票の留意点）	
契約書および設計図書に基づく指示、承諾、協議、受理など ①監督員業務の理解	契約書および設計図書に示された指示、承諾、協議（詳細図の作成を含む）および受理などについて、必要により現場状況を把握し、適切に行う。 【キーポイント 69】（監督員の業務用語の定義） 【キーポイント 70】（監督員の業務） 【キーポイント 71】（監督員が受注者に提出させる書類） 【キーポイント 72】（複数監督員制と単数監督員制の違い） 【キーポイント 73】（複数監督員制の業務分担表）	契約書第9条 共通仕様書第1編1—1—6 共通仕様書第1編1—1—8
条件変更に関する確認、調査、検討、通知 ①施工方法の内容チェック	契約書第18条第1項の第1号から第5号までの事実を発見したとき、または請負者から事実の確認を請求されたときは、直ちに調査を行い、その内容を確認し検討のうえ、必要により工事内容の変更、設計図面の訂正内容を定める。ただし、特に重要な変更が伴う場合は、あらかじめ所属長などの承認を受ける。 【キーポイント 81】（施工計画書のチェック内容）	契約書第18条 共通仕様書第1編1—1—3
	前項の調査結果を請負者に通知（指示する必要があるときは、当該指示を含む）する。 【キーポイント 69】（監督員の業務用語の定義）	契約書第18条
関連工事との調整 ①主任技術者、監理技術者、現場代理人の役割を確認	関連する2以上の工事が施工上密接に関連する場合は、必要に応じて施工について調整し、必要事項を請負者に対し指示を行う。 【キーポイント 14】（主任技術者と監理技術者の役割） 【キーポイント 21】（専任の主任技術者の必要期間） 【キーポイント 23】（主任技術者の兼任について） 【キーポイント 28】（現場代理人の兼務を認めるときの判断）	契約書第2条

項　目 業務内容	業務内容と本書の参考とする【キーポイント】	関連図書および条項
工程把握および工事促進指示 ①工程の把握は元請の「主たる業務」	請負者からの履行報告または実施工程表に基づき工程を把握し、必要に応じて工事促進の指示を行う。 【キーポイント39】（「主たる業務」の意味）	契約書第11条 共通仕様書第1編1—1—30
工期変更の事前協議 ①現場代理人の役割と変更契約	契約書第15条第7項、第17条第1項、第18条第5項、第19条、第20条第3項、第21条および第43条第2項の規程に基づく工期変更について、事前協議を行う。 【キーポイント14】（主任技術者と監理技術者の役割） 【キーポイント21】（専任の主任技術者の必要期間） 【キーポイント39】（「主たる業務」の意味） 【キーポイント86】（工事中止命令は専任の主任技術者などの賃金補償問題）	共通仕様書第1編1—1—18
契約担当者などへの報告		
工事の中止および工期の延長の検討および報告	工事の全部もしくは一部の施工を一時中止する必要があると認められるときは、中止期間を検討し、契約担当者などへ報告する。 【キーポイント86】（工事中止命令は専任の主任技術者などの賃金補償問題）	契約書第20条 共通仕様書第1編1—1—16
	請負者から工期延期の申し出があった場合は、その理由を検討し契約担当者などへ報告する。 【キーポイント86】（工事中止命令は専任の主任技術者などの賃金補償問題）	契約書第17〜21条 契約書第43条
一般的な工事目的物などの損害の調査および報告	工事目的物などの損害について、請負者から通知を受けた場合は、その原因、損害の状況などを調査し、発注者の責に帰する理由および損害額の請求内容を審査し、契約担当者などへ報告する。 【キーポイント87】（工事の施工に伴う第三者損害と不可抗力損害に係わる補償） 【キーポイント89】（発注者の責任と臨機の措置）	契約書第27条
不可抗力による損害の調査および報告	天災などの不可抗力により、工事目的物などの損害について、請負者から通知を受けた場合は、その原因、損害の状況などを調査し、確認結果を契約担当者などへ報告する。 【キーポイント87】（工事の施工に伴う第三者損害と不可抗力損害に係わる補償） 【キーポイント89】（発注者の責任と臨機の措置）	契約書第29条 共通仕様書第1編1—1—45
	損害額の負担請求内容を審査し、契約担当者などへ報告する。	契約書第28条
第三者に及ぼした損害の調査および報告	工事の施工に伴い第三者に損害を及ぼしたときは、その原因、損害の状況などを調査し、発注者が損害を賠償しなければならないと認められる場合は、契約担当者などへ報告する。	契約書第28条

項　目 業務内容	業務内容と本書の参考とする【キーポイント】	関連図書および条項
	【キーポイント87】（工事の施工に伴う第三者損害と不可抗力損害に係わる補償） 【キーポイント88】（第三者損害に係わる調査） 【キーポイント89】（発注者の責任と臨機の措置）	
中間前金払請求時の出来高確認および報告	中間前払金の請求があった場合は、工事履行報告書および実施工程表に基づき出来高を確認し、契約担当者などへ報告する。 【キーポイント74】（前払金の適正使用の確認方法） 【キーポイント75】（保証会社による前払金の扱い方） 【キーポイント76】（支払先を確認できる書類） 【キーポイント77】（前払金の分割と分割ができない場合の判断） 【キーポイント78】（中間前払金制度とは）	契約書第34条
部分払請求時の出来形の審査および報告	部分払の請求があった場合は、工事出来形内訳書の審査を行い、契約担当者などへ報告する。 【キーポイント79】（部分払請求）	契約書第37条
工事関係者に関する措置請求	現場代理人がその職務の執行につき著しく不適当と認められる場合および主任技術者もしくは監理技術者または専門技術者、下請負人などが工事の施工または管理に著しく不適当と認められる場合は、措置請求について契約担当者などへ報告する。 【キーポイント10】（現場専任技術者の要件） 【キーポイント14】（主任技術者と監理技術者の役割） 【キーポイント15】（主任技術者・監理技術者と統括安全衛生責任者・元方安全衛生管理者の違い） 【キーポイント16】（現場代理人の資格と職長） 【キーポイント17】（安全衛生管理体制とは） 【キーポイント44】（元請負人の義務とは） 【キーポイント45】（元請負人による下請人への指導事項） 【キーポイント46】（元請負人の廃棄物処理責任） 【キーポイント47】（廃棄物処理法の元請業者の役割） 【キーポイント52】（労働安全衛生法での特定元方事業者の責任）	契約書第12条
契約解除に関する必要書類の作成および措置請求または報告	契約書第47条第1項および第48条第1項に基づき契約を解除する必要があると認められる場合は、契約担当者などへ報告する。 【キーポイント90】（発注者側から工事契約を解除した場合の補償額の算定方法）	契約書第47条 契約書第48条
	請負者から契約の解除の通知を受けたときは、契約解除要件を確認し、契約担当者などへ報告する。	契約書第49条

1 公共工事標準請負契約約款における「甲」の業務と「監督員」の業務

項　目 業務内容	業務内容と本書の参考とする【キーポイント】	関連図書および条項
	契約が解除された場合は、既済部分出来形の調査を行い、契約担当者などへ報告する。 【キーポイント90】（発注者側から工事契約を解除した場合の補償額の算定方法）	契約書第50条
施工状況の確認		
事前調査など	下記の事前調査業務を必要に応じて行う。	
	工事基準点の指示	共通仕様書第1編1—1—43
	支給（貸与）品の確認	共通仕様書第1編1—1—19
	請負者が行う官公庁などへの届出の把握	共通仕様書第1編1—1—41
	工事区域用地の把握	契約書第16条 共通仕様書第1編1—1—10
	その他必要な事項	
材料の確認	設計図書において、監督員の試験もしくは確認を受けて使用すべきものと指定された工事材料、または監督員の立会いのうえ調合し、または調合について見本の確認を受けるものと指定された材料の品質・規格などの試験、立会い、または確認を行う。 【キーポイント39】（「主たる業務」の意味） 【キーポイント81】（施工計画書のチェック内容） 【キーポイント91】（使用材料と材料承諾の注意事項） 【キーポイント92】（工場検査の考え方）	契約書第13〜14条 共通仕様書第1編1—1—22 共通仕様書第1編第2章第2節
工事施工の立会い	設計図書において、監督員の立会いのうえ施工するものと指定された工事材料および工事において、設計図書の規定に基づき立会いを行う。 【キーポイント39】（「主たる業務」の意味） 【キーポイント81】（施工計画書のチェック内容） 【キーポイント91】（使用材料と材料承諾の注意事項） 【キーポイント92】（工場検査の考え方）	契約書第14条
段階確認	「段階確認一覧表」に基づき確認を行う。 【キーポイント39】（「主たる業務」の意味） 【キーポイント81】（施工計画書のチェック内容） 【キーポイント93】（段階確認の考え方） 【キーポイント94】（段階確認の注意事項）	共通仕様書第1編1—1—22
建設副産物の適正処理状況などの把握	建設副産物を搬出する工事にあっては産業廃棄物管理表（マニフェスト）などにより、適正に処理されているか把握する。	共通仕様書第1編1—1—21

項　目 業務内容	業務内容と本書の参考とする【キーポイント】	関連図書および条項
	また、建設資材を搬入または建設副産物を搬出する工事にあっては、請負者が作成する再生資源利用計画書および再生資源利用促進計画書により、リサイクルの実施状況を把握する。 【キーポイント 39】（「主たる業務」の意味） 【キーポイント 80】（施工計画書の注意事項） 【キーポイント 81】（施工計画書のチェック内容） 【キーポイント 95】（建設副産物とは） 【キーポイント 96】（特定建設資材、指定副産物とは） 【キーポイント 97】（廃棄物処理責任としての発注者の役割） 【キーポイント 98】（現場で分別できる建設廃棄物） 【キーポイント 99】（現場での建設廃棄物減量化の考え方） 【キーポイント 100】（建設廃棄物の処分委託前の確認事項） 【キーポイント 101】（建設廃棄物の処分委託の注意事項） 【キーポイント 102】（建設廃棄物の収集運搬委託の注意事項） 【キーポイント 103】（マニフェストシステムとは） 【キーポイント 104】（仮設で使用した改良土や発生土の処分について） 【キーポイント 105】（下水道処理場の沈砂や下水道管の浚渫物の処分について） 【キーポイント 106】（建設発生土再利用の判断基準） 【キーポイント 107】（現場でできる中間処理） 【キーポイント 108】（現場での廃棄物保管） 【キーポイント 109】（廃品回収業者に回収させるときの注意事項） 【キーポイント 110】（塗装材・シール材の空き缶の処理） 【キーポイント 111】（木くずの再利用とは） 【キーポイント 112】（建築物の解体から発生する有害廃棄物） 【キーポイント 113】（特別管理産業廃棄物の処理の注意事項）	
改造請求および破壊による確認	工事の施工部分が契約図書に適合しない事実を発見した場合で、必要があると認められるときは、改善の指示または改造請求を行う。ただし、重大なものについては、あらかじめ所属長などの承認を受ける。 【キーポイント 81】（施工計画書のチェック内容） 【キーポイント 84】（設計変更要領）	契約書第 9 条 契約書第 17 条

項目 業務内容	業務内容と本書の参考とする【キーポイント】	関連図書および条項
	契約書第13条第2項もしくは第14条第1項から第3項までの規定に違反した場合、または工事の施工部分が設計図書に適合しないと認められる相当の理由がある場合において、必要があると認められる場合は、工事の施工部分を破壊して確認する。ただし、重大なものについては、あらかじめ所属長などの承認を受ける。 【キーポイント81】（施工計画書のチェック内容） 【キーポイント84】（設計変更要領） 【キーポイント85】（指定仮設での積算と実際の供用日数の差異は設計変更）	契約書第17条
支給材料および貸与品の確認、引渡し	設計図書に定められた支給材料および貸与品については、契約担当者などが立会う場合を除き、その品名、数量、品質、規格または性能を設計図書に基づき確認し、引渡しを行う。 【キーポイント80】（施工計画書の注意事項） 【キーポイント81】（施工計画書のチェック内容）	契約書第15条
	前項の確認の結果、品質または規格もしくは性能が設計図書の定めと異なる場合、または使用に適当でないと認められる場合は、これに変わる支給材料もしくは貸与品を契約担当者などと打合せのうえ引渡しなどの措置をとる。 【キーポイント84】（設計変更要領）	契約書第15条
円滑な施工の確保		
地元対応	地元住民などからの工事に関する苦情、要望などに対し必要な措置を行う。 【キーポイント39】（「主たる業務」の意味） 【キーポイント114】（騒音、振動防止対策が必要な区域） 【キーポイント115】（騒音、振動防止対策の発注者の考え方） 【キーポイント116】（騒音、振動防止対策の受注者の考え方） 【キーポイント117】（特定建設作業とは） 【キーポイント118】（特定建設作業の規制基準） 【キーポイント119】（排ガス対策の受注者の考え方）	共通仕様書第1編 1—1—41
関係機関との協議・調整	工事に関して、関係機関との協議・調整などにおける必要な措置を行う。 【キーポイント44】（元請負人の義務とは） 【キーポイント45】（元請負人による下請人への指導事項） 【キーポイント51】（建設廃棄物処理の記録と保存） 【キーポイント53】（安全関係の計画の届出）	共通仕様書第1編 1—1—41

項目 業務内容	業務内容と本書の参考とする【キーポイント】	関連図書および条項
その他		
現場発生品の処理	工事現場における発生品について、規格、数量などを確認し、その処理方法について指示する。 【キーポイント 81】（施工計画書のチェック内容） 【キーポイント 95】（建設副産物とは） 【キーポイント 96】（特定建設資材、指定副産物とは） 【キーポイント 97】（廃棄物処理責任としての発注者の役割） 【キーポイント 98】（現場で分別できる建設廃棄物） 【キーポイント 100】（建設廃棄物の処分委託前の確認事項） 【キーポイント 101】（建設廃棄物の処分委託の注意事項） 【キーポイント 102】（建設廃棄物の収集運搬委託の注意事項） 【キーポイント 103】（マニフェストシステムとは） 【キーポイント 106】（建設発生土再利用の判断基準） 【キーポイント 107】（現場でできる中間処理） 【キーポイント 108】（現場での廃棄物保管） 【キーポイント 109】（廃品回収業者に回収させるときの注意事項） 【キーポイント 110】（塗装材・シール材の空き缶の処理） 【キーポイント 111】（木くずの再利用とは） 【キーポイント 112】（建築物の解体から発生する有害廃棄物） 【キーポイント 113】（特別管理産業廃棄物の処理の注意事項）	共通仕様書第1編1—1—20
臨機の措置	災害防止、その他工事の施工上特に必要があると認められるときは、請負者に対し臨機の措置を求める。 【キーポイント 87】（工事の施工に伴う第三者損害と不可抗力損害に係わる補償） 【キーポイント 88】（第三者損害に係わる調査） 【キーポイント 89】（発注者の責任と臨機の措置）	契約書第26条 共通仕様書第1編1—1—48
事故などに対する措置	事故などが発生したときは、速やかに状況を調査し、担当課に報告する。 【キーポイント 87】（工事の施工に伴う第三者損害と不可抗力損害に係わる補償） 【キーポイント 88】（第三者損害に係わる調査） 【キーポイント 89】（発注者の責任と臨機の措置）	共通仕様書第1編1—1—35
工事成績の評定	監督員は、工事完成のとき請負工事成績評定要領に基づき工事成績の評定を行う。	建設工事成績評定要領
工事完成検査などの立会い	監督員は、工事検査員が行う検査の立会いを行う。	共通仕様書第1編1—1—25

【キーポイント71】

（監督員が受注者に提出させる書類）

　監督員は、受注者（請負者）に次に掲げる図書（契約の相手方から提出された図書を含む）を作成および整理して、監督の経過を明らかにするものとされています。受注者（請負者）に提出させる工事関係の書類の様式については「建設工事必携の提出書類関係様式集」などを参考とし、指示を行ってください。**重要事項は太字**で示し、チェックに必要な【キーポイント】も記載しました。

工事関係図書	工事関係の様式
(1) 工事の実施状況を記載した図書	① **施工計画書** 【キーポイント80】（施工計画書の注意事項） 【キーポイント81】（施工計画書のチェック内容） ② **工事協議（打合せ）書** ③ **工事日誌** ④ 指示総括表 ⑤ **施工管理表** ⑥ **工事記録写真**
(2) 契約の履行に関する協議事項などを記載した書類	① **施工体制台帳** 【キーポイント35】 　（施工体制台帳等の作成義務） 【キーポイント36】（元請負人の施工体制台帳等の記載義務とその記載内容） 【キーポイント37】 　（施工体制台帳等の注意事項） 【キーポイント38】 　（施工体制台帳に必要な添付資料）
(3) 工事の実施状況の検査または工事材料の試験もしくは検査の事実を記載した図書	① **工事材料確認表** 【キーポイント88】 　（使用材料と材料承諾の注意事項） ② 部分検査申請書 ③ **段階確認表** 【キーポイント90】（段階確認の考え方） 【キーポイント91】（段階確認の注意事項） ④ 立会一覧表
(4) その他工事の監督に関する図書	① その他必要な関係書類

1 公共工事標準請負契約約款における「甲」の業務と「監督員」の業務

A2

公共工事標準請負契約約款での「複数監督員」の業務分担の内容を説明します。

工事監査では、複数監督員制をとる自治体を多く見受けられますが、その役割分担の説明は不十分です。特にその**権限の内容を受注者に説明できる監督員は少ないようです**。この**権限内容は契約書の特記仕様書で記載されている県の建設工事監督要領**に基づくと書かれていることを認識して以下の考えを受注者に説明してください。

（1）複数監督員制

例えば三重県では、次に掲げる工事を対象に複数監督員制としています。

① 当初契約金額が二千五百万円以上の請負工事
② ①に該当しない工事にあっても、所長など（本庁にあっては室長など、また地域機関にあっては所長をいう）が必要と認める工事

（2）複数監督員の体制

複数監督員制とは、監督員を複数任命するもので、三名体制（総括監督員、主任監督員、専任監督員を配置するもの）を標準としますが、状況に応じて二名体制（総括監督員と主任兼専任監督員、または総括兼主任監督員と専任監督員を配置するもの）とすることができます。

ただし、特段の理由がある請負工事は、単数監督員制とすることができます。複数監督員制および単数監督員制とともに監督業務の修得または監督員補助を目的として補助監督員を置くこともできます。

（3）複数監督員の業務分担

複数監督員制、単数監督員制の標準的な業務分担を**【キーポイント72】**（複数監督員制と単数監督員制の違い）に示します。各監督員の業務分担を**【キーポイント73】**（複数監督員制の業務分担）に具体的に示します。

【キーポイント 72】
（複数監督員制と単数監督員制の違い）

総括監督員の業務の内容	① 主任監督員および専任監督員の指揮・監督並びに指導・育成 ② 補助監督員の指導・育成
主任監督員の業務の内容	① 専任監督員の指導・育成 ② 建設工事監督要領（以下、「要領」という）に規定する「契約の履行の確保（総括監督員などへの報告。部分払い請求時の出来高の審査および報告は除く）」 ③ 要領に規定する「円滑な施工の確保」 ④ 要領に規定する「その他、事故などに対する調査、報告措置」 ⑤ 補助監督員の指導・育成
専任監督員の業務の内容	① 要領に規定する「契約の履行の確保（ただし、主任監督員の業務に属するものは除く）」 ② 要領に規定する「施工状況の確認」 ③ 要領に規定する「その他（ただし、主任監督員の業務に属するものは除く）」 ④ 主任監督員の業務の一部を主任監督員の指示に従って（指導を受け）行う ⑤ 補助監督員の指導・育成
複数監督員の補助監督員の業務の内容	① 主任監督員および専任監督員の業務の一部を主任監督員および専任監督員の指示に従って（指導を受け）行う
単数監督員の業務の内容	① 要領に規定する「契約の履行の確保」 ② 要領に規定する「施工状況の確認」 ③ 要領に規定する「円滑な施工の確保」 ④ 要領に規定する「その他」 ⑤ 補助監督員の指導・育成
単数監督員の補助監督員の業務の内容	① 監督員の業務の一部を監督員の指示に従って（指導を受け）行う

【キーポイント 73】
（複数監督員制の業務分担表）

項　　目	総括監督員	主任監督員	専任監督員
契約の履行の確保			
契約図書の内容の把握 （主任技術者・現場代理人など）	決済	報告	報告
契約図書の内容の把握 （下請人の通知）	報告	調査、報告	報告
契約図書の内容の把握 （工程表）	決済	審査、報告	審査、報告
施工計画書の受理			受理
施工体制の把握 （一括下請の禁止）	報告	調査、報告	報告
施工体制の把握 （自主施工の原則）			報告
契約書および設計図書に基づく 指示、承諾、協議、受理など （特許権の使用）			報告
条件変更に関する確認、調査、 検討、通知	指示、報告	指示、報告	指示、報告
関連工事との調整	報告	調整報告	報告
工程把握および工事促進指示 （建設工事の着手）		指示	報告
工程把握および工事促進指示 （工程月報）	受理	審査、指示	指示
工期変更の事前協議	協議	協議	審査、協議
契約担当者による工期短縮の請求	審査	審査、報告	審査、報告
契約担当者などへの報告	契約者進達（報告）	審査、報告	調査、報告
工事の中止の検討および報告	指示、協議	調査、報告	報告
工事の工期の延長の検討および報告	審査	審査、報告	審査、報告
一般的な工事目的物などの損害の調査および報告	審査、報告	審査、報告	審査、報告
不可抗力による損害の調査および報告	報告	調査、報告	調査、報告
第三者に及ぼした損害の調査および報告	指示、報告	調査、報告	指示、報告

キーポイント 73

1 公共工事標準請負契約約款における「甲」の業務と「監督員」の業務

項　　目	総括監督員	主任監督員	専任監督員
中間前金払請求時の出来高確認および報告	確認、回議（報告）	審査	調書作成
部分払請求時の出来形の審査および報告	確認、回議（報告）	審査	調書作成
工事関係者に関する措置請求	措置	報告	報告
契約解除に関する必要書類の作成および措置請求または報告	契約者進達（報告）	審査、報告	審査、報告
施工状況の確認			
事前調査など		指示	報告
材料の確認		検査	検査
工事施工の立会い	回議（報告）	報告	報告
段階確認		検査	検査
建設副産物の適正処理状況などの把握		報告	報告
改造請求および破壊による確認	命令、報告	調査、報告	報告
改造請求および破壊による確認（設計図書の変更）	決済、協議	調査、報告	報告
支給材料および貸与品の確認、引渡し	報告	審査、報告	報告
円滑な施工の確保			
地元対応		指示	報告
関係機関との協議・調整		調査、報告	報告
その他			
現場発生品の処理		指示、報告	審査、報告
臨機の措置	指示、報告	指示、報告	審査、報告
事故などに対する措置（一般的措置）	審査、報告	審査、報告	審査、報告
工事成績の評定	報告	調査、報告	
部分引渡し	報告	審査、報告	報告
工事完成検査などの立会い	契約者進達（報告）	審査、報告	審査、報告

▼公共工事標準請負契約約款▼

（関連工事の調整）

第二条　甲は、乙の施工する工事及び甲の発注に係る第三者の施工する他の工事が施工上密接に関連する場合において、必要があるときは、その施工につき、調整を行うものとする。この場合において、乙は、甲の調整に従い、第三者の行う工事の円滑な施工に協力しなければならない。

（監督員）

第九条　甲は、監督員を置いたときは、その氏名を乙に通知しなければならない。監督員を変更したときも同様とする。

2　監督員は、この約款の他の条項に定めるもの及びこの約款に基づく甲の権限とされる事項のうち甲が必要と認めて監督員に委任したもののほか、設計図書に定めるところにより、次に掲げる権限を有する。

一　契約の履行についての乙又は乙の現場代理人に対する指示、承諾又は協議

二　設計図書に基づく工事の施工のための詳細図等の作成及び交付又は乙が作成した詳細図等の承諾

三　設計図書に基づく工程の管理、立会い、工事の施工状況の検査又は工事材料の試験若しくは検査（確認を含む。）

3　甲は、二名以上の監督職員を置き、前項の権限を分担させたときにあってはそれぞれ監督職員の有する権限の内容を、監督職員にこの約款に基づく甲の権限の一部を委任したときにあたっては当該委任した権限の内容を乙に通知しなければならない。

4　第2項の規定に基づく監督員の指示又は承諾は、原則として、書面により行わなければならない。

5　甲が監督員を置いたときは、この約款に定める請求、通知、報告、申出、承諾及び解除については、設計図書に定めるものを除き、監督員を経由して行うものとする。この場合において、監督員に到達した日をもって甲に到達した

6 甲が監督員を置かないときは、この約款に定める監督員の権限は、甲に帰属するものとみなす。

2 前払金と公共工事標準請負契約約款（入札・契約担当者、監督員）

Q13 前払金の適正使用についての確認方法と保証会社の前払金に対する取り扱い、前払金の分割、部分払について説明してください。

A1 前払金は、公共工事標準請負契約約款に定められている工事の材料費、労務費、機械器具の賃貸料、機械購入費（この工事において償却される割合に相当する額に限る）、動力費、支払運賃、修繕費、仮設費、労働者災害補償保険料および保証料に相当する額として必要な経費にのみ充当できます。

契約担当者（甲）は、発注者から受領した前払金については、使途内訳のとおり速やかに現金払または口座振込みにより支払い、受注者（元請人）には滞留することのないように指導してください。

【キーポイント74】
（前払金の適正使用の確認方法）

前払金の使用目的以外の使用は、金融機関に対する詐欺行為と判断される場合があります。

① 前払金が適正使用されているかは保証会社や前払金振込先金融機関に確認できます。したがって、契約担当者は前払金保証書で前払金振込先金融機関を確認しておくことが重要です。

② 監督員は、「前払金使途申込書」と現場の工事材料納品伝票の流れで整合性を確認できます。

③ 前払金の使用目的以外の使用は認められません。使途内訳に変更があった場合には必ず「前払金使途変更申込書・承諾書」を受注者に提出させ発注者が確認できるように検査室は監督員に指導することも大切です。

キーポイント74

【キーポイント75】
(保証会社による前払金の扱い方法)

保証会社の前払金の扱いについて説明します。

保証会社では、**前払金使途内訳明細書の一つの項目に対して、四つ以上の払出時期を設定することができる**ようになっています。払出時期を五回目以降の支払時期の入力については、新たに前払金を使用する項目を追加する必要がありますので、「前払金を使用する項目の追加」を作成します。

前払金使途内訳明細書に添えて提出する支払先を確認できる書類（請求書、納品書など）です。支払先を確認できる書類とは、PDFやエクセルファイルの場合では、保証会社宛メールの送付画面で受付担当箇所を選択させて、メールソフトを起動させて、書類などのデータを添付できるようになっています。そうでない場合は、FAXにて保証会社の担当支店などに送付するようになっています。

【キーポイント76】
(支払先を確認できる書類)

支払先を確認できる書類とは具体的には、**納品書・請求書・見積書・下請契約書・下請届・施工体制台帳・注文請書**などです。詳しくは保証会社に確認することができます。また、保証会社からは前払金使途内訳明細書と異なる金額の払出依頼書を作成することを請負人に求めます。

最初、前払金使途内訳明細書を変更し、保証会社に送信されています。次に、訂正した前払金払出依頼書を印刷し、金融機関などに提出するようになっています。なお、払出時期の一旬繰上げ、払出金額の減額の場合は、前払金使途内訳明細書の場合は保証会社に送信する必要はないので確認できません。

【キーポイント77】

（前払金の分割と分割ができない場合の判断）

前払金を分割する目的は、工事の前払金の適正な使途を図ること、受注者と発注者が相互にコスト意識を持った効率的な前払金の支払を確保するため、双務性により質の高い施工体制の確保を目指すことです。前払金の分割をするときは、公告や通知があり、公共工事標準請負契約約款において前払金を分割する条項を設けられます。

（1）前払金を分割するのは一件の請負代金額が百万円以上の土木、建築に関する工事を対象としますが、次に該当する工事は分割しません。

① 参加希望型指名競争入札の工事

② 工期が百五十日に満たない工事（債務負担行為に係る契約の工事は、初年度の工期）

また、建設コンサルタントなどの委託業務の前払金も分割しません。なお、前払金を分割する対象工事であっても、次に該当する場合も分割しません。

① 前払金の請求額が請負代金額の十分の二以下のとき

② 工期の二分の一を経過した後に前払金を請求しようとするとき

③ 債務負担行為に係る契約で次年度以降の工事において前払金を請求しようとするとき

（2）分割した請求書の提出時期と前払金保証証書に対しても分割を行うのかを説明します。

分割した前払金の請求書は、前払金請求書と同時に発注者に提出します。分割した請求書は、前払金請求書と同じ日を記入します。提出の際、前払金保証証書を添付しますが、**前払金保証証書は分割して作成しません**。したがって、前払金の分割払は前払金保証の効力に影響するものではありません。

分割した前払金の請求を受けた日ですが、当初の前払金の支払期間は請求を受けた起算日の翌日から十四日以内の支払がなされ、第二回目以降の前払金の支払い起算日は翌日から三十日目が一般的です。

A2

中間前払金制度は、工事代金の円滑かつ速やかな支払いを確保するとともに、発注者と受注者双方における事務の省力化を図ることを目的としています。中間前金払請求時の出来高確認・報告、および部分払について説明します。

【キーポイント78】
(中間前払金制度とは)

中間前払金制度とは、受注者が公共工事の発注者から、当初の前払金（請負金額の四〇％）に加え、さらに工期半ばで請負金額の二〇％以内の工事代金を受け取ることができる制度です。

■対象発注者

国土交通省などの中央系発注者に加え、都道府県、市町村でも制度の導入が進んでいます。

■対象工事

国の場合、請負金額一千万円以上、工期百五十日以上（平成十九年五月一日公告から適用）の工事とされています。しかし現在は、自治体により異なり、請負金額の二分の一以上となったときです。

■必要な書類

中間前金払の認定に必要な書類は、**中間前金払認定請求書、工事工程表（施工内容がわかるもの）**で工事写真などを添付して発注者に提出します。

■部分払と中間前金払の併用

部分払と中間前金払制度のメリットを活用することは可能です。中間前金払を優先することとし、請負者と発注者が協議のうえ、部分払も請求可能とします。なお、部分払は従前の取り扱いと同様です。

工事は対象とはなりません。なお、参加希望型競争入札の建設工事（土木、建築に関する工事）とするのが一般的です。ただし、当初の前金払を受領していることが必要となります。

■請求時期

工期の二分の一が経過し、工程表にあるそれまでに実施すべき作業が終了し、工事の進捗出来高が

【中間前払金のメリット】

中間前払金は発注者、受注者ともにメリットがあります。受注者は簡単な手続きで工事代金が早く受け取れます。部分払のような出来高検査はなく、現場を止める必要はありません。よって出来高検査時のような煩雑な資料作成は不要ですし、払出手続きも簡単です。また、保証会社の保証料がきわめて安く、保証料率も格段に安くなっています。

■発注者のメリット
① 部分払は工事出来高検査など事務手続きが必要ですが、中間前払金の認定は書面による審査であるため、検査などにかかる手間と時間が大幅に節約されます。工事の進捗への影響も少なくなります。
② 施工に必要な資金を適切な時期に支出することにより、的確な工事の完成が期待できます。

■受注者のメリット
① 部分払の際の工事出来高検査の書類作成が不要となり、工事の一時中断もありません。
② 中間前金払の認定条件は、「工期の二分の一を経過し、かつ、おおむね工程表によりその時期までに実施すべき工事が行われ、その進捗が金額面でも請負代金額の二分の一以上になったとき」ですので、実際の工事出来高が予定出来高を下回っている場合でも、予定出来高の消化状況に関係なく中間前金払の認定を請求することができます。
③ 中間前払金を利用することにより、資金繰りが改善されます。保証料は前払金の保証料に比べて、極めて安くなっています。(一律〇・〇六五％程度)

【請負契約が変更となった中間前払金の扱い】
請負契約が変更(増額・減額・工期延長)された場合でも、中間前金払は、「請負代金額の二〇％以内で、かつ前金払(中間前金払含む)の支払総額が六十％を超えない金額が支払われます。

① 変更【増額】の場合
「変更後の請負代金額×六〇％」―受領済みの前金払∨変更後の請負代金額×二〇％」となりますので、

「変更後の請負代金額×二〇％」が中間前金払の額となります。

例：請負代金額一千万円、増額変更五百万円、前払金四百万円

千五百万円×六〇％－四百万＞千五百万円×二〇％＝三百万円

中間前払金請求可能額 三百万円

② 変更【減額】の場合

「変更後の請負代金額×六〇％－受領済みの前金払＜変更後の請負代金額×二〇％」となりますので、が中間前金払の額となります。

例：請負代金額一千万円、減額変更二百万円、前払金四百万円

八百万円×六〇％－四百万円＜八百万円×二〇％

中間前払金請求可能額 八十万円

A3

市町村では部分払制度を認めていない場合があります。しかし、政令都市市などの大きな自治体では実施されていますので簡単に説明します。ただし、複数の監督員すべてが妥当と判断しないと支払われない自治体もありますし、担当課長のみの判断で支払われる自治体もあります。あくまでも公共工事標準請負契約款に従った対応をとるべきです。

【キーポイント79】
（部分払請求）

請負者は、部分払を請求する場合に監督員の指示を受けて当該請求に係る出来形を作成し、監督員の指示を受けて当該請求に係る出来形を算出します。

（1）部分払の対象となる出来形の範囲

① 出来形部分は、施工済部分で**監督員の検査に合格した既済出来形部分**をいいます。

② 工事現場に搬入された工事材料、製造工場などにある工場製品は、施工済部分に相当する部分払いの対象として指定された工事材料、工場製

品が対象です。

③ 当該工事に係る共通費、直接仮設の出来形率と同率です。

直接工事の出来形率と同率で、既済出来形とは、各細目ごとの既済部分検査時点で部分払対象の出来形数量をいいます。

（2）出来形部分等確認資料

請負者は、**部分払を請求する場合は**、監督員の指示を受けて請求に係る以下の**出来形部分等確認資料**を作成し、監督員に確認を受けなければなりません。

① **実施工程表**（期間ごとの進捗状況が確認でき、工事科目ごとの工程内容が記載されたもの）

② **部分払出来形数量算出書**、部分払出来形状況図
＊ 部分払の対象となる出来形の確認にあたっては、下記のものを除外します。

① 設計変更が考慮されていて変更契約が完了していない部分

② 監督員の検査請求省略部分。既済検査時までに共通仕様書の要件を満たさない部分

▼**公共工事標準請負契約約款**▼

（前金払）

第三十四条　乙は、公共工事の前払金保証事業に関する法律（昭和二十七年法律第百八十四号）第二条第4項に規定する保証事業会社（以下「保証事業会社」という。）と、契約書記載の工事完成の時期を保証期限とする同条第5項に規定する**保証契約**（以下「**保証契約**」という。）を締結し、その**保証証書**を甲に寄託して、**請負代金額の一〇分の〇以内の前払金の支払を甲に請求することができる**。

2　甲は、前項の規定による請求があったときは、請求を受けた日から一四日以内に前払金を支払わなければならない。

3　乙は、**請負代金額が著しく増額された場合においては**、その増額後の請負代金額の十分の〇から受領済みの前払金額を差し引いた額に相当**する額の範囲内で前払金の支払を請求することができる**。この場合においては、前項の規定を準用する。

4　乙は、**請負代金額が著しく減額された場合**において、受領済みの前払金額が減額後の請負代金額の十分の○を超えるときは、乙は、**請負代金額が減額された日から三十日以内にその超過額を返還しなければならない**。

5　前項の超過額が相当の額に達し、返還することが前払金の使用状況からみて著しく不適当であると認められるときは、甲乙協議して返還すべき超過額を定める。ただし、請負代金額が減額された日から○日以内に協議が整わない場合には、甲が定め、乙に通知する。

6　甲は、乙が第4項の期間内に超過額を返還しなかったときは、その未返還額につき、同項の期間を経過した日から返還をする日までの期間について、その日数に応じ、年○パーセントの割合で計算した額の遅延利息の支払を請求することができる。

注　○の部分には、三十未満の数字を記入する。

注　○の部分には、たとえば、政府契約の支払遅延防止等に関する法律第八条の率を記入する。

（保証契約の変更）

第三十五条　乙は、前条第3項の規定により受領済みの前払金に追加してさらに前払金の支払を請求する場合には、あらかじめ、保証契約を変更し、変更後の保証証書を甲に寄託しなければならない。

2　乙は、前項に定める場合のほか、請負代金額が減額された場合において、保証契約を変更し、変更後の保証証書を直ちに甲に寄託しなければならない。

3　乙は、前払金額の変更を伴わない工期の変更が行われた場合には、甲に代わりその旨を保証事業会社に直ちに通知するものとする。

注　第3項は、甲が保証事業会社に対する工期変更の通知を乙に代理させる場合に使用する。

（前払金の使用等）

第三十六条　乙は、前払金をこの**工事の材料費、労務費、機械器具の賃借料、機械購入費（この工事において償却される割合に相当する額に限る。）、動力費、支払運賃、修繕費、仮設費、労働

（部分払）

第三十七条　乙は、工事の完成前に、出来形部分並びに工事現場に搬入済みの工事材料［及び製造工場等にある工場製品］（第十三条第2項の規定により監督員の検査を要するものにあっては当該検査に合格したもの、監督員の検査を要しないものにあっては設計図書で部分払の対象とすることを指定したものに限る。）に相応する請負代金相当額の十分の○以内の額について、次項以下に定めるところにより**部分払を請求することができる**。ただし、この請求は、工期中○回を超えることができない。

注　部分払の対象とすべき工場製品がないときは、［　］の部分を削除する。「十分の○」の○の部分には、たとえば、九と記入する。「○回」の○の部分には、工期及び請負代金額を勘案して妥当と認められる数字を記入する。

2　乙は、部分払を請求しようとするときは、あらかじめ、当該請求に係る出来形部分又は工事現場に搬入済みの工事材料［若しくは製造工場等にある工場製品］の確認を甲に請求しなければならない。

注　部分払の対象とすべき工場製品がないときは、［　］の部分を削除する。

3　甲は、前項の場合において、当該請求を受けた日から十四日以内に、乙の立会いの上、設計図書に定めるところにより、前項の確認をするための検査を行い、**当該確認の結果を乙に通知しなければならない**。この場合において、甲は、必要があると認められるときは、その理由を乙に通知して、出来形部分を最小限度破壊して検査することができる。

4　前項の場合において、検査又は復旧に直接要する費用は、乙の負担とする。

5　乙は、第3項の規定による確認があったときは、部分払を請求することができる。この場合においては、**甲は、当該請求を受けた日から十四日以内に部分払金を支払わなければ**

ならない。

6 部分払金の額は、次の式により算定する。この場合において第1項の請負代金相当額は、

(A) 内訳書が承認を受けている場合には、内訳書により定め、その他の場合には、甲乙協議して定める。

(B) 甲乙協議して定める。

ただし、甲が前項の請求を受けた日から〇日以内に協議が整わない場合には、甲が定め、乙に通知する。

部分払金の額≦第1項の請負代金相当額×（〇／一〇－前払金額／請負代金額）

(A) は第三条（B）を使用する場合に使用する。

「〇日」の〇の部分には、十四未満の数字を記入する。「〇／一〇」の〇の部分には、第1項の「一〇分の〇」の〇の部分と同じ数字を記入する。

7 第5項の規定により部分払金の支払があった後、再度部分払の請求をする場合においては、第1項及び第6項中「請負代金相当額」とあるのは「請負代金相当額から既に部分払の対象となった請負代金相当額を控除した額」とするものとする。

▼公共工事の前金払の分割に関する取扱要領（長野県）▲

（目的）

第1 この要領は、「公共工事の前金払に関する取扱要領について」（昭和三十九年六月十八日付三十九監第三二一号）に規定する前金払の適正な支払を確保するため、前金払を分割する取扱い（以下「前払金の分割」という。）について必要な事項を定めるものとする。

（範囲）

第2 前払金の分割をする対象は、一件の請負代金額が百万円以上の土木、建築に関する工事とする。ただし、次の各号に該当する工事は除くものとする。

(1) 参加希望型指名競争入札の工事

(2) 工期が百五十日に満たない工事（債務負担

2 前払金と公共工事標準請負契約約款

行為に係る契約の工事は、初年度の工期内（請負代金額のうち、二億円を超える部分については十分の三以内。）の額（以下「前払金請求総額」という。）の前払金を請求できるものとし、請負代金額の十分の二を超えるときに前払金を分割するものとする。

2　前払金の分割をする工事において、前払金を受けようとする者は、請負代金額の十分の四以内（請負代金額のうち、二億円を超える部分については十分の三以内。）の額（以下「前払金請求総額」という。）の前払金を請求できるものとし、請負代金額の十分の二を超えるときに前払金を分割するものとする。

ただし、次の各号に該当するときは分割しないものとする。

(1)　前払金請求総額が請負代金額の十分の二以下のとき

(2)　工期の二分の一を経過した後に前払金を請求するとき

(3)　債務負担行為に係る契約で次年度以降の工事において前払金を請求するとき

（公告・通知）

第3　前払金の分割をするときは、地方自治法施行令（昭和二十二年政令第十六号。）第百六十七条の六及び財務規則（昭和四十二年長野県規則

第二号）第百二十二条の規定により公告又は同法施行令第十六条の十二及び同規則第百三十四条の規定により通知するものとする。

（契約約款）

第4　前払金の分割をするときは、工事請負契約約款に前払金の分割をする条項を設けるものとする。

（申請）

第5　前払金保証証書（以下「保証証書」という。）は、前払金請求総額の保証証書とし、前払金請求総額を分割した別記様式第一号及び第二号による前払金請求書を同時に受領するものとする。

ただし、第二第2項のただし書の各号に該当するときは別記様式第三号による前払金請求書を受領するものとする。

（支払）

第6　前払金の分割は、次の方法により支払うものとする。

(1)　前払金請求総額が請負代金額の十分の二を超えるときは、当初に請負代金額の十分の二に相当する額の前払金について、請求を受け

た日から十四日以内に支払うものとする。

(2) 前払金請求総額から前号により支払済みの前払金を差し引いた額の前払金（以下「二回目の前払金」という。）は、請求を受けた日から三十日目に支払うものとする。その際、発注者は、請求を受けた日から三十日目の期日を、別記様式第二号による前払金請求書に記載するものとする。

2 発注者が認めたときは、前項に定める支払によらないこともできるものとする。

3 発注者は、別記様式第二号による前払金請求書について請求を受けた日から支出を命令するまでの間、自ら又はその指定する職員に保管させるものとする。

4 支払日が休日に当たるときは、休日を除いた翌日を支払日とする。

(分割払の請求単位)
第7 前払金の請求単位は万円止であることから、前払金の分割額に端数（千円単位）が生じると

きは、当初の前払金において、当初に切り捨てた端数を計上するものとする。

(請負代金額の変更)
第8 工事の変更等により、二回目の前払金の支払が終了しない間に請負代金額が著しく増額したときは、二回目の前払金の支払後において増額後の請負代金額の十分の四から受領済みの前払金額を差し引いた額以内の前払金を支払うことができるものとする。

2 工事の変更等により、前払金の支払が終了しない間に請負代金額が著しく減額したときは、二回目の前払金を変更できるものとする。

(部分払)
第9 部分払は、前払金の受領後に請求できるものとする。

(違反等)
第10 次の各号の一に該当するときは、第六第2項の規定により、発注者は二回目の前払金の支払を遅らせることができるものとする。

（1）請負者が前払金を当該工事以外の目的に使用したとき
（2）請負者の責による、著しい履行遅滞が認められるとき
（3）前各号に掲げるもののほか、発注者が特に必要と認めたとき

（その他）
第11 この要領に定めるもののほか必要な事項は、「公共工事の前金払に関する取扱要領について」によるものとする。

附則
本要領は、平成十六年三月一日から施行する。

3 監督員の業務における判断（監督員）

Q14 監督員による施工計画書のチェック事項と施工時の設計変更の考え方を説明してください。

A1 施工計画書は工事内容を把握するとともに契約に関する事項についてもチェックする必要があります。しかしながら多くは形式どおりの施工計画書が提出されています。また、内容を確認していない監督員もいます。このような場合、事故などによる発注者責任が問われたときに、発注者として対応がとれず、刑事責任や民事責任での問題発生が懸念されます。

【キーポイント80】
（施工計画書の注意事項）

施工計画書は、**工事概要、現場組織表、安全管理（緊急連絡体制含む）、工程表、指定機械、主要資材、施工法・施工図、危険工程、品質管理工程、検査規格、検査成績書、地元対策**などをいいます。ただし、施工要領書というものがあります。施工要領書は施工計画書を補足するもので、実際の工事施工の要領、危険工程に対して詳細に実施手順を記述した具体的な施工方法を示すものです。

監督員は、施工計画書が現場の状況を把握できるような内容になっているか充分にチェックしておきます。「**施工計画書のチェックは発注者責任**」と理解して、施工法や管理形式と役割など、現場との整合性に誤記のないように常に書き直すように請負者に指導してください。**施工計画書は工事成績評価の対象**となります。

① 施工計画書を把握することは「**発注者責任**」であり、「**安全管理体制の確認と安全性確保**」を徹底し、**事故などが発生した場合は発注者責任が問われる**ことを認識してください。

② 「**現場の施工内容**」と「**設計書の内容**」が異なる

キーポイント 80

3 監督員の業務における判断

ことが生じないよう完了時まで見直しを指導すべきです。

③ 施工計画書は「設計書との整合性」、具体的な施工方法などを明記し現場状況の把握ができるものとしますが、**企業提案することも施工計画書に明記**するようにしてください。職員と地域の技術力向上であると理解してください。

【キーポイント81】
（施工計画書のチェック内容）
施工計画書の主なチェック内容について説明します。
（1）現場組織表
資材の納品は品質管理担当者、KY指示書は安全管理担当者など、ほかの書類との整合性を図ること。**組織分担がなされ実質的な関与が記載されているか**を確認のこと。
【キーポイント14】（主任技術者と監理技術者の役割）

【キーポイント39】（「主たる業務」の意味）
（2）安全管理
安全管理体制、防災体制（豪雨時などの見回りなどを含む）を確認のこと。現場で安全巡視、安全訓練、TBM、KY、店社安全パトロール、足場・止保工の作業主任者などによる管理体制の内容が記載され確実に履行されていることを確認のこと。
【キーポイント17】（安全衛生管理体制とは）
緊急連絡体制は確実連絡がつく方法を記載。必ず現場代理人の携帯電話番号は記載のこと。
（3）指定機械
① 積算で使用した機械と同等か。
② 排ガス対策、騒音・振動対策の機械が使用されているか。
持込機械使用届、持込機械等電気工具電気溶接機械使用届、工事用車両届で確認のこと。
【キーポイント114】（騒音、振動防止対策が必要な区域）、【キーポイント115】（騒音、振動防止対策の発注者の考え方）、【キーポイント116】（騒音、振動防止対策の受注者の考え方）、【キーポイン

232

キーポイント81

全建統一様式第3号

年　月　日

持込機械等 ［ 移動式クレーン／車両系建設機械 ］ 等 使用届

事業所の名称 ＿＿＿＿＿＿＿＿＿＿　　一次会社名 ＿＿＿＿＿＿＿＿＿
所　長　名 ＿＿＿＿＿＿＿＿＿殿　　持込会社名（　　次）＿＿＿＿＿＿＿＿＿
　　　　　　　　　　　　　　　　　　代表者名 ＿＿＿＿＿＿＿＿＿㊞
　　　　　　　　　　　　　　　　　　電　　話 ＿＿＿＿＿＿＿＿＿

このたび、下記機械等を裏面の点検表により、点検整備のうち持込・使用しますので、お届けします。
なお、使用に際しては関係法令に定められた事項を遵守します。

使用会社名				代表者名			
							㊞
	名称	メーカー	規格・性能			製造年	管理番号（整理番号）
機械						年	
持込年月日		使用場所				自社・リースの区別	
搬出予定年月日						自社	リース
運転者（取扱者）	氏　名			資格の種類			
	(正)						
	(副)						
自有主効検査限	定期	年次		移動式クレーン等の性能検査有効期限		自動車検査証有効期限	
		月次					
		特定					
任意保険	加入額	対人		千円	搭乗者	千円	
		対物		千円	その他	千円	
機械等の特性・その他使用上注意すべき事項							
元請確認欄			受理番号		受領証の受領確認欄（持込会社）		
	担当者				年　月　日		

持 込 時 の 点 検 表

所 有 会 社 名				代 表 者 名				機 械 名
								1 クレーン
								2 移動式クレーン
								3 デリック
移動式クレーン等				車両系建設機械等				4 エレベーター
								5 建設用リフト
点 検 事 項			点検結果		点 検 事 項		点検結果	6 高所作業車
			(a)	(b)			(a)	(b)	7 ゴンドラ

		点検事項	(a)	(b)			点検事項	(a)	(b)	機械名
A クレーン部（上部旋回体）	安全装置	巻過防止装置			D 安全装置	各種ロック	旋回			8 ブル・ドーザー
		過負荷防止装置					バケット			9 モーター・グレーダー
		フックのはずれ止め					ブーム・アーム			10 トラクターショベル
		起伏制御装置								11 ずり積機
		旋回警報装置								12 スクレーパー
	制御装置・作業装置	主巻・補巻								13 スクレープ・ドーザー
		起伏・旋回					警報装置			14 パワーショベル
		クラッチ					アウトリガ			15 ドラグ・ショベル
		ブレーキ・ロック					ヘッドガード			（油圧ショベル）
		ジブ					照明			16 ドラグライン
		滑車			E 作業装置		操作装置			17 クラムシェル
		フック・バケット					バケット・ブレード			18 バケット掘削機
		ワイヤーロープ・チェーン					ブーム・アーム			19 トレンチャー
		玉掛用具					ジブ			20 コンクリート圧砕機
	その他	操作装置					リーダ			21 くい打機
		性能表示					ハンマ・オーガ・バイブロ			22 くい抜機
		照明					油圧駆動装置			23 アース・ドリル
B 車両部（下部走行体）	走行部	ブレーキ					ワイヤーロープ・チェーン			24 リバース・サーキュレーション・ドリル
		クラッチ					つり用具等			
		ハンドル					滑車			25 せん孔機
		タイヤ			F 走行部		ブレーキ			26 アース・オーガー
		クローラ					駐車ブレーキ			27 ペーパー・ドレーン・マシン
	安全装置等	警報装置					ブレーキロック			28 地下連続壁施工機械
		各種ミラー					クラッチ			29 ローラー
		方向指示器					操縦装置			30 クローラドリル
		前後照灯					タイヤ・鉄輪			31 ドリルジャンボ
		左折プロテクター					クローラ			32 ロードヘッダー
		アウトリガ			G 電気装置		配電盤			33 アスファルトフィニッシャー
		昇降装置					配線			34 スタビライザ
		ベッセル					絶縁			35 ロードプレーナ
		後方監視装置					アース			36 ロードカッター
C ゴンドラ		突りょう			H その他					37 コンクリート吹付機
		作業床								38 ボーリングマシーン
		昇降装置								39 重ダンプトラック
		電気装置								40 ダンプトラック
		ワイヤ・ライフライン								41 トラックミキサー
(a)	点検日	年月日 、 、	点検者		(印)	(b)	点検者	年月日 、 、	(印)	42 散水車
										43 不整地運搬車
										44 コンクリートポンプ車
										45 その他

（注） 1. 持込機械等の届出は、当該機械を持込む会社（貸与を受けた会社が下請の場合はその会社）の代表者が所長に届け出ること。
2. 点検表の点検結果欄には、該当する箇所へ✓印を記入すること。
3. 自社の点検表にて点検したものは、その点検表を貼付する（転記の必要はなし）。
4. 機械名1から6まではAB欄を、7はC欄を、8から38まではD、E、F、G欄を39から43まではB欄を、44はB、D、E欄を使用して点検すること。
5. 点検結果の a は、機械所有会社の確認欄とし、b は持込会社又は機械使用会社の確認欄とする。元請が確認するときは、b の欄を利用すること。

全建統一様式第4号　　　　　　　　　　　　　　　　　　年　月　日

持込機械等［電気工具／電気溶接機 等］使用届

事業所の名称 ＿＿＿＿＿＿＿＿＿　　　一次会社名 ＿＿＿＿＿＿＿＿＿
所　長　名 ＿＿＿＿＿＿＿＿＿ 殿　　持込会社名（　次　） ＿＿＿＿＿＿＿＿＿
　　　　　　　　　　　　　　　　　　代表者名 ＿＿＿＿＿＿＿＿＿ 印
　　　　　　　　　　　　　　　　　　電　　話 ＿＿＿＿＿＿＿＿＿

このたび、下記機械等を裏面の点検表により、点検整備のうち持込・使用しますので、お届けします。
なお、使用に際しては関係法令に定められた事項を遵守します。

| 番号 | 電気機械器具等 | | ※管理番号 | 持込年月日 | 点検者 | 取扱者 |
	名　称	規格・性能	受理証番号	搬出予定年月日		
1				年　月　日		
				年　月　日		
2				年　月　日		
				年　月　日		
3				年　月　日		
				年　月　日		
4				年　月　日		
				年　月　日		
5				年　月　日		
				年　月　日		
6				年　月　日		
				年　月　日		
7				年　月　日		
				年　月　日		
8				年　月　日		
				年　月　日		
9				年　月　日		
				年　月　日		
10				年　月　日		
				年　月　日		

機械の特性、その他その使用上注意すべき事項	

確認欄		受領証の受領確認欄（持込会社）	
	担当者	年　月　日	確認者

3　監督員の業務における判断

持込時の点検表

点検日　　　年　月　日

点検事項＼番号	電気機械器具等									
	1	2	3	4	5	6	7	8	9	10
アース線										
接地クランプ										
キャプタイヤケーブル										
コネクタ										
接地端子の締結										
充電部の絶縁										
自動電撃防止装置										
絶縁ホルダー										
溶接保護面										
操作スイッチ										
絶縁抵抗測定値										
各種ブレーキの作動										
手すり・囲い										
フックのはずれ止め										
ワイヤロープ・チェーン										
滑車										
回転部の囲い等										
危険表示										
〔その他〕											

機械器具名
①高速カッター
②グラインダー
③電動ドリル
④電工ドラム
⑤電動ねじ切り機
⑥電動ハンマー
⑦交流アーク溶接機
⑧電動ウインチ
⑨バイブレーター
⑩ポンプ類
⑪発電機
⑫コンプレッサー
⑬送風機
⑭ミキサー類
⑮電動チェンブロック
⑯ボーリングマシン
⑰電動丸のこ
⑱その他

(注) 1. 持込電気機械器具等の届出は、当該機器を持込む会社（貸与を受けた会社が下請の場合はその会社）の代表者が現場代理人に届け出ること。
2. 点検表の点検結果欄には、該当する箇所へ、レ印を記入すること。
3. 絶縁抵抗の測定については、測定値（MΩ）を記入すること。
4. 持込機械届出受理証を持込機械等に貼付けること。

全建統一様式第6号

元請確認欄

年　月　日

工　事　用　車　両　届

事業所の名称 ＿＿＿＿＿＿＿＿＿　　　一次会社名 ＿＿＿＿＿＿＿＿＿
所　長　名 ＿＿＿＿＿＿＿＿殿　　　会　社　名 ＿＿＿＿＿＿＿＿＿
　　　　　　　　　　　　　　　　　　（　　次）
　　　　　　　　　　　　　　　　　　現場代理人
　　　　　　　　　　　　　　　　　　（現場責任者）　　　　　　　　㊞

下記の通り車両を運行しますので、お届けいたします。

使用期間		〜		
所有者氏名		安全運転管理者氏名		
車両	型式		車両番号	
	車検期間		〜	
運転手	氏名		生年月日	
	住所		〜	
	免許の種類		免許番号	
自賠責	保険会社名		証券番号	号
	保険期間		〜	
任意保険	保険会社名		証券番号	号
	対人　　　　万円　対物　　　　万円　搭乗者　　　　万円			
	保険期間		〜	
運行経路				

（注）1．この届出書は車両1台ごとに提出すること。
　　　 2．この届出書に「任意保険」の証書（写）を添付し提出すること。
　　　 3．マイクロバス等についても記載すること。
　　　 4．運転者が変った場合はその都度届出ること。

ト117】(特定建設作業とは)、【キーポイント118】(特定建設作業の規制基準)、【キーポイント119】(排ガス対策の受注者の考え方)参照

③吊り作業機械は重量を考慮して使用されているか。バックホウの用途外使用（アタッチメントなどは可）など、電気溶接の注意事項などの労働安全衛生法について注意すること。

(4) 主要資材

【キーポイント91】(使用材料と材料承諾の注意事項)、【キーポイント92】(工場検査の考え方)参照

①設計時、材料承諾と施工の相違はないか。RC（リサイクル材）40を使用しないでC（クラッシャーラン）40を使用できる判断は近くのプラント（四十キロメートル以内）に在庫がない場合のみ可能。

②コンクリートの配合は正しいか。旧制度の配合で設計されたが、新制度の配合で施工される場合が見受けられる。鉄筋も同様に旧制度仕様で施工される場合がある。また土木と建築の仕様は異なるので注意のこと。

③ポルトランドセメント、高炉セメントの養生期間は五日と七日、早強セメントは三日で異なるから注意のこと。

④危険物・有害物などは火気使用願、危険物・有害物持込使用届との整合性を図ること。

⑤塗料や接着剤などの化学物質使用量は、PRR（化学物質の排出等の届出の義務づけ）制度の対象となります。MSDS（化学物質安全性データシート）により工事における使用量を具体的に記載する必要があります。

(5) 施工方法

受注者は公共工事標準請負契約約款第十八条に基づく施工方法の照査を行う。施工方法・仮設計画が具体的に記述されていることが原則。設計と異なった場合は、照査報告書を提出させること。

①土の締固厚さは、路体、路床は異なるので明確に記述のこと。

②コンクリートの打設計画、養生方法も明確に記述のこと。

③仮設計画での土留支保工の計算書は現場の土質

全建統一様式第8号

元請確認欄	

年　月　日

火　気　使　用　願

事業所の名称　_____　　　会　社　名　_____

所　長　名　_____殿　　　会　社　名　_____

現場代理人
（現場責任者）　_____　㊞

下記の要領で火気を使用したく許可願います。なお、火気使用の終了時には、必ずその旨報告いたします。

使 用 場 所			
使 用 目 的	溶接・溶断・圧接・防水・乾燥・採暖・湯沸	使用期間	12月26日　〜　12月26日
	炊事・その他（　　　　　　　　）	使用時間(原則)	11時10分　〜　11時10分
火気の種類	電気・ガス・灯油・重油・木炭・薪・その他（　　　　　　　　）		
管 理 方 法	消火器・防火用水・消火砂・防災シート・受皿・標識・監視、		
	取扱上の注意（　　　　　　　　　　　　　　　）		
火元責任者
(後始末巡回者)			
火気使用責任者			

※使用目的、火気の種類、管理方法は該当事項を○で囲んで下さい。

許 可 第　　　号	（許可 年月日）	年　月　日
火気使用許可	防　火　管　理　者	
	担　当　係　員	
許　可　条　件		

※毎日時間で管理する場合は、この様式を参考にして書式を作成して下さい。

全建統一様式第7号

| 元 請 |
| 確認欄 |

年　月　日

危険物・有害物持込使用届

事業所の名称　＿＿＿＿＿＿＿＿＿＿　　　一次会社名　＿＿＿＿＿＿＿＿＿＿
所　長　名　＿＿＿＿＿＿＿＿＿殿　　　会　社　名　＿＿＿＿＿＿＿＿＿＿
　　　　　　　　　　　　　　　　　　　（　　次　）

　　　　　　　　　　　　　　　　　　　現場代理人
　　　　　　　　　　　　　　　　　　　（現場責任者）　　　　　　　　　　㊞

　このたび、下記の危険物・有害物を持込み使用するのでお届けします。なお、使用に際しては、関係法規に定められた事項を遵守するとともに盗難防止に努めます。

使用材料	商品名	メーカー名	搬入量	種別	含有成分

工事名及び使用場所	(災害又は健康障害の発生しやすい場所は必ず記入する)

保管場所		使用機械又は工具	

使用期間	平成11年12月26日　〜　　　〜　　　　　　　　(予定)　(予定)

作業主任者	(屋内作業場、タンク等で許容消費量の有機溶剤を取り扱う作業又は特定化学物質等を取り扱う作業は技能講習修了者)

危険物取扱責任者	(消防法で決められた量以上を貯蔵する場合は、危険物取扱の免許取得者)

換気方法・種類	(主なものを記入する。詳細は別に計画書を作成する)

備考	(防毒マスクなどの使用又は他の職種に関係ある事項などを記入する)

(注) 1. 商品名、種別、含有成分等は材料に添付されているラベル成分表等から写し、記入して下さい。
　　 2. 危険物とは、ガソリン、軽油、灯油、プロパン、アセチレンガスなどをいう。
　　 3. 有害物とは、塗装、防水などに使用する有機溶剤、特定化学物質などをいう。

④建築などの施工済み箇所の**養生方法**、土木工事の構造物、のり面の**保護工**は具体的に記述されているか。

を適切に判断して計算されているか。

(6) 施工管理計画

① 出来形管理基準、品質管理基準、写真管理基準は共通仕様書に従って明確に記載されているか。

② 補修計画の実施の仕方は明確か。監督員への報告や立会が伴わない、受注者の勝手な補修は禁止されています。

③ **段階確認**、検査計画を共通仕様書に従い明確に記載しているか。【**キーポイント93**】（段階確認の考え方）、【**キーポイント94**】（段階確認の注意事項）参照

(7) 地元対策

① 交通遮断などは**地元との連絡体制**、**夜間の保安対策**、バリケード、クッションドラムの配置が記されているか。

② 機材などの**輸送ルート**、**輸送方法**、**誘導員・標識・安全施設類**の配置計画は適切であるか。

③ 地元との調整、騒音・振動・汚濁などの**環境対策**、**イメージアップ対策**が記されているか。

④ 現場事務所の資材・廃棄物置き場の仮囲い、火気対策（消火器、休憩所（熱中対策・受動喫煙対策）への配慮は適切か。

⑤ 建設廃棄物の処分場所、収集運搬方法は適切か。**廃棄物処理方法を明確にした施工計画書**を作成し、発注者に提出。【**キーポイント47**】（廃棄物処理法の元請業者の役割）、【**キーポイント99**】（現場での建設廃棄物の減量化の考え方）、【**キーポイント100**】（建設廃棄物の処分委託前の確認事項）、【**キーポイント101**】（建設廃棄物の処分委託の注意事項）、【**キーポイント102**】（建設廃棄物の収集運搬委託の注意事項）参照

(8) その他

受注者が企業提案することは**施工計画書に明記**されているか。企業提案は地域の技術力を向上させる手段である。

A2

工事の進捗に伴い条件が変更することがあります。これを契約の履行確保の視点から、作業を進めてください。監督員が把握する現場条件と発注時の条件が異なることで設計変更になります。落札予定価格とされる設計金額を超えるような契約変更になるケースもよく聞かれます。これは設計変更に対する監督員の知識が十分でないことが原因です。監督員が実施する確認、調査、検討、通知について説明します。

【キーポイント82】

（共通仮設費）

共通仮設費の積算は工事名ではなく工種区分としては土木請負工事の共通仮設費、算定に関するものとしては、平成十八年三月十八日付け国土交通省大臣官房技術審議官発で通知された「**土木請負工事の共通仮設費算定基準の一部改正について**」、「わかりやすい土木工事積算」（発行：社団法人全日本建設技術協会）に記載があります。この通知によれば、共通仮設費の算定に関する一般的事項として、「**工種区分は、工事名にとらわれることなく、工種内容によって適切に選定するものとする。**」となっています。この工種区分として別表１に「河川工事」から「情報ボックス工事」まで十一区分が掲載されています。過去に山岳トンネル方式で設計されて発注されていた下水道工事がありましたが、「下水道工事の積算」について、「（下水道工事の）**共通仮設費の積算については『土木請負工事の共通仮設費算定基準について』に準拠して積算するものとする。**」とされていることから、工事名にとらわれることなく、工種内容によって工種区分を決定すべきです。構造物の具体的な形式の詳細を明確に検討したうえで積算を行ってください。

A3

低入札で落札された工事では安全管理費が疎かにされています。現場事務所や安全衛生管理体制が不十分な状況が見られます。しかし、設計変更時には安全管理費についての検証が行われていないのが現状です。監督員は管理業務から注意が必要です。

【キーポイント83】

（公共工事における現場事務所の設置についての判断）

公共工事における経費の一つとして、営繕費の中の現場事務所の設置費については、いくら以上の工事価格・請負費のときに設置すべきかではなく、発注金額に係わらず設置するのが原則です。

公共土木工事の積算については、市町村の場合、通常、その都道府県の積算基準を準用するものと思われますが、ここでは、国土交通事務次官通達の「土木請負工事工事費積算要領及び土木請負工事工事費積算基準の制定について」（国官技第三百二十三号 平成十五年三月二十四日）の場合を例として以下に判断してください。

現場事務所の設置に要する費用は、工事原価における間接工事費の共通仮設費に含まれ、営繕費として計上することとされています。ただし営繕費の算定についての現場事務所の設置は国土交通省大臣官房技術審議官発の「土木請負工事の共通仮設費算定基準の一部改正について」（国官技第三五一号 平成十四年三月十八日）に示すとおり、一部の積み上げ項目を除き、工種区分による所定の率に直接工事費などの対象額を乗じて得た額を計上することとなっています。したがって、現場事務所の設置に要する費用は計上されていて発注金額に係わらず設置するのが原則と判断するべきです。

特に、「第十一次労働災害防止五か年計画」では、建設現場などにおける快適職場形成の促進、疲労回復を図るための施設、喫煙対策など快適な職場環境の形成をあげていて、労働安全衛生法や労働行政の面から、現場事務所の設置については、十分な配慮が必要です。

近年、現場事務所の設置に要する費用としての営繕費の算定が積算の段階で適切に査定することが困難となってきています。実態調査により直接工事費などこれらの費用の統計的関連から「所定の率」により算定されているからです。

3 監督員の業務における判断

キーポイント83

A4

設計変更により、発注時の契約金額から大幅な増額となることが度々あります。これは契約に先立ち、特記仕様書や設計変更要領に基づいて工事を発注するのかを考慮しないで、入札・契約担当者や監督員が判断しているからです。また、仮設計画にも影響を与えますので、現場の契約条件との整合性を確認しておくことは監督員の重要な業務です。

【キーポイント84】
(設計変更要領)

設計変更の要領は発注者（自治体）により異なりますが、概要は次のとおりです。

(1) 用語の定義

設計変更要領において、次に掲げる用語の意義を定めています。

① **設計変更**とは、**契約の目的を変更しない範囲**において**設計図書の一部を変更する**こと。

② **軽微な設計変更**とは、**工事の基本的な内容に重大な影響を及ぼさない**ことをいい、ほとんどの設計変更は総括監督員の判断で処理できる軽微な設計変更。

③ **変更契約**とは、**発注者の規則や規定により契約の変更を締結**すること。

④ 追加工事とは、工事区間内で工事目的を追加して施工すること、または工事区間外に延長して工事を追加すること。

(2) 設計変更の適用基準

設計変更の適用については、次に定められています。

① 自然災害、その他不可抗力により設計図書どおり施工することが不可能となった場合。

② 設計図書と工事現場の状況が一致しない場合。

③ 図面と仕様書が交互に符合しない場合および設計図書に誤りがある場合。

④ 新工法の採用、またはそのほかの理由により工法的に変更した場合。

⑤ 発注時おいて確認困難な要因に基づく場合（推定岩盤線、地盤支持力、土質および地下埋設物など）。

⑥ 設計図書に示された施工条件が実際と異なる場合。

⑦ 他事業に起因する事由、関係法令の改正などにより設計条件の変更が必要な場合。

⑧ 工事を設計図書どおり施工することが自然環境の適正な保全に抵触し、また、工事施工区域において要望があるなどの事由があり、公益上変更の必要があると認められる場合。

⑨ 賃金または物価の著しい変動による場合。

⑩ 工事を中止または延期する必要が生じた場合。追加工事については別件契約となります。ただし、既契約の目的、効用を著しく変えることなく、契約工事と切り離すことが適当でないと認められる場合は、設計変更にて処理されます。

(3) 設計変更の範囲

設計変更については、次のいずれかに該当する場合に限り行うことができます。

① 当初請負代金額から増額される金額が、当初請負代金額の三〇％未満（軽微な設計変更は一〇％）、かつ〇〇万円未満（発注者により指定

の増額の場合。

② 前号の範囲を超える場合であって、現に契約中の工事と分離して施工することが困難な場合で必要と認められた場合。

③ 設計変更により減額する場合。
＊増額される金額は自治体により異なりますが、当初請負代金額の三〇％未満かつ三千万円未満とされています。ただし、当初請負代金額の三〇％が百万円に満たない場合は、百万円まで増額できます。軽微な設計変更は、当初請負代金額の一〇％が百万円に満たない場合は、百万円までです。

(4) 契約変更の手続き

設計変更が生じたときは、そのつど、遅滞なく変更契約を行います。規定により設計変更を行おうとする場合は、あらかじめ、工事変更（追加工事）施工伺により担当課長と協議した後、支出負担行為伺により決裁を受けた後に着手します。しかし、規定される設計変更であっても、増減される額が当初請負代金額の三〇％以上かつ〇〇万円以上の場合は、

あらかじめ工事変更（追加工事）施工伺によりその適否を諮るものとされています。

(5) 設計変更による追加工事

設計変更の適用基準の規定により、やむをえず設計変更により追加工事を行おうとする場合は、次の規定によるものとされています。

① 追加工事に係る工事費の合計が〇〇万円未満の場合は、契約変更の手続きは担当課長の協議と決裁を受けます。

② 追加工事に係る工事費の合計が三〇％以上かつ〇〇万円以上の場合は、工事変更（追加工事）施工伺によりその適否を諮って決定されます。

(6) 変更請負代金額の算定

変更請負代金額は、設計変更額に当初請負比率を乗じたものとされます。

(7) 設計変更図書の作成

設計変更に伴う設計変更図書の作成は、新旧を明確にするとともに、変更理由を次の順序で箇条書きにより記載して提出します。

① 大きい構造の変更理由および処置

② 大きい数量の変更理由および処置

③ 工期延長などの理由

④ 些細な構造、数量の変更理由

【キーポイント85】

(指定仮設での積算と実際の供用日数の差異は設計変更)

泥水シールド工事などでは、土質条件や掘削機械の性能などで稼働日数が変化し日進量に影響を受けます。施工条件と異なった結果、泥水処理作業に必要な仮設工の供用日数や進捗と密接に関連します。

一般的には指定仮設も変更することになると考えられます。

その対応は、最初に特記仕様書などや設計変更要領に記載されている設計変更についての記載を精査し、シールド工日進量の設計変更を行うかどうかを判断することが必要です。

次に特記仕様書などや設計変更要領を精査した後、

設計図書と現場状況が一致しないと判断し、積算の日進量と泥水処理作業工の稼働日数を明確にします。

設計変更図書の作成に従い、数量の計上を行うとともに、**仮施設・仮設工の指定と任意の別**、**仮施設・仮設工を設計変更する場合の考え方**などを特記仕様書、設計変更要領から施工条件明示書などに明示し、変更契約を締結することが重要と考えられます。

▼公共工事標準請負契約約款▼

（設計図書不適合の場合の改造義務及び破壊検査等）

第十七条　乙は、**工事の施工部分が設計図書に適合しない場合**において、監督員がその改造を請求したときは、当該請求に従わなければならない。この場合において、当該不適合が監督員の指示によるときその他甲の責に帰すべき事由によるときは、**甲は、必要があると認められるとき**は工期若しくは請負代金額を変更し、又は乙に損害を及ぼしたときは必要な費用を負担しなければならない。

2　監督員は、乙が第十三条第2項又は第十四条第1項から第3項までの規定に違反した場合において、**必要があると認められるとき**は、工事の施工部分を破壊して検査することができる。

3　前項に規定するほか、監督員は、工事の施工部分が設計図書に適合しないと認められる相当の理由がある場合において、**必要があると認められるとき**は、当該相当の理由を乙に通知して、工事の施工部分を最小限度破壊して検査することができる。

4　前2項の場合において、検査及び復旧に直接要する費用は乙の負担とする。

（条件変更等）

第十八条　乙は、工事の施工に当たり、次の各号の一に該当する**事実を発見したとき**は、その旨を直ちに監督員に通知し、その**確認**を請求しなければならない。

一　図面、仕様書、現場説明書及び現場説明に

対する質問回答書が一致しないこと（これらの優先順位が定められている場合を除く）

二　設計図書に誤謬又は脱漏があること

三　設計図書の表示が明確でないこと

四　工事現場の形状、地質、湧水等の状態、施工上の制約等設計図書に示された自然的又は人為的な施工条件と実際の工事現場が一致しないこと

五　設計図書で明示されていない施工条件について予期することのできない特別な状態が生じたこと

2　監督員は、前項の規定による確認を請求されたとき又は自ら前項各号に掲げる事実を発見したときは、乙の立会いの上、直ちに調査を行わなければならない。ただし、乙が立会いに応じない場合には、乙の立会いを得ずに行うことができる。

3　甲は、乙の意見を聴いて、調査の結果（これに対してとるべき措置を指示する必要があると

きは、当該指示を含む。）をとりまとめ、調査の終了後〇日以内に、その結果を乙に通知しなければならない。ただし、その期間内に通知できないやむを得ない理由があるときは、あらかじめ乙の意見を聴いた上、当該期間を延長することができる。

4　前項の調査の結果において第1項の事実が確認された場合において、必要があると認められるときは、次の各号に掲げるところにより、設計図書の訂正又は変更を行わなければならない。

一　第1項第一号から第三号までのいずれかに該当し設計図書を訂正する必要があるもの甲が行う。

二　第1項第四号又は第五号に該当し設計図書を変更する場合で工事目的物の変更を伴うものの甲が行う。

三　第1項第四号又は第五号に該当し設計図書を変更する場合で甲乙協議して工事目的物の変更を伴わないもの甲が行う。

5　前項の規定により設計図書の訂正又は変更が

行われた場合において、甲は、必要があると認められるときは工期若しくは請負代金額を変更し、又は乙に損害を及ぼしたときは必要な費用を負担しなければならない。

（設計図書の変更）
第十九条　甲は、必要があると認めるときは、設計図書の変更内容を乙に通知して、設計図書を変更することができる。この場合において、甲は、必要があると認められるときは工期若しくは請負代金額を変更し、又は乙に損害を及ぼしたときは必要な費用を負担しなければならない。

▼労働安全衛生法▼
（事業者の講ずる措置）
第七十一条の二　事業者は、事業場における安全衛生の水準の向上を図るため、次の措置を継続的かつ計画的に講ずることにより、快適な職場環境を形成するように努めなければならない。
一　作業環境を快適な状態に維持管理するための措置
二　労働者の従事する作業について、その方法を改善するための措置
三　作業に従事することによる労働者の疲労を回復するための施設又は設備の設置又は整備
四　前三号に掲げるもののほか、快適な職場環境を形成するため必要な措置

4 工事中止と損害の判断（監督員）

❶ 工事中止

Q15 工事の中止や工期の延長の検討および報告を受けた場合、その後の対応についての判断を説明してください。

A 工事の中止、工期の延長には、例えば、「工事期間内で休暇や積雪により工事を一時中断する場合」と「文化財発掘の問題により六か月間の工事の中止を受けた場合」などのケースがあります。

主任技術者を兼ねた現場代理人は拘束され続け、他工事への配置替えはできません。再開の時期は監督員の指示によりますので、現場代理人拘束の妥当性の検討を行います。

まず、監督員の工事の中止の判断ですが、その **中止期間内でほかの工事の現場代理人を行うことができるか否かの問題が発生します**。現場代理人の工事現場常駐制から、発注者が判断すべき事項は、その工事に支障が出ないことを第

一にして、その可否を決定すべきです。

【キーポイント86】
（工事中止命令は専任の主任技術者などの賃金補償問題）

工事の中止命令を行うと、現場代理人の工事現場常駐制との問題が発生します。この **「常駐制の義務づけ」は建設業法の規定ではなく、「工事請負契約」上の定めである** ことを理解してください。発注者と受注者は現場代理人については、「工事請負契約約款の第十条第2項で契約の履行に関し、工事現場に常駐し…、(以下略)」と規定されているからです。**発注者が判断すべき事項** は、その工事に支障が出ないことを第一にして、「常駐とは、当該工事を担当している期間中、特別の理由のある場合を除き常に工事現場に滞在し

ていることを意味するもので、発注者または監督員との連絡に支障をきたさないことを目的としたものの。」を意味しています。したがって、受注者の現場代理人は発注者との連絡に支障をきたさないような対応を図ってください。これは中止期間内でほかの工事の現場代理人を行うにあたり、現場の安全などの保全と管理資料を確実に把握しておく必要があります。管理資料については、【キーポイント28】（現場代理人の兼務を認めるときの判断）を参照しておくことも必要です。

一方、常駐制の義務づけを行った場合、賃金補償として必要な費用を負担しなければならない問題が発生します。

公共工事標準請負契約約款の第二十条（工事の中止）の1項において「工事用地等の確保ができない等のためまたは暴風、‥‥‥そのほかの自然的または人為的な事象であって乙の責に帰すことができないものにより工事目的物等に損害を生じ若しくは工事現場の状態が変動したため、乙が工事を施工できないと認められるときは、甲は工事の中止内容

を直ちに乙に通知して、工事の全部または一部の施工を一時中止させなければならない。」としています。文化財発掘の問題はこの第二十条（工事の中止）に該当します。

同第二十条第3項では「甲は、前2項の規定により工事の施工を一時中止させた場合において、必要があると認められるときは工期若しくは請負代金額を変更し、または乙が工事の続行に備え工事現場を維持若しくは労働者、建設機械器具等に係る工事の続行に備えるための費用そのほかの工事の一時中止に伴う増加費用を必要とし若しくは乙に損害を及ぼしたときには必要な費用を負担しなければならない」とされているからです。

発注者である甲は「第二十条の第1項及び第2項の規定により工事の施工を一時中止させた場合において、必要があると認められるときは工期若しくは請負代金額を変更し、又は乙が工事の続行に備え工事現場を維持し若しくは労働者等を保持するための費用そのほかの工事の施工の一時中止に伴う増加費用を必要として請負契約の変更を行う」べきでしょ

4 工事中止と損害の判断

❶ 工事中止

う。工事の一時中止は契約の変更を伴い、再開に時間がかかり難しい対応が必要となります。「常駐制の義務づけ」はできるだけ避けるべきです。

▼公共工事標準請負契約約款▲

（工事の中止）

第二十条　工事用地等の確保ができない等のため又は暴風、豪雨、洪水、高潮、地震、地すべり、落盤、火災、騒乱、暴動その他の自然的又は人為的な事象（以下「天災等」という。）であって乙の責に帰すことができないものにより工事目的物等に損害を生じ若しくは工事現場の状態が変動したため、乙が工事を施工できないと認められるときは、甲は、工事の中止内容を直ちに乙に通知して、工事の全部又は一部の施工を一時中止させなければならない。

2　甲は、前項の規定によるほか、必要があると認めるときは、工事の中止内容を乙に通知して、工事の全部又は一部の施工を一時中止させることができる。

3　甲は、前2項の規定により工事の施工を一時中止させた場合において、必要があると認められるときは工期若しくは請負代金額を変更し、又は乙が工事の続行に備え工事現場を維持し若しくは労働者、建設機械器具等を保持するための費用その他の工事の施工の一時中止に伴う増加費用を必要とし若しくは乙に損害を及ぼしたときは必要な費用を負担しなければならない。

（乙の請求による工期の延長）

第二十一条　乙は、天候の不良、第二条の規定に基づく関連工事の調整への協力その他乙の責に帰すことができない事由により工期内に工事を完成することができないときは、その理由を明示した書面により、甲に工期の延長変更を請求することができる。

（甲の請求による工期の短縮等）

第二十二条　甲は、特別の理由により工期を短縮する必要があるときは、工期の短縮変更を乙に

2　甲は、この約款の他の条項の規定により工期を延長すべき場合において、特別の理由があるときは、通常必要とされる工期に満たない工期への変更を請求することができる。

3　甲は、前2項の場合において、必要があると認められるときは請負代金額を変更し、又は乙に損害を及ぼしたときは必要な費用を負担しなければならない。

（工期の変更方法）

第二十三条　工期の変更については、甲乙協議して定める。ただし、協議開始の日から○日以内に協議が整わない場合には、甲が定め、乙に通知する。

注　○の部分には、工期及び請負代金額を勘案して十分な協議が行えるよう留意して数字を記入する。

2　前項の協議開始の日については、甲が乙の意見を聴いて定め、乙に通知するものとする。ただし、甲が工期の変更事由が生じた日（第

二十一条の場合にあっては、甲が工期変更の請求を受けた日、前条の場合にあっては、乙が工期変更の請求を受けた日）から○日以内に協議開始の日を通知しない場合には、乙は、協議開始の日を定め、甲に通知することができる。

注　○の部分には、工期を勘案してできる限り早急に通知を行うよう留意して数字を記入する。

❷ 損害補償

Q16 請負者が第三者に及ぼした損害や不可抗力損害を受けた場合について、監督員としての報告や臨機の措置について説明してください。

A1 監督員が請負者に第三者に及ぼした損害および報告の判断ですが、まずその判断について説明します。**発注者・請負者が協議によって解決すること**とされていますが、監督員は責任がどちらにあるかを調査します。

具体的な調査については、【キーポイント88】(第三者損害に係わる調査)で説明します。例えば、夜間、見通しについてはあまりよいとはいえない箇所の推進管立抗工事中の現場において、走行の自転車が既存舗装部分と床堀部に安全管理のため設置していた覆工板との五センチメートル程度の段差(前後一・五メートル程度のスロープ付き)に接触し、転倒して頭部を強打したとします。現場の安全管理の方法は、現場前後に看板(段差あり)などを設置し、現場についても赤色灯を点灯していたとします。この調査

のポイントです。

┌─────────────────────────
│【キーポイント87】
│(工事の施工に伴う第三者損害と不可抗力損害に係わる補償)
│
│　工事の施工に伴い第三者に損害を及ぼした場合の補償については、通常、工事の契約時に取り交わす**公共工事標準請負契約約款第二十七条(一般的損害)**において定められています。
│　発注者と請負者の双方の責に帰すべき事由により生じた損害についてはそれぞれの**責任の割合に応じて補償の分担**をすべきと考えられます。しかし、それぞれの**帰責事由が損害に寄与した割合の決定方法**については公共工事標準請負契約約款に明文の規定はなく協議によって解決することが妥当と考えられます。
│　**公共工事標準請負契約約款第二十八条(第三者に及ぼした損害)**において「工事の施工について第三者に損害を及ぼしたときは、乙(請負者)がその損
└─────────────────────────

キーポイント87

害を賠償しなければならない。ただし、その損害のうち甲（発注者）の責に帰すべき事由により生じたものについては、甲が負担する。」とされているからです。同条第2項において「前項の規定にかかわらず、工事の施工に伴い通常避けることができない騒音、振動、地盤沈下、地下水の断絶等の理由により第三者に損害を及ぼしたときは、甲がその損害を負担しなければならない。ただし、その損害のうち工事の施工につき乙が善良な管理者の注意義務を怠ったことにより生じたものについては、乙が負担する。」となっています。

なお、火災保険などについては、約款第五十一条において、乙は、工事目的物および工事材料（支給材料を含む。以下本条において同じ）などを設計図書に定めるところにより、火災保険、建設工事保険、そのほかの保険（これに準ずるものを含む。以下本条において同じ）に付さなければならない。また、第2項では、乙は前項の規定により保険契約を締結したときは、その証券またはこれに代わるものを直ちに甲に提示しなければならない、とあります。

監督員は受注者に事故などの対応を指導しておく必要があります。

発注者・請負者双方の責に帰すことができない不可抗力による損害が発生した場合、受注者はその事実の発生後直ちにその状況を監督員に通知します。通知を受けた監督員は直ちに調査を行い、損害の状況を確認し、その結果を受注者に通知します。受注者は、前項の規定により損害の状況が確認されたときは、損害による費用の負担を甲に請求することができます。

損害の額（工事目的物、仮設物、搬入済みの工事材料、建設機械器具であって検査、立会い、その他受注者の工事に関する記録などにより確認すること ができるものに係る額に限ります）は、監督員および当該損害の取片付けに要する費用の額の合計額のうち請負代金額の百分の一を超える額を負担しなければならないとされています。

【キーポイント88】
（第三者損害に係わる調査）

監督員は請負者が適切な事故防止対策をとっていたかを調査しますが、道路管理者が適切な事故防止対策を指導していない場合は、施工業者や占有者を十分に監督していたか否かを問われ道路の管理上の瑕疵が追求されます。したがって、監督員は事故の現状（傷害の状況、覆工板、スロープの状況など）、運転時の状況（運転状況、走行速度、車両の整備状況など）、施工業者の事故防止対策（縦断勾配のある道路での視認を配慮した対策を含む）などについて、十分に調査して指示・報告しなければなりません。

一般的には運転者と道路管理者および施工業者の責任関係の判断は以下のとおりです。

(1) このような事故の場合、事故の結果発生につき、運転者に安全運行に対しての注意義務違反（注視義務違反など）があれば、自らがその責めを負うことになります。

請負者が事故の発生が予見できるのに、それに対する回避義務を履行していなければ、施工業者が不法行為損害賠償義務を負います。さらに道路管理者においては設置管理上の瑕疵の責任を負います。

損害の負担はそれぞれの当事者の具体的な注意義務違反の程度によって変わってくることから、理論上はそれぞれがその過失の割合により全体の損害を分担することになります。

(2) 監督員の対策は、推進管立抗工事の通行上危険な箇所とし、特に夜間時の走行車両に対しては、十分に危険性を認識させるなど、施工業者に事故防止対策を講ずる指導を行うべきです。

一方、請負者としてとるべき対策は、工事の契約図書、施工計画書に明示されていることから、道路交通法上、通行の安全対策が許可条件として付されていますので、監督員と施工計画書の提出時に相談すべきでしょう。

○段差のすりつけについて

「建設工事公衆災害防止対策要綱の解説」―土木

A2

工事編――（監修　国交省建設経済局）「第二十二車両交通のための路面維持」、「土木工事安全施工技術指針の解説」平成十三年改訂版　監修　国土交通省大臣官房技術調査課では、「段差のすりつけ」では、「段差のすりつけは、五％以内の勾配ですりつけるもの」とされています（今回の場合、五センチメートル程度の段差は、三・三％程度の勾配）。

また、これらの事例対応は「道路管理瑕疵判例ハンドブック」（監修　国交省道路局道路交通管理課訟務班）などが参考となります。なお、損害賠償や係争の状況が生じた場合、報告後の取り扱いは公物管理・訟務担当者から弁護士などに相談するようになるでしょう。

請負者からあらかじめ災害防止のため臨機の措置について相談があります。工事を受けた場合があありますので、このケースについての説明も行います。近年では、公共工事については、「発注者と請負者が、安全配慮義務を分担し責務を負っている」こと

が一般的な考えになっています。「発注者は、監督・管理だけをすればよい」という考え方は通用しなくなっています。その意味でも臨機の措置について受注者から相談を受けた場合、監督員は真摯に対応することが必要です。

【キーポイント89】
（発注者の責任と臨機の措置）

公共工事標準契約約款第二十六条では、**請負者は災害防止などのため必要があると認めるときは臨機の措置をとらなければならない**としていますが、緊急やむを得ない事情がある場合をおいて必要があると認められるとき、受注者は**あらかじめ監督員の意見を聴かなければならない**とされています。監督員は災害防止その他工事の施工上特に必要があると認めるときは、請負人である請負者に対して臨機の措置をとることを請求できます。監督員が災害防止の措置を行わなかったことで発生する発注者の責任は**刑事責任と民事責任**があります。

詳細は【キーポイント68】（労働災害の四責任）

を参照してください。

のうち、乙が請負代金額の範囲において負担することが適当でないと認められる部分については、甲が負担する。

（一般的損害）
第二十七条　工事目的物の引渡し前に、工事目的物又は工事材料について生じた損害その他工事の施工に関して生じた損害（次条第1項若しくは第2項又は第二十九条第1項に規定する損害を除く。）については、乙がその費用を負担する。ただし、その損害（第五十一条第1項の規定により付された保険等によりてん補された部分を除く。）のうち甲の責に帰すべき事由により生じたものについては、甲が負担する。

（第三者に及ぼした損害）
第二十八条　工事の施工について第三者に損害を及ぼしたときは、乙がその損害を賠償しなければならない。ただし、その損害（第五十一条第1項の規定により付された保険等によりてん補された部分を除く。以下本条において同じ。）のうち甲の責に帰すべき事由により生じたものに

▼公共工事標準請負契約約款▲
（臨機の措置）
第二十六条　乙は、災害防止等のため必要があると認めるときは、臨機の措置をとらなければならない。この場合において、必要があると認めるときは、乙は、あらかじめ監督員の意見を聴かなければならない。ただし、緊急やむを得ない事情があるときは、この限りでない。
2　前項の場合においては、乙は、そのとった措置の内容を監督員に直ちに通知しなければならない。
3　監督員は、災害防止その他工事の施工上特に必要があると認めるときは、乙に対して臨機の措置をとることを請求することができる。
4　乙が第1項又は前項の規定により臨機の措置をとった場合において、当該措置に要した費用

2 前項の規定にかかわらず、工事の施工に伴い通常避けることができない騒音、振動、地盤沈下、地下水の断絶等の理由により第三者に損害を及ぼしたときは、甲がその損害を負担しなければならない。ただし、その損害のうち工事の施工につき乙が善良な管理者の注意義務を怠ったことにより生じたものについては、乙が負担する。

3 前2項の場合その他工事の施工について第三者との間に紛争を生じた場合においては、甲乙協力してその処理解決に当たるものとする。

（不可抗力による損害）

第二十九条 工事目的物の引渡し前に、天災等（設計図書で基準を定めたものにあっては、当該基準を超えるものに限る。）**甲乙双方の責に帰すことができないもの**（以下「**不可抗力**」という。）により、工事目的物、仮設物又は工事現場に搬入済みの工事材料若しくは建設機械器具に損害が生じたときは、乙は、その**事実の発生後直ち**にその状況を甲に通知しなければならない。

2 甲は、前項の規定による通知を受けたときは、**直ちに調査**を行い、前項による損害（乙が善良な管理者の注意義務を怠ったことに基づくもの及び第五一条第1項の規定により付された保険等によりてん補された部分を除く。以下本条において同じ。）の**状況を確認**し、その**結果を乙に通知**しなければならない。

3 乙は、前項の規定により損害の状況が確認されたときは、損害による費用の負担を甲に請求することができる。

4 甲は、前項の規定により乙から損害による費用の負担の請求があったときは、当該損害の額（**工事目的物、仮設物又は工事現場に搬入済みの工事材料若しくは建設機械器具であって第十三条第2項、第十四条第1項若しくは第三十七条第3項の規定による検査、立会いその他乙の工事に関する記録等により確認することができるものに係る額に限る。**）及び当該損害の取片付けに要する費用の額の合計額（以下「**損害合計額**」という。）のうち**請負代金額の一〇〇**

5 損害の額は、次の各号に掲げる損害につき、それぞれ当該各号に定めるところにより、（内訳書に基づき）算定する。

注（内訳書に基づき）の部分は、第三条（B）を使用する場合には、削除する。

一 工事目的物に関する損害

損害を受けた工事目的物に相応する請負代金額とし、残存価値がある場合にはその評価額を差し引いた額とする。

二 工事材料に関する損害

損害を受けた工事材料で通常妥当と認められるものに相応する請負代金額とし、残存価値がある場合にはその評価額を差し引いた額とする。

三 仮設物又は建設機械器具に関する損害

損害を受けた仮設物又は建設機械器具で当該工事で妥当と認められるものについて、当該工事で償却することとしている償却費の額から損害を受けた時点における工事目的物に相応する

分の一を超える額を負担しなければならない。

償却費の額を差し引いた額とする。ただし、修繕によりその機能を回復することができ、かつ、修繕費の額が上記の額より少額であるものについては、その修繕費の額とする。

6 数次にわたる不可抗力により損害合計額が累積した場合における第二次以降の不可抗力による損害合計額の負担については、第4項中「当該損害の額」とあるのは「損害の額の累計」と、「当該損害の取片付けに要する費用の額の累計」と、「請負代金額の百分の一を超える額」とあるのは「請負代金額の百分の一を超える額から既に負担した額を差し引いた額」として同項を適用する。

（火災保険等）

第五十一条 乙は、工事目的物及び工事材料（支給材料を含む。以下本条において同じ。）等を設計図書に定めるところにより火災保険、建設工事保険その他の保険（これに準ずるものを含む。以下本条において同じ。）に付さなければならない。

2　乙は、前項の規定により**保険契約**を締結した**ときは**、その**証券**又はこれに**代わるものを直ちに甲に提示**しなければならない。
3　乙は、工事目的物及び工事材料等を第1項の規定による**保険以外の保険**に付したときは、直ちにその旨を**甲に通知**しなければならない。

5 工事契約の解除（入札・契約担当者、監督員）

Q17 契約解除に関する必要書類の作成および措置請求または報告について説明してください。

A 監督員は受注者に対して契約解除に関する調査をする必要があります。その場合、監督員は請負者から損失額を出してもらったうえで、それが適正であるかを調査することになります。その補償額の算定方法ですが、管理費が問題になります。具体的には以下のような判断が必要です。

【キーポイント90】
（発注者側から工事契約を解除した場合の補償額の算定方法）

公共工事標準請負契約約款第四十八条第1項の規定により、発注者が任意に契約を解除する場合には、同条第2項により、その損害を賠償しなければならないこととされています。この損害賠償の範囲については、発注者と請負者が協議して定めることとされています。まず請負者から損失額を出してもらったうえで、それが適正であるかを発注者（監督員）が調査することになるとされていますが、この条項を使って任意解除し、損害賠償を行う例はあまり見られません。

契約解除になった場合、監督員は損害賠償の算定にあたって工事の工事原価までは出来高に応じて当初契約との按分で算出しますが、一般管理費の扱いについても協議すべきです。一般管理費ついては特段の定めはなく、出来高に応じて一般管理費を按分して算出する方法もありますが、当初金額のままとする可能性も考えられます。契約解除は請負者に不利益を与えないことが基本で、この点をよく踏まえて発注者と請負者がよく協議することになります。

キーポイント 90

▼公共工事標準請負契約約款▼

（甲の解除権）

第四十七条　甲（発注者）は、乙（請負者）が次の各号の一に該当するときは、契約を解除することができる。

一　正当な理由なく、工事に着手すべき期日を過ぎても工事に着手しないとき。

二　その責に帰すべき事由により工期内に完成しないとき又は工期経過後相当の期間内に工事を完成する見込みが明らかにないと認められるとき。

三　第十条第1項第二号に掲げる者を設置しなかったとき。

四　前三号に掲げる場合のほか、契約に違反し、その違反により契約の目的を達することができないと認められるとき。

五　第四十九条第1項の規定によらないで契約の解除を申し出たとき。

2　前項の規定により契約が解除された場合においては、乙は、請負代金額の十分の○に相当す

る額を違約金として甲の指定する期間内に支払わなければならない。

注　○の部分には、たとえば、一と記入する。

3　前項の場合において、第四条の規定により契約保証金の納付又はこれに代わる担保の提供が行われているときは、甲は、当該契約保証金又は担保をもって違約金に充当することができる。

注　第3項は、第四条（A）を使用する場合に使用する。

第四十八条　甲は、工事が完成するまでの間は、前条第1項の規定によるほか、必要があるときは、契約を解除することができる。

2　甲は、前項の規定により契約を解除したことにより乙に損害を及ぼしたときは、その損害を賠償しなければならない。

（乙の解除権）

第四十九条　乙は、次の各号の一に該当するときは、契約を解除することができる。

一　第十九条の規定により設計図書を変更したため請負代金額が三分の二以上減少したとき。

二　第二十条の規定による工事の施工の中止期間が工期の一〇分の〇（工期の一〇分の〇が〇月を超えるときは、〇月）を超えたとき。ただし、中止が工事の一部のみの場合は、その一部を除いた他の部分の工事が完了した後〇月を経過しても、なおその中止が解除されないとき。

三　甲が契約に違反し、その違反によって契約の履行が不可能となったとき。

2　乙は、前項の規定により契約を解除した場合において、損害があるときは、その損害の賠償を甲に請求することができる。

（解除に伴う措置）

第五十条　甲は、契約が解除された場合において、出来形部分を検査の上、当該検査に合格した部分及び部分払の対象となった工事材料の引渡しを受けるものとし、当該引渡しを受けたときは、当該引渡しを受けた出来形部分に相応する請負代金を乙に支払わなければならない。この場合において、甲は、必要があると認められるときは、その理由を乙に通知して、出来形部分を最小限度破壊して検査することができる。

2　前項の場合において、検査又は復旧に直接要する費用は、乙の負担とする。

3　第1項の場合において、第三十四条（第四十条において準用する場合を含む。）の規定による前払金があったときは、当該前払金の額（第三十七条及び第四十一条の規定による部分払をしているときは、その部分払において償却した前払金の額を控除した額）を第1項前段の出来形部分に相応する請負代金額から控除する。この場合において、受領済みの前払金額になお余剰があるときは、乙は、その余剰額に前払金の支払の日から返還の日までの日数に応じ年〇パーセントの割合で計算した額の利息を付した額を、解除が第四十七条又は第四十八条の規定によるときにあっては、その余剰額を甲に返還しなければならない。

注　〇の部分には、たとえば、政府契約の支払遅

5 工事契約の解除

4 乙は、契約が解除された場合において、第1項の出来形部分の検査に合格した部分に使用されているものを除き、支給材料があるときは、当該支給材料が乙の故意若しくは過失により滅失若しくはき損したとき、又は出来形部分の検査に合格しなかった部分に使用されているときは、代品を納め、若しくは原状に復して返還し、又は返還に代えてその損害を賠償しなければならない。

5 乙は、契約が解除された場合において、貸与品があるときは、当該貸与品を甲に返還しなければならない。この場合において、当該貸与品が乙の故意又は過失により滅失又はき損したときは、代品を納め、若しくは原状に復して返還し、又は返還に代えてその損害を賠償しなければならない。

6 乙は、契約が解除された場合において、工事用地等に乙が所有又は管理する工事材料、建設機械器具、仮設物その他の物件（下請負人の所有又は管理するこれらの物件を含む。以下本条において同じ。）があるときは、乙は、当該物件を撤去するとともに、工事用地等を修復し、取り片付けて、甲に明け渡さなければならない。

7 前項の場合において、乙が正当な理由なく、相当の期間内に当該物件を撤去せず、又は工事用地等の修復若しくは取片付けを行わないときは、甲は、乙に代わって当該物件を処分し、工事用地等を修復若しくは取片付けを行うことができる。この場合においては、乙は、甲の処分又は修復若しくは取片付けについて異議を申し出ることができず、また、甲の処分又は修復若しくは取片付けに要した費用を負担しなければならない。

8 第4項前段及び第5項前段に規定する乙のとるべき措置の期限、方法等については、契約の解除が第四十七条の規定によるときは甲が定め、解除が第四十八条又は前条の規定によるときは、乙が甲の意見を聴いて定めるものとし、第4項後段、

第5項後段及び第6項に規定する乙のとるべき措置の期限、方法等については、甲が乙の意見を聴いて定めるものとする。

MEMO

6 施工状況の確認（監督員）

❶ 検査

Q 18 使用材料と材料承諾、工場検査、段階確認の注意事項を具体的に説明してください。

A 監督員として検査や立会で必要となる材料承諾や工場検査の注意事項を考え方から説明するとともに、段階確認で受注者を指導する際の注意事項を説明します。

【キーポイント91】
（使用材料と材料承諾の注意事項）
公共工事での使用される材料はJIS、関連協会で「証明されたもの」を原則とします。JIS、関連協会で「証明されたもの」とはその使用される材料の製造工場を認証することと理解してください。

監督員は自らが承諾した工場で製造された使用材料と現場に納品された材料に対して写真や伝票などで整合性を確認する必要があります。整合性とは材料が納品され、特に商社経由で材料の納品がなされた場合、常に監督員が承諾した工場の材料が使用されていることを、監督員が承諾した工場の材料が使用されているように指導し、確実に使用された材料が「証明されたもの」かを十分に管理することを意味します。この整合性は施工計画書や下請の注文書、施工体制台帳、施工計画書との整合性があり、品質管理が適切に行われているかを確認することです。

① **使用材料**は必ず五日前に工事名、製造企業名、日付を記して、監督員に提出し承諾を受けるように指導してください。

② 事前に**工事使用材料総括表を作成して提出**させるようにしてください。

③ 生コン、砕石、アスファルト混合物、乳剤など

🔑 キーポイント 91

は配合計画期限に注意してください。監督員は使用期間をチェックしてください。配合計画期限は、**生コンは同一配合期間、アスファルト混合物は設定日から六か月、砕石は試験結果の通知日から三か月、乳剤は製造日から二か月**です。

④ 砕石は場合によって書類提出時に、見本を提出させます。

【キーポイント92】
（工場検査の考え方）
レディミクストコンクリート工場「○適マーク」を例に説明します。公共工事においてレディミクストコンクリートを使用するにあたり、県の「公共工事共通仕様書」では「JISマーク表示認定工場で、かつ、コンクリートの製造、施工、試験、検査及び管理などの技術的業務を実施する能力のある技術者が常駐しており、配合設計及び品質管理等を適切に実施できる工場（全国品質管理監査会議の策定した統一監査基準に基づく監査に合格した工場等）から選定」となっています。

レディミクストコンクリート工場の選定について、県の「公共工事共通仕様書」は国土交通省の「土木工事共通仕様書」の内容とほぼ同一となっています。

① 仕様書に「工場等」とあるので、「○適マーク」のある工場と同等以上と認められる工場については選定の対象としてよいと読めます。具体的には、コンクリートの製造、施工、試験、検査および管理などの技術的業務を実施する能力のある技術者が常駐しており、配合設計および品質管理を適切に実施できる工場です。しかし、監督員は仕様書に従い、工場検査を行わなければならないことを認識してください。

② 「公共工事標準請負契約約款」（総則）第一条第1項において、発注者および請負者は、この約款に基づき、設計図書に従い、この契約（この約款および設計図書を内容とする工事の請負契約をいう）を履行しなければならないとされ、「仕

「様書」は設計図書の一部として、図面などとともに、履行しなければならない対象となっています。したがって、「仕様書」の記述内容は履行しなければならない契約上の基本事項です。

段階確認は監督員が必要と認めたものであり、受注者が必要と考えて**施工計画書に記載した工種の各段階について必ず実施させてください**。

段階確認は、工事完成検査時に**不可視部分**（＊1 **現地で確認できないもの**）、また、工事施工後に**変状するもの**（＊2）をいい、最低限監督員の確認が必要です。段階確認は公共事業の品質確保のために大変重要な業務であり、中間技術検査的な意味合いがあります。

なお、段階確認は机上でできるとされていますが、その場合は受注者は施工管理記録、写真などの資料を整備して、監督員に提示し確認を受ける必要があります。

＊1 **現地で確認できないもの**
不可視部分とは、埋設する構造物の基準高さなど写真で管理できないものをいいます。したがって、現地で監督員がレベルなどにより確認する必要があります。不可視部分の確認は、工事成績評定（出来形管理）に大きく影響します。

＊2 **変状するもの**

【キーポイント93】
（段階確認の考え方）

段階確認とは、設計図書に示された施工段階、または監督員の指示した施工途中の段階において、**監督員が出来高、品質、規格、数値などを確認するこ**とです。段階確認は**受注者が必要な出来高・品質管理基準で満足した施工を行ったこと、また、監督員が出来高・品質確保のために適切に監督・管理した証明**です。

代表的な工種、時期、方法は「土木工事共通仕様書（案）」（平成十六年二月・平成二十二年四月）の第一編共通編第一章総則1・1・25に規定されています。

キーポイント93

施工後、洪水などにより変状してしまう可能性がある護床ブロックなどをいいます。設置完了後、速やかに確認が必要なものです。

【キーポイント94】
（段階確認の注意事項）
段階確認を怠ると、場合によっては大変大きな手戻りや問題となります。検査時に所定の規格値に入っているかどうかの判定ができず、監督員が検査合格という判断ができません。その場合、やり直しなどの指示を行うこととなり、その手戻り費用は請負者の負担となります。また、それに伴う工期の遅延があると違約金などの手続きが生じることともなります。

段階確認を徹底するために、共通仕様書に規定されている段階確認項目は必ず実施しますが、それ以外に検査時に写真での説明が十分にできないと考えられるものは、請負者は監督員と協議して段階確認

の項目に入れます。施工計画書の「段階確認、随時検査計画」の項目に**詳細に記載**し、監督職員と協議しておくことが必要です。段階確認で必要なことは以下のとおりです。

（1）出来形・品質管理等成果表
請負者は段階確認を行う場合、事前に作成した**「出来形・品質管理等成果表」について監督員の確認**を受けることです。請負者の正確な計測、正確でわかりやすい成果表の作成は、監督員の成績評定の材料です。

（2）写真管理上の注意
請負人は延長の長い構造物について、精度の低い計測器具を用いないでください。監督員が現場で確認できるようにしてください。埋設部については、一〜二メートルごとにマーキングし、端部はスタッフ、コンベックス、スチールテープなどで計測した写真で示します。

（3）段階確認書の整理
段階確認書は検査時に提出します。監督員が確認した場合は新たに添付する資料を作成する必要はなく、請負者が事前に作成した出来形管理資料（必ず

準備作成）に、監督員が手書きで記入して確認した実測値を検査前に提出します（請負者が必要な出来高・品質管理項目について確認する自主検査を行った場合は、請負者から報告書を提出します）。

MEMO

❷ 建設副産物・廃棄物の処理

Q19

建設副産物の適正処理状況などの把握とは、どのようなことをいうのですか。具体的に説明してください。

A

建設副産物の位置づけから、特定建設資材、指定副産物について、廃棄物処理責任としての発注者の役割や現場で分別、減量化の考え方、処分・委託前の注意事項などについて説明します。

【キーポイント95】
（建設副産物とは）

建設副産物とは、建設工事に伴い発生する物品の総称で、具体的には、建設現場に持ち込んで加工した資材の残りや、現場内で発生した物の中で工事中あるいは工事終了後その現場内では使用の見込みがないものをいいます。そのまま原材料として利用できるものと何らかの処理をすることによって利用が

可能なものがあります。現在、建設工事に係る資材の再資源化等に関する法律（建設リサイクル法、平成十二年五月三十一日法律第百四号）によってリサイクルの推進が図られ、リサイクル率は向上しています。建設副産物を大きく分けると以下の三つに分類できます。

■そのまま原材料として利用できるもの
①建設発生土、②金属屑。

■何らかの処理をすることによって利用が可能なもの
（再資源化施設を有する中間処理場へ）
①建設汚泥、②セメント・コンクリート塊、③アスファルト・コンクリート塊、④建設発生木材、⑤紙屑、⑥廃プラスチック類、⑦ガラス屑および陶器屑、⑧以上の物が混合した建設事業発生物すべて。

■利用が不可能なもの
廃油やPCB、アスベストなど。特別管理産業廃棄物として処理。

これらの建設副産物以外に有価物があります。有価物とは廃棄物処理法の適用を受けないものをいいます。他人に有償売却可能な物と解釈してください。

【キーポイント96】

特定建設資材、指定副産物とは、以下のものをいいます。

(1) **特定建設資材**とは、廃棄物となった場合において再資源化を行うことが資源の有効利用や廃棄物の減量を図るうえで特に必要なもの。

(2) 再資源化を義務づけることが経済的に過度の負担とならないと認められる建設資材。

当初は建設リサイクル法の対象となる「セメント・コンクリート」「アスファルト・コンクリート」「木材」の三品目でした。

指定副産物とは、**再資源として利用を進めるうえで、特定建設資材に建設発生土を加えた有効な建設副産物**をいいます。

① 建設発生土（土砂）
② セメント・コンクリート塊
③ アスファルト・コンクリート塊
④ 建設発生木材

これ以外に再生資源を推進しているものに「建設

汚泥」「建設混合廃棄物」「金属くず」があります。

【キーポイント97】
（廃棄物処理責任としての発注者の役割）

廃棄物処理責任としての発注者の役割とは、次の七項目をいいます。

① 廃棄物の発生を抑制した設計、ディユースに心がけること。また、リサイクル、リユースに務めます。

② **廃棄物処理方法は仕様書などで明確に指示します。**

③ 受注者からの施工計画書に廃棄物の処理方法を明確にさせます。また、その内容をチェックし、内容によっては是正を求めること。例えば、廃棄物処理計画書、再生資源利用計画書、再生資源利用促進計画書などは明確にしておきます。

④ 処理内容に見合う処理費を計上します。

⑤ 発注者は受注者の廃棄物処理の管理体制が明確

になっているか確認します。

⑥ 廃棄物処理を外部に委託するときは、二社契約を結んでいるか確認、マニフェストを使用しているか確認・注意します。

⑦ 工事竣工後、廃棄物処理が正しく行われたか確認・指導します。

【キーポイント98】
（現場で分別できる建設廃棄物）

建設廃棄物を現場では、「再利用できるもの」「安定型産業廃棄物」「管理型産業廃棄物」「一般廃棄物」の四項目に**分別する**ことが原則です。

① 再利用できるもの
（ダンボール、空き缶、空き瓶、古紙、金属屑、不用木屑、セメント・コンクリート塊、アスファルト・コンクリート塊、石膏ボード、岩綿吸音材、ALC）

飲料水の缶やビンは、市町村でリサイクル可能

②安定型産業廃棄物
(瓦礫類、廃プラスチック類、ガラス屑または陶器屑、金属屑、ゴム屑)

③管理型産業廃棄物
(紙屑、木屑、繊維屑)
焼却するときは、法令で定められた焼却炉を使用のこと。五十キログラム／時間以上または火格子面積〇・五平方メートル以上。

④一般廃棄物
(生ゴミ、生活ゴミ)
一般廃棄物である生活のゴミは持ち帰りが原則です。

＊現場事務所から発生する廃棄物は生活ゴミと理解してください。

です。資源回収を行ってください。

【キーポイント99】
(現場での建設廃棄物減量化の考え方)
工事現場では建設廃棄物を「**出さない**」、「**持ち込まない**」が原則です。次のような施工計画を立てるよう指導しましょう。

(1) 出さない
　① 現場でのリサイクルの推進
　② **分別収集で再資源化施設へ**
　③ 現場で減量化
　④ **工法改善や技術開発の利用**

(2) 持ち込まない
・現場に持ち込む資材は **JUST IN TIME**
・資材は工場加工し、**現場は組立てだけ**
　① ユニット化
　② 持込実寸発注
　③ 穴あけも工場加工
・**無梱包、簡易梱包**
　① パレット利用
　② ラック式、コンテナ式

③ 通い箱形式

【キーポイント100】
（建設廃棄物の処分委託前の確認事項）

建設廃棄物の処理を委託するには、請負者が処分業者と事前に廃棄物処理委託契約を書面で取り交わしておくことが必要です。監督員は請負者に、委託契約の確認事項を施工計画書に具体的に記載するとともに、処理施設に許可条件を掲げし写した写真を添付するように指導してください。工事監査では許可年月日が古く、有効期限が切れているのをよく見かけます。

（1）廃棄物処理業者委託契約、確認事項
① 事業の区分（収集運搬は保管ありか否か、中間処理か、最終処分か）
② 扱える産業廃棄物の種類、許可年月日、有効期限
③ 都道府県知事（保健所を設置する市は市長）の

（2）委託契約書の内容
① 産業廃棄物の種類と数量
② 運搬の最終目的地と所在地
③ 処分または再生の方法、所在地およびその施設の処理能力
④ 事業の範囲、委託契約の有効期限
⑤ 委託者が受託者に支払う料金
⑥ 積替フレーズ、保管を行うときは所在地、種類、保管の上限
⑦ 安定型産業廃棄物を積替フレーズ・保管場所はほかの廃棄物と混合許否すること
⑧ 適正処理のための必要な情報
⑨ 受託業務終了後の委託業者への報告事項
⑩ 委託契約解除後の処理されない廃棄物の取扱い

平成二十三年四月施行の廃棄物処理法の改正では、廃棄物処理法第十二条第7項において当該産業廃棄物処理の状況に関する確認を行い、処理が適切に行

われていることを確認することになりました。一般的には次の実施確認が必要です。処分業者以外に積替え、保管を行う収集運搬業者にも実施確認が必要です。これは条例で定めている自治体もあります。

① 委託契約前にあらかじめ実施確認
② 契約後、年に一回以上実施確認
③ 実施確認の結果を記録し、五年間保存

【キーポイント101】
（建設廃棄物の処分委託の注意事項）
請負者が処分業者と委託契約するには次の五項目に注意してください。

① 産業廃棄物処分許可証の提示を求め、取り扱える廃棄物の種類と許可の条件、許可有効期限などを確認します。
② 処理する場所の巡視し、許可証との照合を行います。処理内容、能力、埋立残余量などを確認します。確認後、契約書には現況写真と処理施設に許可条件を掲げ写した写真を添付してください。
③ 委託契約締結時は、収集運搬と処分は各々契約が必要です。
④ 再生資源化施設を積極的に活用しますが、建設混合廃棄物の処分は選別施設を有する中間処理施設または管理型最終処分場と委託契約を行う必要がありますから、必ず確認してください。

【キーポイント102】
（建設廃棄物の収集運搬委託の注意事項）
請負者が収集運搬業者と契約するには次の五項目に注意してください。

① 産業廃棄物収集運搬業許可証の提示を求めます。その時点で取り扱える廃棄物の種類と許可の条件、許可有効期限などを確認します。
② 産業廃棄物の発生する場所と処理する場所が異なる都道府県で行われる場合は、それぞれの都

③ 委託契約締結時は、必ず記載する事項以外に、特に指示が必要な事項は明確にします。

④ 請負者は現場から処分場までの**ルートを確認しておく必要があります**。監督員も積算との関係で確認しておく必要があります。**請負者は委託契約書に道順図を添付し写しを提出**します。これは**施工計画書に記載**します。

⑤ 収集運搬業者が積替、保管施設を経由する場合は、事前に施設を確認しておいてください。

⑥ **委託契約が完了したら、請負者に収集運搬車両の「ナンバープレート」の一覧表を提出させて、建設廃棄物以外の運搬を行わないように指導してください**。工事監査では施工の状況写真で建設廃棄物以外の運搬をしている写真が含まれているのが見られます。

⑦ 排出事業者が自ら運搬・処分する場合は許可は不要ですが、廃棄物処理法に従って、収集・運搬を行わなければなりません。

道府県知事の許可を確認します。

【キーポイント103】
（マニフェストシステムとは）

マニフェストは廃棄物処理法の改正により、平成十年十二月一日から、排出事業者が処理を委託するすべての産業廃棄物に交付が義務づけられています。**マニフェストシステムとは産業廃棄物の処理を自ら把握・管理するとともに廃棄物の流れを確認するもの**です。

(1) マニフェストの種類と使い方

建設系マニフェストには建Ⅰと建Ⅱの二種類があります。建Ⅰとは、収集運搬業者が一社の場合に使用し、建Ⅱは収集運搬業者が二社ある場合に使用します。

建Ⅰの場合のマニフェストの使い方は次のとおりです。

① A、B1、B2、C1、C2、Dの六枚綴り複写伝票に必要事項を記入する。

② 収集運搬業者は廃棄物を受領した際、運搬者氏名欄にサインし、A票を排出事業者に返します。

③ 収集運搬業者は、中間処理・最終処分業者が受領した際、受領印を受け、C1、C2、D票を中間処理・最終処分業者に渡します。

④ 収集運搬業者は、運搬終了後、B1、B2票を受け取り、B1票を保管します。

⑤ 収集運搬業者は、B2票を十日以内に排出事業者に返送します。

⑥ 中間処理・最終処分業者は、処分完了後、処分者氏名の記入と押印し、処分完了後十日以内にC2票を収集運搬事業者に返送します。同様にD票を排出事業者に返送し、自らはC1票を保管します。

(2) マニフェストの交付

マニフェストの交付について説明します。

① 廃棄物の処理を委託する場合、車両ごと、廃棄物の種類ごとに交付します。

② 自社運搬、自社処分する場合は交付の必要ありません。

③ 次の場合は交付の必要ありません。
a 国、都道府県または市町村が運搬、処分委

託する場合
b 古紙、屑鉄、空き瓶類、古繊維を再生業者に委託処理する場合
c 再生利用厚生労働大臣の認定、指定を受けた廃棄物の運搬、処分を委託する場合
d 再生利用個別知事指定を受けた廃棄物の運搬、処分を委託する場合

(3) マニフェストに関する報告

産業廃棄物管理票交付等状況報告書により報告します。

① 現場ごとに複数の工事をまとめて、前年度のマニフェストを毎年六月末までに都道府県または、政令市に報告します。電子マニフェストを使用の場合は必要ありません。

② 報告されたD票が九十日以内（特別管理産業廃棄物の場合は六十日）に戻ってこないとときは調査が必要です。

平成二十三年四月施行の廃棄物処理法の改正では、第十二条の四第2項の**処理業者の通知義務産業廃棄物の運搬または処分を受託したものはマニフェスト**

の交付を受けずに建設廃棄物を引き渡してはならないことが追加されました。さらに第十四条第13項および第十四条の四第13項（**処理業者の通知義務**）が追加されました。

追加された条文には、処理業者が事業停止処分などの行政処分（事業停止命令、使用停止命令、改善命令または措置命令）を受けた場合や事故、事業廃止・休止などの場合の義務が規定してあります。委託者（排出事業者＝元請）に十日以内に「行政処分を受けたため、委託された廃棄物の処理ができません」と通知（氏名、住所、代表者の氏名、困難となる事由の内容および当該事由の生じた年月日）をすることを義務づけることが追加されたのです。

この通知した書類は五年間保存してください。

前述の「(3) マニフェストに関する報告」で、マニフェストに対する処置を、発行した建設業である委託者（排出事業者＝元請）の立場で、法改正での具体的な対応を解説します。

① マニフェストが返ってこない場合（B2票またはD票が返送されない場合）

② マニフェストに虚偽記載がある場合

③ 行政処分を受けたため廃棄物処理ができない旨の通知を受けた場合（**今回追加された内容**）

委託者（排出事業者＝元請）は、まずマニフェストがどの段階でとどまっているかを確認し、処理業者のところで不適切な処理が行われていないかを調査することが委託者（排出事業者＝元請）の責任とされています。従来は①と②に対が該当し、委託者（排出事業者＝元請）が生活環境保全上の発生を防止する処置でしたが、今回の法律改正によって③の状況でも、実際の生活環境保全上の支障が発生している場合としての支障の除去に必要な措置をとらねばならないことが追加されたことです。

処置困難通知を受けた日から三十日以内に都道府県知事・政令市長へ報告することとされています。

委託者（排出事業者＝元請）は、上記の**一連の行動**の結果を都道府県知事に届出ることも必要です。

【キーポイント104】

（仮設で使用した改良土や発生土の処分について）

改良土や発生土は産業廃棄物となり、現場内に埋設することは違法です。ただし、アスファルト・コンクリート、セメント・コンクリートを破砕したもので、生資源と判断できるものは埋め戻し材や路盤材として使用可能です。現場内で発生する土砂と汚泥の区分は次のとおりです。

（1）土　砂

土砂とは一定の強度があり盛土に利用できるものは、廃棄物処理法の適用を受けませんが、建設副産物適正要綱で「土の強度」の判断が必要です。産業廃棄物に該当しないと判断し残土捨て場に盛土する場合には、建設副産物適正処理推進要綱第四章第十九（受入地での埋立及び盛土）の規程を参考に処理すると考えられます。なお、現場での使用した改良土は、「土壌の汚染に係わる環境基準」や条例などの規程に該当しないか検討する必要があるかもしれません。土質条件をよく検討のうえ、環境関連課とも協議して判断されることを勧めます。

（2）汚　泥

汚泥は含水率が高く強度がないものをいいます。廃棄物処理法の適用を受けます。「建設工事等から生ずる廃棄物の適正処理について（通知）」によれば、含水率が高く微細な泥状のものは、建設汚泥として取り扱うとされています。一般的に判断して「泥状の状態とは、掘削物を標準ダンプトラックに山積みできず、またその上を人が歩けない状態」と考えてください。この状態を「土の強度を示す指標でいえば、コーン指数がおおむね二百kN／㎡以下または一軸圧縮強度がおおむね五十kN／㎡以下である。」としています。したがって、改良土が廃掃法上の産業廃棄物である汚泥に該当するか否かについては、上記基準などを参考に判断することになると考えられます。

汚泥と判断される場合には、建設副産物適正処理推進要綱の第六章二十九（建設汚泥）の規程などにより処理することが考えられます。

（3）ガラ混入土

ガラ混入土は分類上、産業廃棄物か盛土材かを判断します。前者は瓦礫、またはガラス屑、陶器屑が混入した状態で廃棄物処理法の適用を受けますが、後者は土壌汚染の可能性について監督員と協議し、再利用可能な場合は、盛土規定に従って資材として利用促進するよう受注者にに指導してください。参考までに、建設副産物適正処理推進要綱の第四章第十九（受入地での埋立及び盛土）と第六章二十九（建設汚泥）を後述しておきました。

【キーポイント105】
（下水処理場の沈砂や下水道管の浚渫物の処分について）

下水道法により、沈砂や浚渫物の処分については、次の対応が必要です。

(1) **下水処理場の沈砂は**、溶出試験の結果が「環境基準値」や「排水基準値」に抵触しない場合でも、その処理については、下水道法第二十一条の二第1項に「公共下水道管理者は、汚水ます、終末処理場そのほかの公共下水道の施設から生じた汚泥等の堆積物そのほかの政令で定めるものについては、公共下水道の円滑な維持管理を図るため、政令で定める基準に従い、適切に処理するため、有害物質の拡散を防止するため政令で定める基準に従い、適切に処理しなければならない。」とされています。円滑な維持管理を図るための政令については、下水道法施行令第十三条の三第三号に処理施設のスクリーン、沈砂池または沈殿池から除去した発生汚泥などの埋立処分にあたっては、次に掲げるところによることとされています。

① 埋立処分の場所には、周囲に囲いを設けるとともに、下水汚泥などの処分の場所であることを表示すること。
② 埋立地からの浸出液によって公共の水域および地下水を汚染することのないように必要な措置を講ずること。
③ 沈殿池から除去した汚泥の埋立処分を行う場合

には、当該汚泥を、あらかじめ、熱しゃく減量八十五パーセント以下に焼却し、または含水率八十五パーセント以下にすること。

④ 沈殿池から除去した汚泥（熱しゃく減量十五パーセント以下に焼却したもの、消化設備を用いて消化したものおよび有機物の含有量が消化設備を用いて消化したものと同程度以下のものを除く）の埋立処分を行う場合には、通気装置を設けて、埋め立て地から発生するガスを排除すること。以下略……

⑤ 埋立地の外に悪臭が発散しないように必要な措置を講じること。

⑥ 埋立地には、ねずみが生息し、および蚊、はえそのほかの害虫が発生しないようにすること。

とされています。したがって、沈砂を埋め立て処分するためには、これら基準によることが必要と考えられます。

(2) 下水道処理場の発生土などは洗浄後脱水して汚泥の付着を除去しても、**一般廃棄物または自然物としての処分はできません。**洗浄後脱水

して汚泥の付着を除去した物についても、下水道法施行令第十三条の二に発生汚泥などの定義として「法第二十一条の二第1項に規定する政令で定めるものは、スクリーンかす、砂、土、汚泥その他これらに類するものとする。」とされていますので、発生汚泥などと解釈され廃掃法の対象となります。

(3) 下水道管の浚渫物（主に砂状）の処分については、下水道法施行令第十三条の三第四号に「ます又は管渠から除去した土砂その他これに類するものの埋立処分にあたっては、前号①②⑤および⑥などの規定の例により行うこと。」とされており、上記(1)に記載の該当基準による判断が必要です。

【キーポイント106】
（建設発生土再利用の判断基準）

建設発生土再利用の判断基準は、設計図書に明記

されている場合は、これに従います。「工事間利用システム（建設発生土情報交換システムに従う）の活用」か「ストックヤード」または「土質改良プラント」にて処理されます。それ以外は次のように建設発生土を区分し、再利用します。

■第一種建設発生土（砂、礫など）
工作物の埋戻材、裏込材、路床盛土材に利用可能。

■第二種建設発生土（コーン指数八百kN/㎡以上の砂質土、礫質土など）
土木構造物の裏込材、路体盛土材、築堤盛土に利用可能。

■第三種建設発生土（コーン指数四百kN/㎡以上の施工性が確保される粘性土など）
裏込材、路体盛土材、築堤盛土、水面埋立に利用可能。

■第四種建設発生土（コーン指数二百kN/㎡以上の施工性が確保し難い粘性土など）
水面埋立、土質改良より第三種建設発生土の用途に利用可能。

【キーポイント107】
（現場でできる中間処理）

現場で中間処理を行うには次の設備が必要です。

ただし、施行された「ダイオキシン類対策特別措置法」の対象となりますので、適切な運転管理が必要となります。排出基準値も厳しくなっています。現在はこの法律に加え、地方公共団体の条例や規則、指針があリますので、焼却処分は行わないほうが望ましいと判断されます。

① 汚泥の脱水処理能力十立方メートル/日を超えるもの。
② 汚泥の乾燥処理能力十立方メートル/日を超えるもの。天火乾燥は処理能力百立方メートル/日を超えるもの。
③ 廃油の焼却処理能力一立方メートル/日を超えるものは、五十キログラム/時間以上または火格子面積〇・五平方メートル以上。廃油であってはPCB汚染物であるものを除く。

④廃プラスチックの破砕。処理能力五トン／日を超えるもの。

⑤廃プラスチックの焼却。処理能力百キログラム／日を超えるものは、五十キログラム／日を超えるもの・五平方メートル以上または火格子面積○・五平方メートル以上。廃プラスチック類であってはPCB汚染物であるものを除く。

⑥その他木屑。処理能力五十キログラム／時間以上または火格子面積○・五平方メートル以上。汚泥、廃油、廃プラスチック類、廃PCBなど、PCB汚染物またはPCB処理物の焼却施設を除く。

また、平成二十三年四月施行の廃棄物処理法の改正（第十二条第13項、第十二条の二第14項）では、「産業廃棄物処理施設の許可を要しない産業廃棄物焼却施設の設置者」と「産業廃棄物を生ずる事業場（排出事業場）の外で処分を行う事業者」は処分の帳簿を備えなければならないとなりました。帳簿の記載事項は以下のとおりです。

（1）産業廃棄物処理施設の許可を要しない産業廃棄物焼却施設の設置者

① 排出事業場の外で自ら処理を行う事業者の廃棄物の持出先ごとの処分量。

処分年月日、処分方法ごとの処分量、処分後の廃棄物の持出先ごとの処分量。

（2）排出事業場の外で自ら処理を行う事業者

① 運搬関係

排出事業場の名称および所在地、運搬方法および運搬先ごとの運搬量、積替えまたは保管を行った場合には、積替えまたは保管の場所ごとの排出量。

② 処分関係

産業廃棄物の処分を行った事業所の名称および所在地、処分年月日、処分方法ごとの処分量、処分後の廃棄物の持出先ごとの持出量。

【キーポイント108】
（現場での廃棄物保管）

廃棄物処理法では、現場での廃棄物の保管施設は雨水による流出対策、粉塵の飛散防止など、周辺の

生活環境に影響を及ぼさないことが原則です。

① 周囲に構造上安全な囲いを設けること。
② 縦横六十センチメートル以上の掲示板を設けること。廃棄物の保管場所であること、廃棄物の種類、積み上げ高さ、管理者の氏名を記すこと。
③ 屋外の廃棄物の勾配は一対一以下。囲いがある場合は、内側二メートルまでは囲いの高さより五十センチメートル以下に、二メートル以上は勾配一対一以下で積み上げること
④ 地下水汚染を防ぐ。排水溝、底面の不透水性化が必要。
⑤ 飛散・流出・地下浸透を防ぐ。防塵装置、散水、シートでの覆い、作業員への周知徹底、消火器の設置。

【キーポイント109】
建設副産物を他人に回収させるときの注意事項
（廃品回収業者に回収させるときの注意事項）
建設副産物を他人に有償売却する場合は、廃棄物ではなく有価物となり、廃棄物処理法の適用を受けません。しかし、解体時に鋼材にモルタルが付着したなど、有償焼却できない場合は、金属屑として処理されます。古紙、受注者が空き瓶、古繊維など再生可能なもので、**廃品回収業者に売却可能である**と判断したとき、監督員は**いつ、どの業者、何をどれだけ処分したかの記録を保管する**ように指導してください。

■廃品回収業
（産業廃棄物として収集運搬業者に処理を委託する場合は、マニフェストの交付が必要）

① 収集運搬業者は古紙、屑鉄、空きビン類、古繊維など、再利用を目的とする産業廃棄物の収集運搬を行うものです。**廃品回収業者は再生目的に有償買い付けするもの**です。
② 廃品回収業者が回収するものは**有価物**と判断し、廃棄物処理業の許可を必要としないもので、マニフェストの交付の必要はありません。したがっ

【キーポイント 110】
（塗装材・シール材の空き缶の処理）

建設工事で発生する**空き缶**の処理は、有害物資や有機性の物質が混入している場合は、**許可業者に委託処分**する必要があります。内容物が金属屑やプラスチックなどの固形状の場合でも、有害物質などの混入や付着がないと判断されるときに**安定処分場で処分できます**。空き缶の処理には、次の事項に注意しなければなりません。

① **空き缶**は**スクラップ業者（廃品回収業者）**、産業廃棄物処理業者に再利用や処理委託を行います。
② 空き缶に**中身が残っている**場合、液状であれば**廃油、廃プラスチック**の許可業者に委託し、焼却処理を行います。硬化したものは焼却または埋立処分します。ただし、**シンナー**などの処理については特別管理産業廃棄物の処理となるので、注意が必要です。

【キーポイント 111】
（木くずの再利用とは）

建設発生木材は、すべて産業廃棄物であり指定副産物となります。ただし、その利用形態により分別や切断を行い、再生資源施設への搬出をする場合は、**監督員は関係課と十分に協議**し、その**判断**してください。

（1）家屋解体の柱・梁材、ベニヤ以外の梱包材紙パルプ、パーチクルボード。
（2）**型枠合板、古板残材**の処理
　型枠の残材などは、コンクリートや油が付着しそのままでは処分できず**管理型処分**となります。焼却する場合は、法令に基づく基準、構造を満たした焼却炉で処分してください。
（3）上記以外のダスト肥料。
（4）**立木、伐採材**
　立木などの処理について**自治体の関係部局と相談**し、①チップ化、②堆肥化、専門の焼却施設にて焼却、

④ 建設資材として、再利用などの方法で処理します。最近は再利用する場合は、土留材などの仮設材として利用する場合と新工法でのり面材や歩道舗装材としても利用されることがあります。

【キーポイント112】
(建築物の解体から発生する有害廃棄物)
解体される建築物から発生する有害廃棄物は次のとおりです。
① 廃石綿（特別管理産業廃棄物）
② PCB含有廃棄物（特別管理産業廃棄物）
③ CCA処理廃木材
④ 廃石膏ボード（砒素、カドミウムを含む）
⑤ フロンまたはハロン
⑥ 蛍光管の破損による水銀の流出

そのほか、吸収式冷凍機からの臭化リチウム、六価クロムを含有する場合は特別管理産業廃棄物となるため、無害化処理が必要です。土壌汚染などの原因となる物質もあります。

ここでは、主だった有害廃棄物処理と再利用の方法を説明します。

（1）廃石綿の処理
石綿含有廃棄処理マニュアル（平成十九年三月）に従ってください。

（2）PCBを使用した電気機器の取扱い
昭和四十七年以前のコンデンサ、変圧器、蛍光灯安定器は特別管理産業廃棄物となり、廃棄物処理法に基づいた適切な保管・管理をする必要があります。
また、所有者はPCB使用電気機器と判明した場合、所有者に対して「PCB使用電気機器の取扱いについて」（平成十年十一月通産省）により、(財)電気絶縁物処理協会に届出書を提出します。

（3）石膏ボードの処理
石膏ボードの処理、リサイクル方法は次のとおりです。
① 新築工事から発生する廃石膏ボード材
 a 工場などでプレカットを促進し、分別保管の徹底を行う。

② 解体工事から排出される廃石膏ボード

a 混合解体をできるだけ避けて極力分別解体に務めます。

b 中間処理施設でリサイクル、管理型埋立処分場にて処理します。

③ 有害物（砒素、カドミウム）を含有した石膏ボードは、事前に確認してください。

a 施工計画作成時に処分業者、解体業者と協議し、解体方法を検討しておきます。

b 日東石膏ボード（株）八戸工場（平成四十八～平成九年製造）

小名浜吉野石膏（株）いわき工場（昭和四十八～平成九年製造）

（4）CCA処理木材の処理

CCA処理木材が解体工事などで発生した場合は、最寄りの保健所に報告し、搬出する焼却施設の指導を受けた後処理します。焼却した燃え殻、またはいじんは検液一リットルにつき六価クロム一・五ミリグラムを超えるものまたは砒素〇・三ミリグラムを超えるものは、特別管理廃棄物となり処理にあた

りますので、【キーポイント113】（特別管理産業廃棄物の処理の注意事項）に従ってください。

【キーポイント113】
（特別管理産業廃棄物の処理の注意事項）
特別管理廃棄物は、以下に示す特別管理一般廃棄物と特別管理産業廃棄物に分けられます。

（1）特別管理一般廃棄物
PCB使用部品、ばいじん、感染性一般廃棄物（病院などから排出される血液の付着したガーゼ、包帯など）

（2）特別管理産業廃棄物
燃えやすい廃油（引火点七十度未満の廃油）、腐食性廃酸（pH二・〇以下の廃酸）、腐食性廃アルカリ（pH一二・五以上の廃アルカリ）、感染性産業廃棄物（病院などから排出される使用済みの注射針など）、特定有害産業廃棄物（廃PCBなど）、PCB汚染物、PCB処理物、指定下水道汚泥、廃石綿、

重金属などを含む産業廃棄物)。

建設工事で発生する特別管理産業廃棄物の処理について、次の注意事項を徹底してください。

① **特別管理産業廃棄物管理責任者**（厚生労働省認定講習修了者）の設置を都道府県知事または政令市長に届出します。

② ほかの産業廃棄物と区別して収集、保管します。

③ 特別管理産業廃棄物処理業の許可を受けた業者と委託契約を締結します。

④ **廃棄物マニフェスト**を使用し、毎年六月末までに産業廃棄物管理票交付状況報告書、特別管理産業廃棄物処理実績報告書を都道府県知事または政令市長に提出する。マニフェストその他処理実績関係書類は五年間保存します。

▼**廃棄物の処理及び清掃に関する法律**▲

（事業者の処理）

第十二条

13 第七条第15項及び第16項の規定は、その事業活動に伴い産業廃棄物を生ずる事業者で政令で定めるものについて準用する。この場合において、同条第15項中「一般廃棄物の」とあるのは、「その産業廃棄物の」と読み替えるものとする。

（事業者の特別管理産業廃棄物に係る処理）

第十二条の二

14 第七条第15項及び第16項の規定は、その事業活動に伴い特別管理産業廃棄物を生ずる事業者について準用する。この場合において、同条第15項中「一般廃棄物の」とあるのは、「その特別管理産業廃棄物の」と読み替えるものとする。

（虚偽の管理票の交付等の禁止）

第十二条の四

2 前条第1項の規定により管理票を交付しなければならないこととされている場合において、運搬受託者又は処分受託者は、同項の規定によ

(産業廃棄物処理業)

第十四条

13　産業廃棄物収集運搬業者及び産業廃棄物処分業者は、現に委託を受けている産業廃棄物の収集、運搬又は処分を適正に行うことが困難となり、又は困難となるおそれがある事由として環境省令で定める事由が生じたときは、環境省令で定めるところにより、遅滞なく、その旨を当該委託をした者に書面により通知しなければならない。

14　産業廃棄物収集運搬業者及び産業廃棄物処分業者は、前項の規定による通知をしたときは、当該通知の写しを当該通知の日から環境省令で定める期間保存しなければならない。

管理票の交付を受けていないにもかかわらず、当該委託に係る産業廃棄物の引渡しを受けてはならない。ただし、次条第1項に規定する電子情報処理組織使用事業者から、電子情報処理組織を使用し、同項に規定する情報処理センターを経由して当該産業廃棄物の運搬又は処分が終了した旨を報告することを求められた同項に規定する運搬受託者及び処分受託者にあっては、この限りでない。

(特別管理産業廃棄物処理業)

第十四条の四

13　特別管理産業廃棄物収集運搬業者及び特別管理産業廃棄物処分業者は、現に委託を受けている特別管理産業廃棄物の収集、運搬又は処分を適正に行うことが困難となり、又は困難となるおそれがある事由として環境省令で定める事由が生じたときは、環境省令で定めるところにより、遅滞なく、その旨を当該委託をした者に書面により通知しなければならない。

14　特別管理産業廃棄物収集運搬業者及び特別管理産業廃棄物処分業者は、前項の規定による通知をしたときは、当該通知の写しを当該通知の日から環境省令で定める期間保存しなければならない。

業者は、前項の規定による通知をしたときは、当該通知の写しを当該通知の日から環境省令で定める期間保存しなければならない。

▼建設副産物適正処理推進要綱▲

【第四章　建設発生土　第19】
(受入地での埋め立て及び盛り土)

発注者、元請け業者又は自主施工者は、建設発生土の工事間利用ができず、受け入れ地において埋め立てる場合には、関係法令に基づく必要な手続きのほか、受け入れ地の関係者と打ち合わせを行い、**建設発生土の崩壊や降雨による流失等により公衆災害が生じないよう適切な措置を講じなければならない。**重金属等で汚染されている建設発生土等については、土壌汚染防止法に従い、特に適切に取り扱わなければならない。

また、海上埋め立て地において埋め立てる場合には、上記のほか、周辺海域への環境影響が生じないよう余水吐き等の**適切な汚濁防止の措置を講じなければならない。**

【第六章　建設廃棄物ごとの留意事項　第29】
(建設汚泥)

（１）再資源化等及び利用の推進

元請業者は、建設汚泥の再資源化等に努めなければならない。再資源化に当たっては、廃棄物処理法に規定する再生利用環境大臣認定制度、再生利用個別指定制度等を積極的に活用するよう努めなければならない。また、発注者及び施工者は、再資源化されたものの利用に努めなければならない

（２）流出等の災害の防止

施工者は、処理又は改良された建設汚泥によって埋め立て又は盛り土を行う場合は、建設汚泥の崩壊や降雨による流出等により公衆災害が生じないよう適切な措置を講じなければならない。

❸ 騒音、振動、排ガス対策

Q20 地元住民からの工事に関する苦情、要望の対策はどのように判断しますか。

A 地元住民からの工事の苦情や要望は「騒音」、「振動」、「排気ガス」が主なものです。後は、本書で示したⅠ 建設業法などの解説 2 ❷「現場専任制度」、Ⅱ 監督員業務の解説 4 ❷「損害補償」の「第三者への安全対策」、Ⅰ 建設業法などの解説 6 ❶「元請人の義務」、Ⅱ 監督員業務の解説 6 ❷「建設副産物・廃棄物の処理」の「建設廃棄物対策」、これらの解説と併せて活用されればよいでしょう。

【キーポイント114】
（騒音、振動防止対策が必要な区域）
騒音、振動を防止する区域は、以下に示す住民の生活環境を保全する必要があると認められる区域の建設工事に適用されます。ただし、災害そのほかの事由により緊急を要する場合はこの限りではありません。

① 良好な住居の環境を保全するため、特に静穏の保持を必要とする区域。
② 住居用に供されているため、静穏の保持を必要とする区域。
③ 住居用にあわせて商業、工業などの用に供されている区域であって相当数の住居が集合しているため、騒音、振動の発生を防止する必要がある区域。
④ 学校・保育所、病院、診療所、図書館、老人ホームなどの敷地の周囲おおむね八十メートルの区域。
⑤ 家畜飼育場、精密機械工場、電子計算機設置事業場などの施設の周辺など、騒音、振動の影響が予想される区域。

🔑 キーポイント114

6 施工状況の確認

❸ 騒音、振動、排ガス対策

【キーポイント 115】
（騒音、振動防止対策の発注者の考え方）

発注者は、施工法による建設機械の騒音、振動の**大きさ、発生実態、発生機構などについて理解**しましょう。騒音、振動対策は、**騒音、振動の大きさを下げる**ほかに発生期間を短縮するなど**全体的に騒音、振動の影響が小さくなるように検討**しなければなりません。そのため発注者は工事の設計にあたり工事現場周辺の立地条件を調査します。

① 低騒音、低振動の施工法の選択
② 低騒音型建設機械の選択
③ 作業時間帯、作業工程の設定
④ 騒音、振動源となる建設機械の配置
⑤ 遮音施設などの設置

工事発注にあたり、騒音、振動対策として施工法、建設機械、作業時間帯を指定する場合には、仕様書に明記し、騒音、振動対策に要する費用を適正に積算します。

【キーポイント 116】
（騒音、振動防止対策の受注者の考え方）

受注者は、建設工事の実施にあたり必要に応じ工事の目的、内容などについて**事前に地域住民に対して説明**を行い、騒音、振動対策を効果的に検討し、工事が適切に実施できるようにするために協力が得られるように努めます。

また設計時に考慮された騒音、振動対策をさらに検討し、確実に実施しなければなりません。建設機械の運転についても以下に配慮した施工計画が必要です。

① 工事の円滑を図るとともに現場管理などに留意し、不必要な騒音、振動を発生させない
② 建設機械などは整備不良による騒音、振動が発生しないように点検、整備を十分に行う
③ 作業待ち時には、建設機械などのエンジンをできる限り止めるなどの配慮が必要

【キーポイント117】
（特定建設作業とは）

特定建設作業とは、くい打ち機やバックホウを使用する作業などをいい、これらの作業は大きな騒音や振動を発生させることから、以下の作業を法律および条例で規制しています。

■騒音に係る特定建設作業の種類

（作業を開始した日に終わるものを除きます）

騒音規制法第二条第3項

① くい打機（もんけんを除く）、くい抜機またはくい打くい抜機（圧入式くい打くい抜機を除く）を使用する作業（くい打機をアースオーガーと併用する作業を除く）

② びょう打機を使用する作業

③ さく岩機を使用する作業（注1）

④ 空気圧縮機（電動機以外の原動機を用いるものであって、その原動機の定格出力が十五キロワット以上のものに限る）を使用する作業（さく岩機の動力として使用する作業を除く）

⑤ コンクリートプラント（混練機の混練容量が〇・四五立方メートル以上のものに限る）またはアスファルトプラント（混練機の混練重量が二百キログラム以上のものに限る）を設けて行う作業（モルタルを製造するためにコンクリートプラントを設けて行う作業を除く）

⑥ バックホウ（原動機の定格出力が八十キロワット以上のものに限る）を使用する作業（注2）

⑦ トラクタショベル（原動機の定格出力が七十キロワット以上のものに限る）を使用する作業（注2）

⑧ ブルドーザ（原動機の定格出力が四十キロワット以上のものに限る）を使用する作業（注2）

（注1）作業地点が連続的に移動する作業で、一日における当該作業に係る二地点間の最大距離が五十メートル以下の作業に限る。

（注2）一定の限度を超える大きさの騒音を発生しないもの。騒音規制法施行令別表第2の規定により環境大臣、国交省が低騒音型建設機械として指定したもの（都道府県のグリーン購入・調

■振動に係る特定建設作業の種類
（振動規制法第二条第3項）

① くい打機（もんけんおよび圧入式くい打機を除く）、くい抜機（油圧式くい抜機を除く）またはくい打くい抜機（圧入式くい打くい抜機を除く）を使用する作業

② 鋼球を使用して建築物そのほかの工作物を破壊する作業

③ 舗装版破砕機を使用する作業（注）

ブレーカー（手持式のものを除く）を使用する作業（注）

（注）作業地点が連続的に移動する作業にあっては、一日における当該作業に係る二地点間の最大距離が五十メートルを超えない作業に限る。

達のホームページに載っています）を使用する作業を除く。

6 施工状況の確認

296

❸ 騒音、振動、排ガス対策

MEMO

【キーポイント 118】

（特定建設作業の規制基準）

特定建設作業から発生する騒音や振動には、法律（騒音規制法第 15 条、振動規制法第 15 条など）や条例で規制基準が定められています。**特定建設作業を伴う建設工事を施工するときには、その敷地境界線上で規制基準を守らなければなりません。**

規制内容	規制基準
特定建設作業の場所の敷地境界における基準値	1 号、2 号ともに騒音：85 デシベル、振動：75 デシベル
作業可能時刻	1 号：午前 7 時から午後 7 時 2 号：午前 6 時から午後 10 時
最大作業時間	1 号：10 時間 2 号：14 時間
最大作業期間	1 号、2 号ともに連続 6 日間
作業日	1 号、2 号ともに日曜そのほかの休日を除く日

1 号区域
第 1、2 種低層住居専用地域、第 1、2 種中高層住居専用地域、第 1、2 種住居地域、準住居地域、近隣商業地域、商業地域、準工業地域（一部）、用途指定のない地域（一部）、工業地域のうち学校、保育所、病院、収容施設を有する診療所、図書館および特別養護老人ホームの周囲 80m の区域内で空港敷地を除く地域

2 号区域
工業地域のうち 1 号区域以外の地域のほか、府条例では工業専用地域の一部、空港敷地の一部および水域の一部も該当します。

【キーポイント 119】
（排ガス対策の受注者の考え方）

建設機械から排出されるNOx（窒素酸化物）、HC（炭化水素）、CO（一酸化炭素）、PM（粒子状物質：第二次基準値より）、黒煙を削減することにより現場環境および大気環境改善を図るため、国土交通省（旧建設省）では平成三年に「建設機械に関する技術指針」を制定し、建設工事の作業環境の改善などに資する建設機械の排出ガス基準値（第一次基準値）を定めています。その基準値を満足した建設機械を「排出ガス対策型建設機械」と指定し、建設工事において使用することにより環境対策を推進しています。さらに、平成十三年度からは第二次基準値による指定も開始しています。ただし、その範囲と適用開始が異なりますので注意してください。

① 主要土工機械三機種：一般工事用（ディーゼルエンジン出力七・五～二百六十キロワット）のバックホウ、車輪式トラクタショベル、ブルドーザの適用開始は平成九年度からです。

② 普及台数の多い建設機械五機種：一般工事用（ディーゼルエンジン出力七・五～二百六十キロワット）の発動発電機、空気圧縮機、油圧ユニット、ローラ類、ホイールクレーンの適用開始は平成十年度からです。

▼公共工事標準請負契約款▲
（工事材料の品質及び検査等）
第十三条　工事材料の品質については、設計図書に定めるところによる。設計図書にその品質が明示されていない場合にあっては、中等の品質を有するものとする。

2　乙は、設計図書において監督員の検査（確認を含む。以下本条において同じ。）を受けて使用すべきものと指定された工事材料については、当該検査に合格したものを使用しなければならない。この場合において、検査に直接要する費用は、乙の負担とする。

3 監督員は、乙から前項の検査を請求されたときは、請求を受けた日から〇日以内に応じなければならない。

4 乙は、工事現場内に搬入した工事材料を監督員の承諾を受けないで工事現場外に搬出してはならない。

5 乙は、前項の規定にかかわらず、検査の結果不合格と決定された工事材料については、当該決定を受けた日から〇日以内に工事現場外に搬出しなければならない。

第十四条（監督員の立会い及び工事記録の整備等）

2 乙は、設計図書において監督員の立会いの上施工するものと指定された工事については、当該立会いを受けて施工しなければならない。

3 乙は、前2項に規定するほか、甲が特に必要

があると認めて設計図書において見本又は工事写真等の記録を整備すべきものと指定した工事材料の調合又は工事の施工をするときは、設計図書に定めるところにより、当該記録を整備し、監督員の請求があったときは、当該請求を受けた日から〇日以内に提出しなければならない。

4 監督員は、乙から第1項又は第2項の立会い又は見本検査を請求されたときは、当該請求を受けた日から〇日以内に応じなければならない。

5 前項の場合において、監督員が正当な理由なく乙の請求に〇日以内に応じないため、その後の工程に支障をきたすときは、乙は、監督員に通知した上、当該立会い又は見本検査を受けることなく、工事材料を調合して使用し、又は工事を施工することができる。この場合において、乙は、当該工事材料の調合又は当該工事の施工等の記録を適切に行ったことを証する見本又は工事写真等の記録を整備し、監督員の請求があったときは、当該請求を受けた日から〇日以内に提出しなければならない。

❸ 騒音、振動、排ガス対策

6 第1項、第3項又は前項の場合において、見本検査又は見本若しくは工事写真等の記録の整備に直接要する費用は、乙の負担とする。

（支給材料及び貸与品）

第十五条 甲が乙に支給する**工事材料**（以下「支給材料」という。）及び**貸与する建設機械器具**（以下「貸与品」という。）の**品名、数量、品質、規格又は性能、引渡場所及び引渡時期**は、**設計図書に定めるところ**による。

2 監督員は、支給材料又は貸与品の引渡しに当たっては、乙の立会いの上、甲の負担において、当該支給材料又は貸与品を検査しなければならない。この場合において、当該検査の結果、その品名、数量、品質又は規格若しくは性能が設計図書の定めと異なり、又は使用若しくは性能が適当でないと認めたときは、乙は、その旨を直ちに甲に通知しなければならない。

3 乙は、支給材料又は貸与品の引渡しを受けたときは、**引渡しの日から〇日以内に、甲に受領書又は借用書を提出**しなければならない。

4 乙は、支給材料又は貸与品の引渡しを受けた後、当該支給材料又は貸与品に第2項の検査により発見することが困難であった隠れたかしがあり使用に適当でないと認めたときは、その旨を直ちに甲に通知しなければならない。

5 甲は、乙から第2項後段又は前項の規定による通知を受けた場合において、必要があると認められるときは、当該支給材料若しくは貸与品に代えて他の支給材料若しくは貸与品を引き渡し、支給材料若しくは貸与品の品名、数量、品質若しくは規格若しくは性能を変更し、又は理由を明示した書面により、当該支給材料若しくは貸与品の使用を乙に請求しなければならない。

6 甲は、前項に規定するほか、必要があると認めるときは、支給材料又は貸与品の品名、数量、品質、規格若しくは性能、引渡場所又は引渡時期を変更することができる。

7 甲は、前2項の場合において、必要があると認められるときは工期若しくは請負代金額を変更し、又は乙に損害を及ぼしたときは必要な費

8 乙は、支給材料及び貸与品を**善良な管理者の注意をもって管理**しなければならない。

9 乙は、設計図書に定めるところにより、工事の完成、設計図書の変更等によって不用となった支給材料又は貸与品を甲に返還しなければならない。

10 乙は、**故意又は過失**により**支給材料又は貸与品が滅失若しくはき損**し、又はその返還が不可能となったときは、甲の指定した期間内に代品を納め、若しくは原状に復して返還し、又は返還に代えて損害を賠償しなければならない。

11 乙は、支給材料又は貸与品の使用方法が設計図書に明示されていないときは、監督員の指示に従わなければならない。

（工事用地の確保等）

第十六条　甲は、工事用地その他設計図書において定められた**工事の施工上必要な用地**（以下「工事用地等」という。）を乙が工事の施工上必要とする日（設計図書に特別の定めがあるときは、

その定められた日）までに確保しなければならない。

2 乙は、確保された工事用地等を**善良な管理者の注意をもって管理**しなければならない。

3 **工事の完成、設計図書の変更等によって工事用地等が不用となった**場合において、当該工事用地等に乙が所有又は管理する工事材料、建設機械器具、仮設物その他の物件（下請負人の所有又は管理するこれらの物件を含む。以下本条において同じ。）があるときは、乙は、当該物件を撤去するとともに、当該**工事用地等を修復し、取り片付けて**、甲に明け渡さなければならない。

4 前項の場合において、乙が正当な理由なく、相当の期間内に当該物件を撤去せず、又は工事用地等の修復若しくは取片付けを行わないときは、甲は、乙に代わって当該物件を処分し、工事用地等の修復若しくは取片付けを行うことができる。この場合においては、乙は、甲の処分又は修復若しくは取片付けについて異議を申し出ることができず、また、甲の処分又は修復若

しくは取片付けに要した費用を負担しなければならない。

5 第3項に規定する乙のとるべき措置の期限、方法等については、甲が乙の意見を聴いて定める。

MEMO

法令一覧

【建設業法】

第二条（定義） …… 6
第三条（建設業の許可） …… 6・15
第三条の二（許可の条件） …… 15
第七条（一般建設業の許可） …… 16
第八条（許可の基準） …… 26
第十五条（特定建設業の許可） …… 27
第十八条（建設工事の請負契約の原則） …… 71
第十九条（建設工事の請負契約の内容） …… 71
第十九条の二（現場代理人の選任等に関する通知） …… 73
第十九条の三（不当に低い請負代金の禁止） …… 73
第十九条の四 …… 73
第十九条の五（発注者に対する勧告） …… 74
第二十条（建設工事の見積り等） …… 74
第二十一条（契約の保証） …… 74
（不当な使用資材等の購入強制の禁止）
第二十二条（一括下請負の禁止） …… 105
第二十三条（下請負人の変更請求） …… 106
第二十三条の二（工事監理に関する報告） …… 106
第二十四条（請負契約とみなす場合） …… 75
第二十四条の三（元請負人の義務 下請代金の支払） …… 122
第二十四条の五（特定建設業者の下請代金の支払期日等） …… 122
第二十四条の六 …… 123
第二十四条の七（下請負人に対する特定建設業者の指導等） …… 95
第二十六条（施工体制台帳及び施工体系図の作成等） …… 50
第二十六条の二（主任技術者及び監理技術者の設置等） …… 51
第二十六条の三（主任技術者及び監理技術者の設置等） …… 52
第二十七条（技術検定） …… 185
第二十八条（指示及び営業の停止） …… 185
第二十九条（許可の取消し） …… 187

第二十九条の二（許可の取消し）……………………………………………188
第二十九条の三（許可の取消し等の場合における建設工事の措置）……………………188
第二十九条の四……………………………………………189
第二十九条の五（監督処分の公告等）……………………190
第三十条（不正事実の申告）……………………190
第三十一条（報告及び検査）……………………191
第三十二条（参考人の意見聴取）……………………191
第四十条（標識の掲示）……………………173
第四十条の二（表示の制限）……………………173
第四十一条（建設業を営む者及び建設業者団体に対する指導、助言及び勧告）……………………191
第四十五条（罰則）……………………192
第四十六条（罰則）……………………193
第四十七条（罰則）……………………193
第四十八条（罰則）……………………193

【建設業法施行令】
第一条の二（軽微な建設工事）……………………6
第二条（法第三条第1項第二号の金額）……………………18

第五条の二（建設業法第十五条第二号のただし書の建設業）……………………28
第五条の三（建設業法第十五条第二号の金額）……………………28
第五条の四（建設業法第十五条第三号の金額）……………………28
第六条（建設工事の見積期間）……………………76
第六条の三（一括下請の禁止の対象となる多数の者が利用する施設又は工作物に関する重要な建設工事）……………………106
第七条の二（法第二十四条の五第1項の金額）……………………123
第七条の三（法第二十四条の六第1項の法令の規定）……………………123
第十五条（公共性のある施設又は工作物）……………………95
第二十七条（専任の主任技術者又は監理技術者を必要とする建設工事）……………………52

【建設業法施行規則】
第十四条の二（施工体制台帳の記載事項等）……………………96

【労働安全衛生法】

- 第二条（定義） …………… 7
- 第三条（事業者等の責務） …………… 130
- 第四条 …………… 130
- 第十条（総括安全衛生管理者） …………… 56
- 第十一条（安全管理者） …………… 56
- 第十二条（衛生管理者） …………… 57
- 第十二条の二（安全衛生推進者等） …………… 57
- 第十三条（産業医等） …………… 57
- 第十三条の二 …………… 57
- 第十四条（作業主任者） …………… 58
- 第十五条（統括安全衛生責任者） …………… 58
- 第十五条の二（元方安全衛生管理者） …………… 59
- 第十五条の三（店社安全衛生管理者） …………… 60
- 第十六条（安全衛生責任者） …………… 61
- 第十七条（安全委員会） …………… 61
- 第十八条（衛生委員会） …………… 62
- 第十九条（安全衛生委員会） …………… 63
- 第二十条（事業者の講ずべき措置等） …………… 130
- 第二十一条（事業者の講ずべき措置等） …………… 130
- 第二十二条（事業者の講ずべき措置等） …………… 131
- 第二十三条（事業者の講ずべき措置等） …………… 131
- 第二十四条（事業者の講ずべき措置等） …………… 131
- 第二十五条（事業者の講ずべき措置等） …………… 131
- 第二十五条の二（事業者の講ずべき措置等） …………… 131
- 第二十六条（事業者の講ずべき措置等） …………… 132
- 第二十七条（事業者の講ずべき措置等） …………… 132
- 第二十八条の二（事業者の行うべき調査等） …………… 132
- 第二十九条（元方事業者の講ずべき措置等） …………… 132
- 第二十九条の二（元方事業者の講ずべき措置等） …………… 133
- 第三十条（特定元方事業者等の講ずべき措置） …………… 133
- 第三十一条（注文者の講ずべき措置） …………… 134
- 第三十一条の二（注文者の講ずべき措置） …………… 135
- 第三十一条の三（注文者の講ずべき措置） …………… 135
- 第三十二条（違法な指示の禁止） …………… 135
- 第三十二条の四 …………… 135
- 第三十二条（請負人の講ずべき措置等） …………… 136
- 第七十一条の二（事業者の講ずる措置） …………… 136
- 第八十八条（計画の届出等） …………… 137
- 第百一条（法令等の周知） …………… 138

第百三条（書類の保存等）……………………………138
第百二十条（罰則）……………………………196
第百二十二条（罰則）……………………………196
第百二十三条（罰則）……………………………197

【労働安全衛生規則】

第八十四条の二
（計画の届出を要しない仮設の建設物等）……………………………139
第八十五条（計画の届出等）……………………………139
第八十六条（機械等の設置等の届出等）……………………………140
第八十八条（計画の届出をすべき機械等）……………………………140
第八十九条（計画の届出をすべき仮設機械等）……………………………141
第八十九条の二（仕事の範囲）……………………………141
第九十条（仕事の範囲）……………………………141
第九十一条（建設業に係る計画の届出）……………………………142
第九十二条の二（資格を有する者の参画に係る工事又は仕事の範囲）……………………………143
第九十二条の三（計画の作成に参画する者の資格）……………………………143
第九十四条の二（計画の範囲）……………………………143

第九十四条の三（審査の対象除外）……………………………144
第九十六条（事故報告）……………………………145
第六百三十四条の二
（法第二十九条の二の厚生労働省令で定める場所）……………………………146
第六百三十五条（協議組織の設置及び運営）……………………………146
第六百三十六条（作業間の連絡及び調整）……………………………147
第六百三十七条（作業場所の巡視）……………………………147
第六百三十八条の二（法第三十条第1項第五号の厚生労働省令で定める業種）……………………………147
第六百三十八条の三（計画の作成）……………………………147
第六百三十八条の四（関係請負人の講ずべき措置についての指導）……………………………147
第六百三十九条
（クレーン等の運転についての合図の統一）……………………………148
第六百四十条（事故現場等の標識の統一等）……………………………148
第六百四十一条
（有機溶剤等の容器の集積箇所の統一）……………………………149
第六百四十二条（警報の統一等）……………………………149

第六百四十二条の二（避難等の訓練の実施方法等の統一等） …………… 150
第六百四十二条の二の二（避難等の訓練の実施方法等の統一等） …………… 151
第六百四十二条の三（周知のための資料の提供等） …………… 151
第六百四十三条（特定元方事業者の指名） …………… 151
第六百四十三条の二（作業間の連絡及び調整） …………… 152
第六百四十三条の三（クレーン等の運転についての合図の統一） …………… 152
第六百四十三条の四（事故現場の標識の統一等） …………… 152
第六百四十三条の五（有機溶剤等の容器の集積箇所の統一） …………… 153
第六百四十三条の六（警報の統一等） …………… 153
第六百四十三条の七（法第三十条第1項の元方事業者の指名） …………… 154
第六百四十三条の八（法第三十条の三第1項の元方事業者の指名） …………… 154
第六百四十四条（くい打機及びくい抜機についての措置） …………… 154
第六百四十五条（軌道装置についての措置） …………… 154

第六百四十六条（型わく支保工についての措置） …………… 155
第六百四十七条（アセチレン溶接装置についての措置） …………… 155
第六百四十八条（交流アーク溶接機についての措置） …………… 155
第六百四十九条（電動機械器具についての措置） …………… 156
第六百五十条（潜函等についての措置） …………… 156
第六百五十一条（ずい道等についての措置） …………… 157
第六百五十二条（ずい道型わく支保工についての措置） …………… 157
第六百五十三条（物品揚卸口等についての措置） …………… 157
第六百五十四条（架設通路についての措置） …………… 157
第六百五十五条（足場についての措置） …………… 158
第六百五十五条の二（作業構台についての措置） …………… 159
第六百五十六条（クレーン等についての措置） …………… 160
第六百五十七条（ゴンドラについての措置） …………… 160
第六百五十八条（局所排気装置についての措置） …………… 160
第六百五十九条（全体換気装置についての措置） …………… 160
第六百六十条（圧気工法に用いる設備についての措置） …………… 160
第六百六十一条（エックス線装置についての措置） …………… 161

第六百六十二条（ガンマ線照射装置についての措置）……161
第六百六十二条の二（令第九条の三第二号の厚生労働省令で定める第二類物質）……161
第六百六十二条の三（令第三十一条の三第1項の厚生労働省令で定める機械）……161
第六百六十二条の四（文書の交付等）……161
第六百六十二条の五（法第三十一条の三第1項の厚生労働省令で定める作業）……162
第六百六十二条の六（パワー・ショベル等についての措置）……162
第六百六十二条の七（くい打機等についての措置）……163
第六百六十二条の八（移動式クレーンについての措置）……163
第六百六十二条の九（法第三十一条第3項の請負人の義務）……163
第六百六十三条（法第三十一条第3項の請負人の義務）……163
第六百六十三条の二（法第三十一条第4項の請負人の義務）……164
第六百六十三条第5項の請負人の義務）……164

【公共工事標準請負契約約款】

（別表第七）……165
（別表第九）……166
第二条（関連工事の調整）……216
第四条（契約の保証）……76
第五条（権利義務の譲渡等）……77
第六条（一括委任又は一括下請負の禁止）……107
第七条（下請負人の通知）……78
第九条（監督員）……216
第十一条（履行報告）……54
第十二条（工事関係者に関する措置請求）……55
第十三条（工事材料の品質及び検査等）……55
第十四条（監督員の立会い及び工事記録の整備等）……298
第十五条（支給材料及び貸与品）……299
第十六条（工事用地の確保等）……300
第十七条（設計図書不適合の場合の改造義務及び破壊検査等）……301
第十八条（条件変更等）……247

第十九条（設計図書の変更）……249
第二十条（工事の中止）……252
第二十一条（乙の請求による工期の延長）……252
第二十二条（甲の請求による工期の短縮等）……252
第二十三条（工期の変更方法）……253
第二十六条（臨機の措置）……258
第二十七条（一般的損害）……258
第二十八条（第三者に及ぼした損害）……258
第二十九条（不可抗力による損害）……259
第三十四条（前金払）……224
第三十五条（保証契約の変更）……225
第三十六条（前金の使用等）……225
第三十七条（部分払）……226
第四十七条（甲の解除権）……263
第四十八条（甲の解除権）……263
第四十九条（乙の解除権）……263
第五十条（解除に伴う措置）……264
第五十一条（火災保険等）……260

【公共工事の前金払の分割に関する取扱要領（長野県）】……227

【廃棄物の処理及び清掃に関する法律】
第十二条（事業者の処理）……124
第十二条の二
（事業者の特別管理産業廃棄物に係る処理）……126
第十二条の三（産業廃棄物管理票）……127・290
第十二条の四
（虚偽の管理票の交付等の禁止）……290
第十四条（産業廃棄物処理業）……128・291
第十四条の四（特別管理産業廃棄物処理業）……128・291
第二十一条の三
（建設工事に伴い生ずる廃棄物の処理に関する例外）……128
第二十五条（罰則）……193
第二十六条（罰則）……194
第二十九条（罰則）……194
第三十条（罰則）……195
第三十二条（罰則）……195
第三十三条（罰則）……196

【建設工事に係る資材の再資源化等に関する法律】

第十条（対象建設工事の届出等） ……… 78

第十二条
（対象建設工事の届出に係る事項の説明等） ……… 79

【建設副産物適正処理推進要綱】

第四章第19（受入地での埋め立て及び盛り土） ……… 292

第六章第29（建設汚泥） ……… 292

【労働者派遣法】

第四条（労働者派遣事業の適正な運営の確保に関する措置　業務の範囲） ……… 98

◎著者紹介◎

小久保 優　こくぼ・まさる

小久保都市計画事務所（所長）。技術士土壌汚染ネットワークNPO（元理事）。技術士（建設部門／環境部門／総合技術監理部門）。APEC Engineer（Civil Engineering Structural Engineering）。EMF国際エンジニア。環境カウンセラー（事業者部門）。エコアクション21審査人、ISO14000s審査員補、JABEE審査員（審査長）、労働安全コンサルタント（土木）、経営支援アドバイザー（経営、技術）、千葉工業大学非常勤講師。

著書に『イラストでわかる土壌汚染（共著）』（技報堂出版）、『国家試験「技術士第二次試験」合格のコツ 論文＆口頭試験戦略（共著）』（日本工業新聞社）、『技術士第二次試験先見攻略法（単著）』（インデックス出版）など。

業務に役立つ
建設関連法の解説119　　　　　　　定価はカバーに表示してあります。

2011年7月20日　1版1刷発行　　　　ISBN 978-4-7655-1782-9 C3051

著　者　小　久　保　　優
発行者　長　　　滋　　　彦
発行所　技報堂出版株式会社

日本書籍出版協会会員
自然科学書協会会員
工　学　書　協　会　会　員
土木・建築書協会会員

〒101-0051　東京都千代田区神田神保町1-2-5
電話　営業　（03）（5217）0885
　　　編集　（03）（5217）0881
FAX　　　　（03）（5217）0886
振替口座　　　　00140-4-10
http://gihodobooks.jp/

Printed in Japan

Ⓒ Masaru Kokubo, 2011　　　　装幀　濱田晃一　印刷・製本　シナノ書籍印刷
落丁・乱丁はお取り替えいたします。
本書の無断複写は、著作権法上での例外を除き、禁じられています。

◆小社刊行図書のご案内◆

定価につきましては小社ホームページ（http://gihodobooks.jp/）をご確認ください。

イラストでわかる土壌汚染
―あなたの土地は大丈夫？―

NPO土壌汚染技術士ネットワーク 編著
A5・202頁

【内容紹介】土壌汚染なんてヒトゴトだと思っていませんか？　土壌汚染は人間や環境に重大な被害をもたらすだけでなく，土地の資産価値を下落させ，企業評価を低下させます。土壌汚染への対応を誤ると企業評価が低下し，事業の実施が困難になります。本書は土壌汚染とは何かからはじまり，歴史，健康被害，土地評価，企業責任，調査・対策技術までをイラストでやさしく解説。はじめて土壌汚染に直面した人がはじめに開く本。

エクセル de 土木 [入門編]
―土木技術者のためのエクセル活用術―

衣笠敏則 著
B5・196頁

【内容紹介】仕事に役立つ！　エクセルがわかる！「エクセル de 土木」シリーズは，Excel の基本的な機能を使って多種多様な土木書類作成の省力化を図ることを目的としている。本書は，基本操作編と活用編で構成されており，付録に土木書類のサンプルなどが収録された CD-ROM が付いている。基本操作編では，CD-ROM に収録された練習ファイルを実際に操作することで，Excel の基本操作や便利な機能を習得する。目次は Excel 機能の逆引き辞典としても活用できる。活用編では，CD-ROM 収録の土木書類サンプルを紹介するとともに，Excel の便利技の土木書類への応用方法を解説している。

鉄骨工事監理チェックリスト [第2版]
―平成21年国交省告示第15号対応―

日本建築構造技術者協会 編
B5・256頁

【内容紹介】鉄骨工事の各工程中の細目をとりあげ，設計監理者，施工管理者，鉄骨製作工場の品質管理者らが通常業務や確認作業で見落としをせず確実に仕事を遂行していけるよう，チェックシートを添え順序立てて平易に解説した 2002 年刊行の書の改訂版。2009 年 1 月に公布された国交省告示で工事監理についての標準業務内容が示され，同年 9 月に「工事監理ガイドライン」が策定され監理業務の内容が具体的に例示された。これらの事項と，2007 年に改定された JASS6（鉄骨工事）を反映させることが本書改訂のポイントであるが，全体についても見直し，最新の資料や情報に差し替えた。CD-ROM（すぐに使えるワード・エクセル版のチェックシート）付。

土木用語大辞典

土木学会 編
B5・1678頁

【内容紹介】土木学会が創立 80 周年記念出版として企画し，わが国土木界の標準辞典をめざして，総力を挙げて編集にあたった書。総収録語数 22800 語。用語解説は，定義のほか，必要な補足説明を行い，重要語については，理論的裏付けや効用などにも言及している。さらに，歴史的な事柄，出来事，人物，重要構造物や施設などについては，事典としての利用にも配慮した解説がなされている。見出し語のすべてに対訳英語が併記されているのも，本書の特色の一つ。英語索引はもちろん，主要用語 2300 余語の 5 箇国語対訳表（日・中・英・独・仏）も付録。

技報堂出版　TEL 営業 03(5217)0885　編集 03(5217)0881
FAX 03(5217)0886